决策咨询系列

国家科学思想库

中国科学家思想录

第十四辑

中国科学院

科学出版社
北京

图书在版编目（CIP）数据

中国科学家思想录. 第十四辑 / 中国科学院编. —北京：科学出版社，2020.1
（国家科学思想库）
ISBN 978-7-03-062594-6

Ⅰ. ①中…　Ⅱ. ①中…　Ⅲ. ①自然科学–学术思想–研究–中国
Ⅳ. ①N12

中国版本图书馆 CIP 数据核字（2019）第 224419 号

责任编辑：侯俊琳　牛　玲 / 责任校对：贾娜娜
责任印制：师艳茹 / 封面设计：黄华斌　陈　敬　张伯阳
编辑部电话：010-64035853
E-mail：houjunlin@mail.sciencep.com

科学出版社出版
北京东黄城根北街 16 号
邮政编码：100717
http://www.sciencep.com
天津市新科印刷有限公司印刷
科学出版社发行　各地新华书店经销
*
2020 年 1 月第　一　版　开本：720×1000　1/16
2020 年 1 月第一次印刷　印张：24
字数：400 000

定价：156.00 元

丛书序

白春礼

中国科学院作为国家科学思想库，长期以来，组织广大院士开展战略研究和决策咨询，完成了一系列咨询报告和院士建议。这些报告和建议从科学家的视角，以科学严谨的方法，讨论了我国科学技术的发展方向、与国家经济社会发展相关联的重大科技问题和政策，以及若干社会公众广为关注的问题，为国家宏观决策提供了重要的科学依据和政策建议，受到党中央和国务院的高度重视。本套丛书按年度汇编 1998 年以来中国科学院学部完成的咨询报告和院士建议，旨在将这些思想成果服务于社会，科学地引导公众。

当今世界正在发生大变革、大调整，新科技革命的曙光已经显现，我国经济社会发展也正处在重要的转型期，转变经济发展方式、实现科学发展越来越需要我国科技加快从跟踪为主向创新跨越转变。在这样一个关键时期，出思想尤为重要。中国科学院作为国家科学思想库，必须依靠自己的智慧和科学的思考，在把握我国科学的发展方向、选择战略性新兴产业的关键核心技术、突破资源瓶颈和生态环境约束、破解社会转型时期复杂社会矛盾、建立与世界更加和谐的关系等方面发挥更大作用。

思想解放是人类社会大变革的前奏。近代以来，文艺复兴和思想启蒙运动极大地解放了思想，引发了科学革命和工业革命，开启了人类现代化进程。我国改革开放的伟大实践，源于关于真理标准的大讨论，这一讨论确立了我党解放思想、实事求是的思想路线，极大地激发了中国人民的聪明才智，创造了世界发展史上的又一奇迹。当前，我国正处在现代化建设的关键时期，进一步解放思想，多出科学思想，多出战略思想，多出深刻思想，比以往任何时期都更加紧迫，更加重要。

思想创新是创新驱动发展的源泉。一部人类文明史，本质上是人类不断思考世界、认识世界到改造世界的历史。一部人类科学史，本质上是人类不断思考自然、认识自然到驾驭自然的历史。反思我们走过的历程，尽管我国在经济建设方面取得了举世瞩目的成就，科技发展也取得了长足的进步，但从思想角度看，我们的经济发展更多地借鉴了人类发展的成功经验，我们的科技发展主要是跟踪世界科技发展前沿，真正中国原创的思想还比较少，“钱学森之问”仍在困扰和拷问着我们。当前我国确立了创新驱动发展的道路，这是一条世界各国都在探索的道路，并无成功经验可以借鉴，需要我们在实践中自主创新。当前我国科技正处在创新跨越的起点，而原创能力已成为制约发展的瓶颈，需要科技界大幅提升思想创新的能力。

思想繁荣是社会和谐的基础。和谐基于相互理解，理解源于思想交流，建设社会主义和谐社会需要思想繁荣。思想繁荣需要提倡学术自由，学术自由需要鼓励学术争鸣，学术争鸣需要批判思维，批判思维需要独立思考。当前我国正处于社会转型期，各种复杂矛盾交织，需要国家采取适当的政策和措施予以解决，但思想繁荣是治本之策。思想繁荣也是我国社会主义文化大发展、大繁荣应有之义。

正是基于上述思考，我们把“出思想”、“出成果”和“出人才”并列作为中国科学院新时期的战略使命。面对国家和人民的殷切期望，面对科技创新跨越的机遇与挑战，我们要进一步对国家科学思想库建设加以系统谋划、整体布局，切实加强咨询研究、战略研究和学术研究，努力取得更多的富有科学性、前瞻性、系统性和可操作性的思想成果，为国家宏观决策提供咨询建议和科学依据，为社会公众提供科学思想和精神食粮。

二〇一二年十一月

前　言

作为国家在科学技术方面最高咨询机构，长期以来，中国科学院学部组织广大院士围绕我国经济社会可持续发展、科技发展前沿领域和体制机制、应对全球性重大挑战等重大问题，开展战略研究和决策咨询，形成了许多咨询报告和院士建议。这些咨询报告和院士建议为国家宏观决策提供了重要参考依据，许多已经被采纳并成为公共政策。将咨询报告和院士建议公开出版发行，对于社会公众了解中国科学院学部咨询评议工作、理解国家相关政策无疑是有帮助的，对于传承、传播院士们的科学思想和为学精神也大有裨益。

“中国科学家思想录”丛书自2009年5月开始启动出版，至今已有10年的时间。本次出版的《中国科学家思想录·第十四辑》，汇集了2015年经学部咨询评议工作委员会审议通过并报送党中央、国务院的咨询报告和院士建议，内容既涉及先进制造、科技评价、新能源汽车、军民融合发展、可持续发展、科技外交等领域，也涉及信息科学、资源与环境科学、空间科学、能源科学、生命科学、医学、材料科学等学科，关注的重大问题均与国家经济社会发展密切相关，提出的政策建议都是众多院士专家经过深入调查和广泛研讨完成的，具有重要的参考价值。

希望本次出版的《中国科学家思想录·第十四辑》能让广大

读者更加深入地了解中国科学院学部为加强国家高水平科技智库建设所做出的不懈努力，了解广大院士为国家决策发挥参谋、咨询作用提供的诸多可资借鉴的宝贵资料，也期待广大读者提出宝贵意见。

中国科学院学部工作局

2019年8月

目 录

抓住战略机遇期，发展航空发动机与燃气轮机先进制造技术

熊有伦　等

一、两机先进制造的使命

（一）两机先进制造的战略意义

航空发动机作为飞机的心脏，它的好坏直接影响着飞机的经济性、可靠性、使用性能及作战性能。燃气轮机是实现热能、动能、电能转换的大型动力装置，被誉为工业领域的“原动机”。以航空发动机和燃气轮机为代表的先进动力装备的设计、材料与制造技术是体现一个国家科技水平、军事实力和综合国力的重要标志。我国航空发动机和燃气轮机制造技术相对比较落后，严重制约了大型飞机和能源设备等的研发，影响航空、航天、航海和新能源的发展。

航空发动机与燃气轮机运行在高温、高压、高转速和高负荷等苛刻条件下，要求使用高效、节能和高可靠性，因而必须设计精巧、加工精密、检测准确。因此，航空发动机与燃气轮机的研发难度大、周期长、投资多、风险高。

航空发动机具有巨大的市场空间，仅我国国内市场就达到千亿元。预计到2020年，中国需要购买2000架大飞机，需要6000台发动机，将产生2000多亿元人民币的市场需求；未来我国低空空域如果开放，通用航空将快速发展，

军机、大飞机及直升机的航空发动机合计每年的平均市场规模约为 350 亿元。根据相关预测，中国航空运输量目前以每年 8%的速度增长，我国将在 20 年内成为全球飞机和发动机市场的最大买家。到 2026 年，中国的飞机需求总量将接近 3000 架，有望带动航空发动机市场需求总量达到 6500 台，总价值约为 4000 亿元。

重型燃气轮机是国家优先发展的重大技术装备之一，是国家装备制造业重点发展的领域，其中燃气-蒸汽联合循环机组和整体煤气化燃气-蒸汽联合循环机组堪称重中之重。随着中国能源需求迅猛增长及天然气资源进入大规模开发利用阶段，燃气轮机正在形成一个爆发性增长的市场。根据国家发展和改革委员会规划，到 2020 年全国燃气轮机联合循环装机容量将达到 5500 万千瓦，是 2000 年之前已建成同类装机容量的 25 倍。保守估计，仅中石油集团一家，每年需要的燃气轮机价值就达到了 30 亿元。到 2015 年，国内燃气轮机的市场容量能达到 300 亿元，而国际市场容量则能达到 2700 亿元。从市场容量看，西气东输、西电东送、南水北调三大工程均需要大量 30 兆瓦级工业型燃气轮机，同时我国舰船制造业的健康快速发展需要大量 30 兆瓦级舰船燃气轮机，我国已成为世界最大的燃气轮机潜在市场。未来几年，随着国内市场的逐步开发，30 兆瓦级燃气轮机的市场需求会进一步稳定发展，预计未来几年我国国内 30 兆瓦级燃气轮机市场需求将会达到 20～45 台/年。

（二）我国两机制造现状

1. 航空发动机制造现状

航空工业是知识密集和技术密集的高科技产业。中华人民共和国成立以来，我国航空工业从修理到制造，从仿制到自行研制，逐步形成了包含基础科研和型号研制、具有一定规模和先进技术的工业生产体系。

20 世纪 60 年代初，为打破国际上对我国的技术封锁，我国在沈阳成立了沈阳发动机设计研究所，独立自主发展航空动力尖端技术。从 1984 年 6 月开始，“昆仑”发动机经历了由验证机到原型机的研制阶段。到 1991 年年初，“昆仑”发动机先后进行了两次重大修改设计，攻克了压气机转子叶片和涡轮叶片断裂等关键技术难题。“昆仑”发动机研制中遇到的最大难题是：由于压气机喘振裕度不够，造成高压压气机和低压压气机工作不匹配。1991 年 4 月，我国军用新机选用“昆仑”发动机作为动力装置，列入国家重点型号加速研制。1993 年 12 月 12 日，“昆仑”发动机在完成列装后实现了首飞并获得成功，首飞半年后，攻关组经过多次修改设计和试验，最后高压压气机采用高扩稳增益的机匣处理技术，以新的结构取代了“放气”装置，终于攻克了困扰“昆仑”发动机多年的高、低压气机不匹配这一重大技术关键难题。在“昆仑”发动机研制过程中，我国第一部《航空发动机设计用材料数据手册》编辑出版。

2005 年，第三代涡扇发动机“太行”发动机实现设计定型。第三代涡扇发动机比第二代涡喷发动机不但在总压比上有很大提高，而且在材料的使用温度上也有大幅提高，同时对零件的加工精度要求也全面提高了。涡扇发动机在发动机整机参数匹配上与涡喷发动机有较大的差异，进入加力燃烧室的气流温度较涡喷发动机低，因此组织燃烧也困难。第三代涡扇发动机的部件水平又较第二代涡喷发动机上了一个大台阶，不但设计难度大，而且在试验设备上也需要相应的技术改造。“太行”发动机在设计上注重维修性品质，采用了单元体结构设计技术，并设置了齐全的状态监控手段，提供了方便的保障设施。在几大关键部件的设计中，进行集成创新，选用了数十项有预研基础的新技术、新材料和新工艺，将预先研究成果与型号研制相结合，攻克了多个技术关键，技术人员在不断增长工程经验的同时，掌握了国际先进的发动机设计技术。“太行”发动机在自行设计过程中采用新技术，三级风扇为带进气可变弯度导向叶片的跨音速气动设计，两级低压涡轮为复合倾斜弯扭的三维气动设计，低压涡轮两级导向叶片均为空心、三联整体无余量精铸结构，与高压涡轮对转，其效率达到当今国际先进水平。“太行”发动机复合材料外涵机匣是复合材料技术在国内航空发动机上的第一次应用，重量减轻 30%；加力燃烧室为“平行进气”式，工作范围宽、重量轻、流体损失小，采用分区分压供油方案，保证了在发动机工作包线内的可靠点火和稳定；尾喷口为全程无级可调收敛扩散喷口设计，填补了国内在相关领域的空白。

航空发动机运行在高温、高压、高转速和高负荷等苛刻条件下，要求重量轻、体积小，使用安全可靠、经济性好，因而必须设计精巧、加工精密。这些都对材料与制造工艺提出了更高的要求。研究表明，在新一代航空发动机性能的提高中，制造工艺与材料的贡献率为 50%～70%；而在发动机减重的贡献率中，制造工艺和材料的贡献率占 70%～80%，这充分表明材料与制造工艺是制约新一代航空发动机发展的瓶颈。

制造工艺对航空发动机的可靠性和安全性影响重大。据 20 世纪 70 年代美国飞行事故统计，由于工艺和材料质量造成的飞行事故占飞行事故总数的 65%。国外的经验表明，一代航空发动机的更新总是伴随着新材料、新工艺、新技术的重大突破。我国航空工业经历了 50 余年的发展，走过了由维修到制造，从仿制到研制的历程。随着“昆仑”“太行”发动机的设计定型生产，我国航空发动机制造行业突破了精密制坯技术、切削技术、焊接技术、特种加工技术等关键制造工艺的难点，并初步具备了数字化设计制造能力，这使得我国跻身世界上为数不多的能够独立研制航空发动机的国家之列。应当指出的是，我国在航空发动机制造方面属于后起国家，航空工业发达国家在研制高性能航空发动机上投入了大量的资金和人力，实施了一系列技术开发和验证计划，如“先进战术战斗机发动机计划”（ATFE)、“综合高性能涡轮发动机技术计划”（IHPTET）及后续的“经济可承受的通用先进涡轮发动机计划”（VAATE)、英法合作“先进军用发动机技术计划”（AMET）等。在这些计划的支持下，美国的 F119、F414，欧洲的 EJ200，法国的 M88 和俄罗斯的 AL41F 等推重比达到 10 这一量级的发动机陆续问世。

2. *燃气轮机制造现状*

我国燃气轮机制造技术的研发工作起步于 20 世纪 50 年代后期，20 世纪 60 年代至 70 年代初，上海电气电站设备有限公司汽轮机厂、哈尔滨汽轮机厂有限责任公司、东方汽轮机有限公司和南京汽轮电机（集团）有限责任公司都曾以产学研联合的方式，自行设计和制造过燃气轮机，透平进气初温为 700℃等级，与当时的世界水平差距不大。后来由于能源政策等诸多原因，燃气轮机技术的发展速度一直很慢。改革开放以后，沿海经济发展较快的地区建设了一批燃气轮机电厂，从国外引进了一批中小型燃气轮机发电机组，包括美国通用电器（GE）公司的 6B 燃气轮机、瑞士 ABB 公司的 13D 燃气轮机及美国普惠公司的 FT8 燃气轮机，以柴油、原油或重油为燃料，绝大多数采用燃气-蒸汽轮机联合循环方式发电。

“十五”期间，为了推进大型燃气-蒸汽联合循环发电技术的应用，积极发展我国的燃气轮机产业，国家发展和改革委员会确定了“组织国内市场资源，集中招标，引进技术，促进国内燃气轮机产业发展和制造水平提高”的战略目标，实施以市场换技术的重大举措，对规划批量建设的燃气轮机电站项目进行“打捆”式设备招标采购，同时引进先进的大型燃气轮机制造技术。国外燃气轮机制造商与国内制造企业组成联合体，投标竞争国内一定批量燃气-蒸汽联合循环电站项目的设备订单。联合体内部由外方转让大型燃气轮机制造技术，国内制造企业根据引进技术的消化吸收速度、生产能力、获得的订单台数及交货周期等因素，制订自主化制造的进程和方案，分阶段实施，逐步实现燃气-蒸汽联合循环电站设备制造的本地化、自主化。

从 2002 年起，通过“打捆”式设备招标采购，我国已形成三个联合体，分别从国外三家著名燃气轮机制造商引进 F 级燃气轮机技术：由上海电气（集团）总公司与西门子公司合作，生产 V94.3A 型燃气轮机；哈尔滨动力设备股份有限公司与 GE 公司合作，生产 PC9351（PA）型燃气轮机；东方电气集团与三菱公司合作，生产 M701F 型燃气轮机。

另外，三大企业均分别与各自的合作伙伴成立合资公司（外方持有 51% 的股份）。合资公司的业务大致为：为燃气轮机提供维修和现场服务；生产燃气轮机的高温部件，如燃烧系统、透平叶片等。合资公司的建立和运营，对我国大功率燃气轮机的国产化进程具有一定的推动作用。

为了提高我国燃气轮机关键核心技术的自主开发能力，2002 年 10 月开始，国家“863”计划能源技术领域燃气轮机重大专项实施，以产学研联合体的形式重点开展 R0110 重型燃气轮机（输出功率 114.5 兆瓦）核心部件及关键技术的研发，为进一步的自主研制、形成国产重型燃气轮机产业奠定技术基础；“十一五”期间继续实施“863”计划先进能源技术领域微型燃气轮机重点项目和“863”计划先进能源技术领域重型燃气轮机关键技术及系统重大项目，开展燃气轮机的自主研发工作。通过这些专项的实施，我国在重型和微型燃气轮机技术方面逐步缩小了与国际先进水平的差距，掌握了重型和微型燃气轮机设计、制造、试验关键技术，在燃气轮机的自主研发方面取得了有效的进展。

20 世纪 80 年代末以来，重型燃气轮机普遍采用航空发动机的先进技术，陆续发展了一批高性能的燃气轮机。由于军事上的需求和驱动，先进国家在航空发动机的研究与发展上投入十分巨大，技术处于领先水平；几个制造燃气轮机的大公司，如 GE 公司、阿尔斯通公司和西门子公司等，都先后和著名的航空发动机公司结成联盟，将最新的航空发动机成果应用到地面燃气轮机。GE 公司本身就拥有研制先进军用航空发动机的航空发动机工程部，其生产燃气轮机的动力系统部与航空发动机工程部的合作，使得 GE 公司无论是航空发动机还是燃气轮机都处于世界领先地位，并占有较大的份额；西门子公司和普惠公司合作，阿尔斯通公司与英国 Rolls-Royce 公司（简称罗罗公司）合作，各自的产品都取得了长足的进步。国外新一代重型燃气轮机，无一例外地都大量移植了航空发动机的最新技术，在气动设计、燃烧、传热、材料、隔热涂层和维护等方面，或者是采用航空技术进行设计，或者是直接用航空发动机部件（主要是压气机）按比例模化放大，使得新一代的重型燃气轮机在部件效率、压比、透平前温等方面均比其上一代机组有显著的提高，达到与最新型的航空发动机相近的水平。制造公司与航空部门紧密合作，是世界上先进燃气轮机发展的必然趋势。

（三）国外已开展的重大研究计划

美国、德国等航空制造强国在解决航空发动机和燃气轮机制造核心问题及制造基础理论方面开展了大量的研究，政府组织了多个重大研究计划。以航空发动机制造为例，美国于 2005 年成功实施了国家级“综合高性能涡轮发动机技术计划”（IHPTET），在该计划取得巨大成功的基础上，美国又从 2006 年继续启动“经济可承受的通用先进涡轮发动机计划”（VAATE），年均资助约 3 亿美元，计划于 2017 年结束。欧盟于 2000 年实施了“机翼、机身复合材料计划”（TANGO 计划）之后，又于 2005 年开始实施“先进和低成本的机体结构计划”（ALCAS 计划），开展了发动机制造技术的研究；以美国波音公司和欧洲空客公司为代表的大型航空企业，在本国政府的支持下先后开展了波音公司下一代民用飞机发展关键技术、空客公司未来民用飞机发展技术的研究工作。这些大型研究计划中均将航空发动机的制造技术作为重要研究主题之一。

（四）不足与挑战

现阶段，我国航空发动机和燃气轮机的制造技术不能满足自身航空发动机和燃气轮机发展需求，与国外先进发动机制造技术相比还存在明显差距，这些问题主要体现在以下六个方面。

（1）先进制造基础研究不足。航空发动机和燃气轮机先进制造技术需要制造科学的发展来支撑，而我国制造科学基础研究水平较低，创新能力不足。

（2）核心技术水平低。包括工艺陈旧，方法落后；工艺创新与革新缺乏；工艺技术不适应装备的进步；工程应用缺失。

（3）核心能力水平差。以航空发动机为例，三四代机沿用一二代的生产线布局，生产线适应能力差；科研和批产混线生产；单工序、单体设备技术突破无法形成集成创新能力。

（4）制造基础能力薄弱。缺乏基础创新试验验证平台；技检工量方法落后、水平低；缺乏行业统一标准、规范。

（5）信息化应用不足。信息化水平与覆盖范围不足；局限于部分型号局部应用；各类信息系统之间集成度差；尚未建立支持多厂所协同的工作机制和数字化协同平台。

（6）高精尖技术人才缺乏。技术人员少；人才结构不合理；高精尖技术人才匮乏。

这些问题的存在，造成了我国航空发动机和燃气轮机制造技术发展的四个瓶颈。

（1）制造技术研究与型号研制同步进行，导致技术储备不足，技术成熟度低，创新性工艺缺乏。

（2）军品、科研混线，导致批量生产一致性差，生产效率低，工艺创新受制资源短缺。

（3）专业技术的集成能力差，导致工程化水平低，制造成本高。

（4）自主研发制造体系尚未完全建立，受制于俄罗斯和欧美两大研制体系，制造结果“形似而神不似”。

二、两机先进制造技术发展需求

目前我国航空发动机和燃气轮机制造企业中，各类发动机急需发展的关键技术将近 800 项，可按发动机型谱等方面进行分类（表 1）。

表 1　各类发动机急需发展关键技术列表

技术方向	涡扇/涡喷	涡桨/涡轴	直升机传动	轻型航空动力	控制系统	通用技术
关键技术	风扇部分； 高压压气机； 燃烧室； 涡轮部件； 加力燃烧室； 总装试车； 发动机修理	粒子分离器； 高压压气机； 燃烧室； 涡轮部件； 减速传动； 附件传动	齿轮制造； 主旋翼轴； 动力传动轴； 尾传动轴	压气机； 燃烧室； 涡轮	关键零部件精密加工； 复杂壳体精密制造； 特种工艺技术； 检测技术	高速高效加工技术； 先进特种工艺技术； 先进连接技术； 绿色环保热处理技术

在制造关键部件的过程中，关键零件的制造是重中之重，急需发展的关键零件制造技术分类如下。

1. 风扇/压气机制造核心技术

包括：整体叶盘、叶环制造技术；整体叶盘、叶片高效精密修复技术；空心风扇叶片制造技术；树脂基复合材料风扇叶片制造技术；压气机叶片无余量精锻技术；机匣高效精密制造技术；等等。

2. 燃烧室制造核心技术

包括：喷嘴制造技术；燃油总管制造技术；复合材料火焰筒制造技术；SiC 燃烧室构件成形与加工技术；多孔层板燃烧室制造技术；等等。

3. 涡轮部件制造核心技术

包括：粉末合金盘零件表面完整性控制技术；单晶涡轮叶片制造技术；陶瓷基复合材料带孔发汗结构涡轮叶片制造技术；涡轮叶片精密微孔自适应加工技术；涡轮部件无损检测与质量评估技术；低压涡轮长轴制造技术；等等。

4. 加力燃烧室制造核心技术

包括：液压作动筒精密装配及防泄露技术；TA12 材料加力筒体数控自动氩弧焊焊接技术；收扩喷口、矢量喷口装配和调试技术；加力筒体喷口可调喷管行程调试技术；等等。

5. 总装试车核心技术

包括：整机柔性、自动化装配技术；大涵道比发动机多工位水平装配技术；低压涡轮单元体转、静子轴向位置测量及控制技术；全权限数字控制试车技术；风扇转子整机在线平衡测试技术；试车故障诊断与处理技术；等等。

6. 发动机修理核心技术

包括：发动机零部件无损智能化分解技术；服役后发动机零件无损自动检测技术；发动机服役受损零件可修复性评价技术；发动机部件的尺寸恢复修理技术；发动机关键件应力测试与跟踪管理技术；等等。

三、两机共性制造技术与关键部件制造技术

（一）共性制造技术

航空发动机与燃气轮机的制造工艺特点主要体现在材料难加工、切除率大、形状与结构复杂及加工精度高。发展精密制坯技术、数控加工技术、焊接技术、特种加工技术等关键制造工艺技术是提升我国航空发动机和燃气轮机制造水平的关键所在。

1. 精密制坯技术

目前，先进精密毛坯制造技术正在向近净成形方向发展。近净成形技术已成为材料加工领域的一项重要技术。典型的航空发动机精密制坯技术包括定向凝固和单晶精铸制坯技术、精密锻造制坯和快速凝固粉末冶金制坯技术。美国 GE 公司采用等温锻造技术制造出带叶片的压气机整体叶盘转子，材料利用率提高 4 倍。使用计算机对锻造过程进行控制，精密锻造零件的尺寸精度和表面粗糙度均有所提升。在精密锻造时采用超塑等温模拟技术，可获得优异的组织和力学性能。

2. 先进切削技术

在航空发动机结构特点和高推重比要求下，难加工材料（如钛合金、高温合金及金属基复合材料）的应用比例越来越高。同时，发动机关重件的型面复杂，对于加工精度和表面完整性的要求极高，因此先进的切削加工技术成为航空发动机关重件的主要制造技术手段。不仅如此，在切削加工中也迫切需要采用新型刀具材料、刀具结构及高效的工艺方法，以满足日益发展的航空发动机关重件的制造技术要求。

想要提高我国航空发动机的切削加工能力，一方面，需积极开展先进切削技术的预先研究，并适时将研究成果引入实际生产当中；另一方面，更要

重视生产现场工艺参数的积累及各种有效的工艺方法、手段，这对于提高生产效率、降低废品率具有更为重要的现实意义。

3. 新型焊接技术

焊接技术具有可明显减轻结构重量、降低制造成本、提高结构性能等特点，对满足航空发动机轻质化、长寿命、低成本、高可靠性制造的要求有重要作用，已成为航空发动机制造中的一项重要技术。焊接加工的优点主要包括可以节约大量的贵重金属并减少加工时间；可以对损坏的单个部件进行修理；可以将两种不同的材料焊接在一起。近年来，新型钎焊和扩散焊、摩擦焊和高能束流焊接等先进焊接技术在航空发动机制造中的发展和应用越来越广泛。

4. 特种加工技术

整体叶盘由于构型复杂，特别是由难切削材料制成的、带薄型叶片、结构复杂的整体叶盘用数控铣削、精密铸造方法加工时就更困难，甚至不能加工，此时特种加工方法便显示出它突出的优越性。美国 GE 公司在电解加工先进航空发动机的整体叶盘时，与美国 Lehr.precision 公司合作发展了五轴数控电解加工技术。与原用五坐标数控铣削叶片相比，使用该技术加工时间减少约 85%，同时还避免了在叶片加工中产生的残余应力。

特种加工技术解决了常规加工中的难题，广泛应用于航空发动机结构件的制造中。目前，国内采用的特种加工技术主要包括高能束流加工技术、电火花加工、电解加工、超声波加工、磨料流加工和高压水射流切割技术等。

（二）关键部件制造技术

针对航空发动机与燃气轮机的关键制造技术，与国外先进制造技术相比，我国存在的若干急需解决的问题包括：精铸涡轮叶片合格率低；粉末涡轮盘高效制备难；整体叶盘的高效低成本制造；空心钛合金叶片超塑成形/扩散连接制造技术；高温合金、钛合金、复合材料机匣的高效精密制造等。

1. 涡轮叶片的精密铸造工艺

国外主要的发动机公司均已建立定向凝固和单晶涡轮叶片精铸生产线，

其叶片单面余量已稳定在 0.05～0.1 毫米，涡轮叶片合格率可达 70%以上，导向叶片合格率达 90%以上。相比之下，我国航空发动机精铸涡轮叶片的合格率非常低，仅为 30%～40%，尤其是带有复杂内腔结构的空心涡轮叶片，合格率更低。原因主要包括尺寸超差和冶金缺陷两个方面，其中尺寸超差约占 30%～40%，冶金缺陷占 60%～70%。

要想提高涡轮叶片精铸的工艺水平和合格率，应从模具设计、修模控制、工艺参数等方面进行合理的改进和优化，包括浇冒口位置、浇注温度及选晶器设计、浇道设计、冷却时间、冷却温度等。

2. 粉末涡轮盘的高效制备技术

粉末高温合金涡轮盘制造技术是先进航空发动机的标志之一，空客 A380 飞机、美国及欧洲国家现役军用飞机发动机都大量采用了粉末高温合金涡轮盘。粉末高温合金涡轮盘的生产工艺主要有粉末热挤压+超塑性锻造成形、直接热等静压成形和热等静压+锻造成形。这些技术在国内的发展水平与先进航空发动机高性能盘的需要之间存在不同程度的差距，需要对存在的问题采取针对性的措施。

由于高温粉末冶金涡轮盘加工精度要求高，要求材料强度高、韧性大，这导致加工硬化严重，切削加工性能差。国内涡轮盘加工所需的关键设备已基本具备，但在切削刀具和工艺参数优化方面仍然存在较大问题。因此开展相应的刀具材料、刀具几何结构和尺寸的研究，实现粉末涡轮盘切削加工工艺参数的优化选取，是提高粉末冶金涡轮盘的切削效率与质量的有效途径。

3. 整体叶盘的高效、低成本制造及修复技术

整体叶盘是新一代航空发动机实现结构创新与技术跨越的关键部件。目前国内整体叶盘的加工主要采用电解加工和数控加工的工艺方案，罗罗、普惠等国外先进航空发动机制造厂家已经将线性摩擦焊技术应用于整体叶盘的加工中，焊接完成的整体叶盘实际上相当于粗加工完成的毛坯，叶盘最后的精加工仍然需要靠五轴数控加工的方法实现。这种复合工艺的显著优点在于可以节省大量的贵金属，加工效率大幅提高。

另外，整体叶盘还存在修复的问题。对于整体叶盘使用过程中造成的损

伤，不能简单地采用常规设计中更换损伤叶片的办法。如果没有方便而适用的叶盘修复方法，整体叶盘的应用就会受到限制。

因此，为实现整体叶盘的高效低成本制造，应积极开展整体叶盘高效精密加工工艺及设备的研究。叶盘更严格的精度、形状、位置要求仍然需要最终的数控加工手段来保障。同时，还需研究如何实现高效、高精和自动化的数控加工，即自适应加工技术。

4. 大型宽弦风扇空心叶片制造技术

宽弦、无凸台、空心叶片是高性能发动机风扇和第一级压气机叶片的发展方向。目前，宽弦风扇叶片的制造有两种选择方案，即钛合金风扇叶片和复合材料风扇叶片。F119 发动机采用钛合金毛坯经切削加工成两半叶片，用真空扩散焊接成一个整体空心平板叶身，然后在真空炉内通过蠕变、弯扭初步成形，最后经超塑成形至最终叶型。国外正在研究的推重比为 15～20 的高性能发动机的复合材料风扇叶片，是一种空心的、用连续碳化硅纤维增强的钛基复合材料制造成的叶片，采用超塑成形/扩散连接工艺。

国内已经在大型宽弦风扇空心叶片的超塑成形/扩散连接组合工艺方面开展研究，但工艺尚不十分稳定，合格率低。应加强工程化应用研究，并配置必要的超塑成形/扩散连接设备和工装及无损检测设备，加强工艺过程的稳定性控制技术研究。

5. 树脂基复合材料、钛合金、高温合金机匣制造

航空发动机和燃气轮机的各类机匣分布在设备的不同部位，其工作温度差别很大，各机匣的选材也不同，分别为树脂基复合材料机匣、钛合金机匣、高温合金机匣。

我国树脂基复合材料所采用的优质碳纤维仍然依靠进口，因此需要加速碳纤维的国产化研究和生产。为扩大树脂基复合材料机匣的应用范围，应加速树脂基复合材料的耐热性研究及新的成形工艺方法研究。

钛合金是航空发动机冷端部件应用最为广泛的材料之一，目前我国发动机行业已经掌握了五坐标数控加工钛合金机匣的技术，并具备了相关的软硬件条件。在钛合金整体机匣的精铸方面，目前存在的主要问题

是变形。通过合理设计浇铸系统、控制凝固过程和收缩量可以实现对变形的有效控制。

高温合金机匣主要用于发动机的热端部件，其制造技术主要包括精密制坯细晶小余量锻造、旋压工艺、热轧环件、精密铸造、热等静压工艺等，存在的问题主要是质量和成本方面的问题。因此，应更加重视和加强工程化应用的研究，实现机匣优质、高效、低成本的制造。

四、对策与建议

我国两机先进制造必须面向制造基础、核心技术、制造信息化、人才队伍等发展需求，建立以技术、能力为牵引的全新两机先进制造技术体系，从高水平专业和复合型创新人才培养、研究开发平台建设、科技研发规划和立项、国家法律政策规划和资金支持等方面做好两机先进制造的统筹部署，从机制上保障和促进两机先进制造的发展与创新。

具体建议如下。

1. 将两机先进制造上升为国家战略

两机研制，特别是航空发动机研制的难度和风险巨大，不是几个公司或地方政府能够独立承担的，需要由国家来主导。因此，应将我国航空发动机先进制造上升为国家战略，体现国家意志，作为国家军事、经济和政治的综合计划的内容之一，以形成发展的全面保障。要舍得付出代价，高起点规划，不应过于顾及一些现有企事业单位的发展问题和短期的商业利益问题。

2. 建立两机先进制造协同创新体系

在两机重大专项之内，成立由中国科学院、中国工程院等部门的专家组成的专家委员会；组织从事两机先进制造的高等院校、研究所、企业，将材料、力学、工艺、制造、测试等各方面的高层次人才汇集起来，成立航空发动机和燃气轮机先进制造联合实验室，充分发挥航空、航天、航海专业的院校、研究院所及企业的优势，同时联合其他在制造领域有特色的院校和单位，实现强强联合、优势互补，举全国之力，推进航空发动机和燃气轮机先进制造快速发展。

3. 重视两机先进制造基础研究，发展原创性关键技术

两机先进制造要尊重科学技术发展的客观规律，加强制造科学基础研究，突破关键技术瓶颈，发展原始创新技术。建立“基础研究—关键技术—部件验证—核心机—验证机—型号研制—使用发展”的全过程循序渐进的研发体系。

4. 面向关键零部件，覆盖全部型谱，重点发展专用技术和特有技术，跨越传统，重视原创性技术革新

应重点发展风扇制造、燃烧室制造、涡轮部件制造、压气机制造、总装试车、发动机修理等关键核心技术。形成面向新一代发动机新材料、新结构、新工艺的集成、复合制造能力。解决目前工艺技术水平低、技能依赖性强和集成制造能力差等问题。

5. 强化制造基础能力，为核心技术发展、核心能力提升提供有力支撑

应重点建设与发展表面完整性抗疲劳制造、结构件高效精密加工、零件加工变形控制等基础技术试验研究平台，形成探索先进工艺和技术难点的试验研究能力；开发航空发动机零部件试验和整机试验等研究平台，形成关键零部件、整机试车试验分析能力；建设设计、检测、量化、理化分析、无损探伤、工具、服务等方面制造基础能力。

6. 强化信息技术与发动机设计、制造技术的集成融合

提升设计制造一体化水平，通过信息化技术推动行业级供应链优化整合，促进产品研制模式和整体运行效率的提升。

7. 全力推进实施两机先进制造人才战略

搭建可持续发展的人才成长平台，建立人才的培养机制、引入机制、使用机制和激励机制，实现“人才总量翻番、能力结构优化、水平大幅提升”，打造一支技术精湛、专业配套、勇于创新的人才队伍。同时，优化人才队伍的专业结构，形成有组织协同创新的人才团队，以团队方式解决两机先进制造工序链中的科学与技术问题，加快两机研制的步伐，缩小与发达国家间的距离。

（本文选自 2015 年咨询报告）

咨询研究组主要成员名单

熊有伦	中国科学院院士	华中科技大学
徐建中	中国科学院院士	中国科学院工程热物理研究所
程耿东	中国科学院院士	大连理工大学
刘大响	中国工程院院士	北京航空航天大学
钟　掘	中国工程院院士	中南大学
李天研	中国科学院院士	中航工业集团
曹春晓	中国科学院院士	中航工业集团
朱　荻	中国科学院院士	南京航空航天大学
林忠钦	中国工程院院士	上海交通大学
李济生	中国科学院院士	中国人民解放军总装备部
王立鼎	中国科学院院士	大连理工大学
郭东明	中国工程院院士	大连理工大学
周国治	中国科学院院士	北京科技大学
伍小平	中国科学院院士	中国科学技术大学
陶文铨	中国科学院院士	西安交通大学
赵淳生	中国科学院院士	南京航空航天大学
杨叔子	中国科学院院士	华中科技大学
段正澄	中国工程院院士	华中科技大学
丁　汉	中国科学院院士	华中科技大学
吴光辉	副总裁	中国商用飞机有限责任公司
王亚军	研究员	中航工业集团
刘永泉	研究员	中航工业集团
王旭东	研究员	中航工业集团
杜宝瑞	研究员	中航工业集团
王　鸣	研究员	中航工业集团
王少刚	研究员	中航工业集团
刘　建	研究员	中航工业集团
李海宁	研究员	中航工业集团

陈贵林	研究员	中航工业集团
刘智武	研究员	中航工业集团
江和甫	研究员	中航工业集团
张为民	研究员	中航工业集团
张登馨	研究员	中航工业集团
姜怀胜	副总裁	大连机床厂
严　奇	总经理	无锡透平叶片有限公司
邵　燃	常务副总经理	无锡透平叶片有限公司
邵新宇	教　授	华中科技大学
周莉萍	教　授	华中科技大学
李仁府	教　授	华中科技大学
尹周平	教　授	华中科技大学
杨文玉	教　授	华中科技大学

加强信息科学基础研究，维护我国网络安全

李衍达　等

一、研究背景和研究意义

如今，互联网已经成为人们生活、工作、学习不可或缺的一部分。互联网在给人类带来方便的同时，也增添了网络安全上的困扰。大到“棱镜门”事件，小到个人网上账号被盗，网络安全事件层出不穷。正如习近平总书记在中央网络安全和信息化领导小组第一次会议上所强调的，“网络安全和信息化是事关国家安全和国家发展、事关广大人民群众工作生活的重大战略问题。”

网络安全是一个非常复杂的问题，可以从国家战略、政策法规、基础研究、工程实施等角度探讨。本文主要从基础研究的角度对网络安全进行思考，从基金制度、科研机制、学科战略布局、人才培养等方面给出建议。

二、现状分析与主要问题

我国在网络安全方面的问题可以概括为下面四个方面。

（一）我国信息基础设施绝大部分依靠国外产品，存在重大信息外泄的隐患

一方面，国外敌对势力为了窃取我国的政治、军事、经济、科学技术等

方面的秘密信息，运用侦察台、侦察船、侦察机、卫星等手段，形成固定与移动、远距离与近距离、空中与地面相结合的立体侦察网，截取我国通信传输中的信息。2013 年曝光的“棱镜门”事件，表明美国正在进行一项监视全球信息的秘密行动。这对我国的信息安全敲响了警钟。另一方面，我们大量的主要通信设备长期以来依赖国外产品，为信息安全埋下重大隐患。例如，思科公司占据了中国电信骨干网络约 73%的份额，掌握骨干网几乎所有的超级核心节点和绝大部分普通核心节点；在政府、石油、机场、码头等诸多重要部门核心网络设备的占有率超过 60%。中国四大银行及主要城市商业银行的数据中心几乎全部采用思科公司设备。IBM 公司在中国 Unix 服务器市场份额连续 15 年稳居第一，截至 2012 年第四季度，已达到 76%。甲骨文公司则占据了我国高端应用服务器市场数据库和相关软件超过 40%的市场份额。而高通公司则在移动互联方面牢牢把持 CDMA 等核心专利和技术。此外，我国计算机的操作系统和很多重要软件都来自国外公司。可见目前我们的重要信息完全暴露在外国公司面前，难以抵御安全漏洞和信息外泄。要提高我国的信息安全水平，必须大力推动国产核心网络，核心软件和通信设备的研发和使用。否则，只能在出事以后，被动应付。

目前我国在国际互联网的网关系统中仍严重依赖于国际互联网络和网络节点，一旦国际网络瘫痪，或者各种人为和政治因素都可能造成中国被封闭或被网络侵害。国家互联网应急中心（CNCERT）的数据显示，中国遭受境外网络攻击的情况正变得日趋严重。CNCERT 的抽样监测发现，仅 2013 年 1 月 1 日至 2 月 28 日不到 60 天的时间里，境外 6747 台木马或僵尸网络控制服务器就控制了中国境内 190 万余台主机；其中位于美国的 2194 台控制服务器控制了中国境内 128.7 万台主机，居首位。

（二）我国的网络安全人才与发达国家差距大

进入 21 世纪后，信息化人才的争夺早已在全球范围内展开，这种争夺主要呈现出以下四个特点。

（1）尖端信息化人才普遍短缺。

（2）人才由发展中国家向发达国家单向流动。

（3）中国已成为发达国家信息化人才争夺的重点对象。

（4）各国对信息化人才争夺绞尽脑汁。

人才引进是一项重要而且见效快的途径，但是信息时代需要大量人才，对于中国这样的大国，解决人才短缺问题的根本在于提高自身的造血能力。我国信息化人才培养存在以下问题。

（1）信息化人才数量较少，人才储备不足。

（2）信息化人才结构不够合理，人才素质较差。一方面缺乏高端技术专家和复合人才，另一方面也缺乏低端技术人才和熟练技能人才。

（3）信息化人才培养模式不够合理，人才技术水平一般。

（4）信息化人才培养机制相对滞后，人才严重外流。

我国信息产业发展起步较晚，信息化人才的选拔和评价机制不符合人才成长规律，体制不健全，用人机制不灵活，待遇低，科研、工作环境相对滞后。

（三）缺乏系统的基础性与前瞻性研究布局

国家安全问题是与恐怖分子的一种博弈，时刻可能面临突发性事件。因此，我们要做有预见性的准备，养成主动创新的安全观念，不能等出事以后才开始研究。系统的基础性与前瞻性研究布局是一个大国所必须考虑的问题。如果只是由各个部门分别按其需要做出规划，在当前“急功近利”的思想下是难以做到系统长远地规划与支持的。一遇突发事件，往往缺乏相应的技术储备和人才去应对。而“基金制”就是使国家先有“储备”，先有“准备”的一种行之有效的措施。目前在国家安全方面，亟待考虑建立“基金制”。

（四）军民融合的机制亟待发展与完善

国防科技与一般科技有其特殊性也有其共性。有关国家机密的国防科技（基础理论的应用部分）需要保密，这是其特殊性；但其基础部分、前沿部分与一般科技是相同的，这是其共性。对其特殊部分强调保密的同时，对共性部分则要加强开放。目前，我国军工相对封闭，没有充分利用国内外先进的科研成果和人才，同时缺乏基础研究和前瞻性探索的系统设计，在信息科技迅猛发展的今天已经极大地制约了我国国防科技的发展，如果这种情况继续下去，在国家安全领域我国与发达国家的差距将会不断扩大。因此，军民融合的机制亟待发展与完善。

三、对策与建议

（一）建立面向国家安全的基金制度

我们过去对于安全的观念是一种被动应付的安全观，“头痛医头，脚痛医脚”，解决不了根本问题。要在安全对抗中占据主动，就需要将我们的观念转变为一种主动创新的安全观。这首先需要从基金制度上进行保证，鼓励主动创新。建议在军方成立主管国防安全基础研究的基金机构，建立和美国国防高级研究计划局（DARPA）类似的系统，围绕我国国防安全的前瞻性问题，设立面向全国所有高等学校、研究机构的基础研究基金，支持使命导向的基础研究（mission-orientated basic research）。在一般性指南的框架下，允许自由申请，鼓励奇思妙想。应该给予科研人员自由发表科研成果的权利。基础研究的成果应及时向社会开放，促进科技成果转化为生产力，造福社会。在管理机制方面借鉴美国 DARPA、美国国家科学基金（NSF）的成功经验，聘请企业、高校和科研机构的技术主管作为管理主体担负项目的主要管理工作。

（二）探索科研机制创新，在一流研究大学和部队院校中建立协同研究中心，完善战略布点，成体系开展基础研究

信息科学发展中科学发现和技术发明相互依赖，基础性和国家重大需求牵引并存，前瞻性探索宜与体系规划相结合，开拓学科发展前沿宜与满足社会经济发展需求并重。为实现我国信息科学与网络安全技术的跨越式发展，科研机制需要探索协同创新途径，改变“封闭、重复、低效”等科研弊端，组建军地联合研究机构，着眼于可能带来革命性突破的信息科学基础问题，从“被动应付”的安全观转变为“主动创新”的安全观，从根本上保障我国的网络安全。

建议设立协同研究中心，重点开展以下基础性研究。

1. 大数据与复杂网络理论基础

随着互联网和社交网的快速发展，大数据现象在各种网络应用中出现。大数据既给网络安全带来了挑战，同时也带来了机遇。大数据将开启一次思维变革，我们将应对的已非随机样本，而是全体数据；已非精确度，而是杂糅度；已非因果性，而是相关性。随着大数据时代的到来，人类的行为都袒露在种种数据上，一旦收集到足够多的数据，合理地进行架构、解析、量化，

它将让我们实现对某些事情做出基于理性的判断和决策。

更重要的是大数据带来研究复杂网络演化规律的一种新的方法。互联网、社交网都属于复杂网络的典型代表。大数据也可看作是复杂网络演化进程的外部观察结果；把大数据的关联关系与复杂网络的内部机理结合起来，就有可能获取复杂网络的演化规律从而预测其变化。相关理论基础研究无论对交通、金融、军事乃至反恐都有重要意义。

2. 三元空间交互与融合技术科学前沿

物联网、互联网、社交网络、大数据与云计算等信息技术的迅速发展，促使网络空间、现实世界以及人类认知空间形成了相互渗透、深度交融的三元空间。面向由人-机-物共同形成的动态复杂巨系统，将信息处理对象从传统单一独立空间进阶至三元空间，特别是人参与其中并起关键作用。可综合利用人类社会、现实世界及网络空间的资源，通过人机物融合协作完成计算目标，成为21世纪信息科学的基本范式变革。

如何揭示三元空间的融合信息处理、认知及演化规律，已是21世纪的科学前沿，也是学术界及产业界共同面对的世界级难题。2007年，美国总统科学与技术顾问委员会（PCAST）在题为《挑战下的领先——竞争世界中的信息技术研发》的报告中列出了八大关键信息技术，其中信息物理融合系统（cyber physical system，CPS）位列首位。美国NSF近年来投入3亿美元发起“网络创新全球化环境”（The Global Environment for Network Innovations，GENI）计划，以加强技术网络与现实世界之间的交互性为主导，重新思考网络功能。欧盟斥资14亿美元开展了将持续10年的“活地球模拟器”研究计划［未来信息通信技术知识加速器（FuturICT）项目的组成部分］，通过网络空间数据处理来提高对全球现实世界复杂因素及危机的理解与预测能力。相比之下，我国目前在面向三元空间交互与融合科学前沿的基础理论与关键技术层面尚缺乏有效战略和全局部署。

3. 量子信息科学与技术

量子信息科学与技术将导致网络安全革命性的突破。网络安全是攻与防之间的对抗，其中的进攻技术（如破译）与防御技术（如加密）都对通信和计算的速度要求极高。所谓“道高一尺，魔高一丈”，一个国家只有在信息传输与处理能力上掌握优势，才能在对抗中处于不败之地。进入 21 世纪以后，信息技术以惊人的速度发展，单位时间内可传输和处理的信息量不断提高。在通信、微电子等方面一些技术指标已接近传统信息理论的理论极限，急需在理论与科学上有新的突破。

量子信息科学与技术从微观的量子现象的物理本质出发，利用量子现象使信息科学与技术产生质的变化，可能引发信息科学与网络安全的突破，或将对通信、计算机乃至控制产生革命性的改变，是我们必须密切关注的。

4. 信息处理的新理论、新方法

网络安全离不开对于网络上数据内容（自然语言、图像、音频）的智能理解。过去的半个多世纪里，作为信息传输与处理的基础理论，传统的象农信息论是基于语法关系而不涉及语义的，因此，丢失了很多信息。目前，信息技术的一些指标已接近香农信息论的理论极限。要想突破这一限制，必须从根本上突破香农信息论的假设条件。多年来，学者们已有多种尝试。例如，考虑语义的信息传输与处理；从以前以比特（bit）为基础到以“结构”为基础的信息传输与处理；从数据直接提取“规律”的信息处理等。从信息基础理论突破出发已成为当代重要的研究课题。

5. 脑与认知科学基础及智能技术

人对于网络上数据内容（自然语言、图像、音频）的理解明显优于机器。因此，除了信息科学的研究思路，另一条重要的研究思路是将脑与认知的原理引入信息科学领域。在军事、交通、工业领域乃至防灾领域，人-机结合和无人自主的智能系统都是急需攻关的方向，其基础在于智能技术的研究，而智能技术重要突破点在于对脑与认知的研究。因此，脑与认知的科学基础及智能技术的研究是将来智能技术取得突破的前提，也是必须占领的“制高点”。

6. 信息与生命科学的交叉研究前沿

生物经过千万年的进化，产生了一些对现代科技来说极具启发性的系统，如细胞损伤的修复系统、免疫系统等。这些对于信息攻防来说都是可参考的范例。由于信息科学的介入，生命科学的研究越来越接近了解生命的本质；而生命本质的研究又给信息科学与技术的发展提供了新的可能。这种交叉研究不仅为网络安全研究提供了新的前景，而且在医疗、卫生、健康等领域有重大意义。

（三）设立网络高端人才培养专项

国家安全面对的是信息系统建设与信息攻防问题，但信息攻防是一个动态的、演化的问题，不可能一劳永逸。信息攻防实质上是技术的对抗，本质上是人才的对抗。因此，基础研究与人才培养是关键。应加强人才，尤其是顶尖人才的培养与锻炼。对此，应军民结合，以民为主培养。要大力扶持一流研究型大学建立基地，培养一流的信息技术人才。人才培养必须与创新研究相结合，与基础研究相结合才能培养出新一代人才。

因此，建议设立“网络高端人才培养专项”，并遵循以下原则。

（1）从国家安全基金中拨出一定比例，长期稳定支持。

（2）高端人才培养放在上述的研究中心中进行。

（3）高端人才培养与基础研究和技术攻关相结合。

（4）按人才成长规律来选拔和评价人才。

（四）大力支持核心信息技术与产品研发，定出规划，在关键部门分批应用国产信息产品取代国外产品

今后的政府采购中应该充分考虑信息设备和软件系统的安全问题，建议制定相关规划，将政府、军队、石油、电力和银行等重要部门的核心信息设备、操作系统和数据库软件等分批用国内自有知识产权的产品替代进口或外资产品，并逐步将整个国家的主干信息基础设施用国内产品取代。目前以华为、中兴和联想公司为代表的一批国产设备生产商的技术和产品都已趋于成熟，其产品在绝大部分情况下完全可以替代进口。

国产信息产品的成熟离不开一批优秀的国产信息企业。由于我国信息企业起步相对较晚，在与跨国企业的竞争中常处于劣势地位，国家需采取扶植措施，在初期可给予资金和政策支持，但在中后期，更重要的是市场、规范和公平的竞争环境。国内成功发展的信息技术企业，如华为、腾讯、百度、阿里巴巴等，都是在市场压力和竞争中不断推陈出新，把握和引导用户需求，最终崛起的。

（本文选自 2015 年咨询报告）

主要参考文献

[1] 李国杰. 大数据研究的科学价值. 中国计算机学会通讯, 2012, 8(9): 8-15.

[2] 田华, 郑晓齐, 田中. 美国国防基础研究资助机制特点分析与启示. 中国软科学, 2007(9): 33-42.

[3] 赛迪智库. 2014年中国信息安全发展形势展望. 2014.

[4] Bush V. 科学——没有止境的前沿. 范岱年, 解道华译. 北京: 商务印书馆. 2004.

咨询研究组主要成员名单

李衍达	中国科学院院士	清华大学
李启虎	中国科学院院士	中国科学院声学研究所
张 钹	中国科学院院士	清华大学
林惠民	中国科学院院士	中国科学院软件研究所
王 越	中国科学院院士	北京理工大学
吴一戎	中国科学院院士	中国科学院电子学研究所
郭 雷	中国科学院院士	中国科学院数学与系统科学研究院
谢维信	教 授	深圳大学
陆建华	教 授	清华大学
朱文武	教 授	清华大学
李 军	研究员	清华大学

改进我国科学评价体系，促进卓越科学研究

方荣祥　等

近年来，党和国家高度重视科技工作，科技投入大幅度增加，科研产出迅速增长，但总体上看，科学发展水平仍然与发达国家有较大差距，原创性的研究成果较少，学风浮躁现象普遍存在，科研不端行为时有发生，科研质量的提升面临多方面挑战，科学发展的水平和实力仍然不能适应建设创新型国家和实施创新驱动发展战略的要求，也与我国的国际地位不相符合。

导致这种状况的一个重要原因是对科学价值的认识存在偏差，科学评价体系远不能适应科学事业发展的需要。习近平总书记在 2013 年考察中国科学院时指出："要坚决扫除影响科技创新能力提高的体制障碍，有力打通科技和经济转化的通道，优化科技政策供给，完善科技评价体系。"2014 年在两院院士大会上，习近平总书记指出："实施创新驱动发展战略，最根本的是要增强自主创新能力，最紧迫的是要破除体制机制障碍，最大限度解放和激发科技作为第一生产力所蕴藏的巨大潜能。"表面上看，科学评价只是科技体制中的一个局部问题，但实际上对科技发展有全局性的影响。因为科学评价不但是一个社会科学价值观念的直接体现，而且是科技管理的重要手段，评价的过程和结果直接影响科技资源的分配，评价的标准更是引导科学家科研行为的指挥棒。

对科学价值的认识和科学评价也深刻影响我国科学家的形象和国际科技合作。近年来，国际学术界对中国科学研究评价不一，甚至不乏质疑，大多与科学评价的机制和标准等问题相关。如果不能树立正确的科学价值观，建立合理的科学评价体系，不但将导致科研资源的极大浪费和科学研究的无

序竞争，而且将破坏健康的学术生态，诱发弄虚作假的投机行为，严重挫伤科研人员的积极性和创造性。这不但会影响中国科学的健康发展，损害中国科学的形象和国家的形象，而且会延缓甚至阻碍创新型国家的建设进程，影响创新驱动发展战略的顺利实施。

一、我国科学评价体系存在的主要问题

1. 功利主义科学价值观影响广泛并产生严重后果

一些政策导向过分强调科学研究的功利性，评价结果过度地与被评单位或个人的利益挂钩，不但使需要长期坚持的、有较大风险的重要研究工作难以持续开展，使短期内没有明显应用价值的基础研究难以得到稳定的支持，而且在一定程度上可能诱发科研不端行为。一些科研机构盲目追求科技资源利益最大化，不顾自身定位和使命多头出击，无序竞争各类科研项目，导致科技布局职能重叠、职责不清，科技资源重复投入，浪费低效，也使科研机构无法在特定领域持续积累，难以形成核心竞争力。一些科研人员过分关注科研带来的物质收益或社会地位，缺乏长远保持潜心研究、不断探究真理的内在动力和热忱，科研行为急功近利。近年来，一些学术造假和贪污科研经费的案件令科技界蒙羞，令社会震惊。

2. 非学术因素严重干扰科学评价过程

首先，评价过程受到行政权力的过多干预。尽管大多评价中普遍采用了专家评议的机制，但专家的意见和评价的结果往往受到行政权力较大的影响。其次，科学评价的过程缺乏透明度和公开性，对评审中的利益相关或利益冲突缺乏有效约束，致使各种形式的潜规则大行其道。再次，评价过程更多从行政管理的要求与方便出发，而不是从科研管理的特点与规律出发，过细、过频、过繁的评价严重干扰了科研的实际进程，使科学家疲于应付项目申请、年度报告、结题等评议活动，迫于尽快“交账”的压力，难以潜心进行高质量的研究工作。

3. 缺乏行之有效的社会监督和制度约束

总体上看，我国科技评价仍然缺乏完善的、行之有效的社会监督和制度约束。由于缺乏必要的透明度和公开性，使对评估过程的外部监督难以实施，使评估过程中的暗箱操作和潜规则难以得到有效控制。由于缺乏明确的监督

机制和惩罚措施，违规行为得不到有效遏制，导致科学评价过程中违规的成本远远低于违规的收益，这也致使违规行为进一步蔓延。

4. 评价标准不利于促进卓越的研究

一方面，过分强调短期量化考核指标，难以真正激励变革性研究。比如，在科研奖励的判定、重点学科、重点基地和科研机构的评价中，论文数量、课题或经费数量、获奖数量和院士数量等，往往成为具有较大权重的评价指标。另一方面，对评议的激励过度与利益关联，难以培育卓越的科研机构和科学家。比如，一些科研机构热衷于在科研项目评议、科学奖励评定和院士遴选等过程中进行“公关”，甚至出现“组织公关”和“集体作假”的现象。一些激励过度的政策可能带来一些与政策初衷相反的结果。比如，有些人才计划入选者和大多数具有创新潜力的优秀青年人才之间待遇的巨大反差，偏离了追求卓越的价值导向，严重冲击了以业绩为准的分配体系，负面效应有可能抵消甚至超过可能产生的积极影响。

二、存在问题的主要根源

1. 对科学的价值与科研的特点认识不够

科学评价要发挥促进科学健康、可持续发展的作用，就必须正确地认识科学的价值，准确地把握并遵循科研的特点和规律。一方面，科学对技术进步、经济社会发展的重要作用无不以科学不断发现的新知识为根据，不断推进知识进步的“卓越的”科学是不断创造奇迹的“有用的”科学的源泉。对科学价值认识存在片面性，忽视科学评价促进“卓越科学”的首要功能，片面理解和追求科学的功利价值，其结果就会导致科学评价的目的被严重扭曲，不但难以有效地提高科研的质量，而且还会带来科学精神的丧失，影响科学事业的持续发展。另一方面，科学是对未知世界的探索，要在充满不确定性的领域中发现新的知识，不存在必然成功的道路。科学评价必须激发科学家创新的动力，鼓励科学家探索的勇气，保护科学家创新的热情，宽容科学家探索过程中的失败。由于对科学研究特点和规律把握不足，盲目地用行政管理的方式来进行科学评价，要求科学家的科研活动硬性地满足过细过死的规定，不但干扰科学研究的过程，而且严重误导科学家的科研行为。

2. 科技资源管理和分配模式存在严重问题

一方面，科技资源的分配和评价标准的确定由行政管理者主导，致使科学评价有明显的政绩取向。行政管理者为了便于进行直接管理，往往会采用如数量比较这样的简单评价方法。另一方面，科技资源的分配普遍采用竞争性项目支持的方式，竞争性的项目投入与稳定性的机构投入的比例严重失衡。这不但导致围绕科技资源的过度竞争，使科学家把大量的时间和精力投入到争取项目支持上，也使得需要长期坚持的重要研究工作难以得到稳定的支持。此外，科技资源多头管理，科技计划名目繁多。计划定位不清，导致评价指标单一化，研究工作趋同化；项目管理过频过繁，申请条件和申请指南过细过死，使得科学家既要在缺乏稳定支持的情况下从多个渠道获取资源，又不得不适应不同支持计划的繁杂要求，疲于应付。

3. 部分科学共同体的自治和自律严重不足

其一，我国部分科学共同体自主性不足，对行政权力仍有较强的依附性。这导致一些行政官员或管理人员干扰科学评价过程，不能得到科学界的有效抵制；一些科研人员借助与科研管理者的私人关系谋取个人或单位利益。其二，科学家的自律不足。一些科研人员不遵守已建立的评议规则和保密制度，多方打探评议过程和评议专家，千方百计进行公关；一些评议专家在收到评审材料后甚至联系被评者，主动示好，以扩大人脉资源；有的评议专家不认真阅读材料，甚至直接安排其学生进行评审。其三，科学共同体责任意识不够，自治功能没有得到充分发挥。比如，科学家大多不愿意公开挑战不严谨的评议结论，出于人情或生怕将来自己被评时遭遇报复，而不愿意得罪被评议对象，甚至出现集体责任意识淡薄的“群体性迷失”。更值得注意的是，科学界的自律和自治较差，会给后来的科研工作者提供不好的示范，有些科研人员的不良行为没有得到应有的惩戒，会为学生和青年科研人员所仿效，形成不良风气的代际影响。

三、改进科学评价体系的主要建议

完善我国科学评价的基本思路：以推进卓越科学，大幅度提升我国科学原创能力为出发点，以深化科技资源管理和分配体制改革为切入点，以有利于激发科研人员的积极性和创造性为落脚点，尊重科学研究的特点和科学发展的规律，尊重科研人员的主体地位，建立严格、透明、公正的科学评价体系，营造和谐并充满活力的学术生态，推动中国科学健康持续发展。

具体建议如下。

1. 加强科学价值观教育，树立正确的价值导向

引导科学界和全社会正确认识科学的价值，把探究真理、发现新知识作为科学的核心使命，把探索真知作为全面实现科学价值的重要基础。检讨和反思功利主义倾向对我国科学政策的影响，调整科学评价的价值导向，引导科研人员树立严谨求实、究真探源、勇于创新的科学态度，逐步改变急功近利的行为模式，倡导和鼓励潜心研究、“十年一剑”、协同攻关，引导政府管理人员遵循科学研究的规律和特点进行科研管理。

2. 改革科技管理体制，建立符合科研规律的资源配置机制

一是建议研究成立国家研究理事会（The National Research Council of China）的可行性，探索建立行政职能部门和科学共同体协同管理和分配科技资源的新机制。二是建议调整科学资源配置的结构，改变过度依赖竞争性的项目投入方式支持科学研究的状况，加大对基础研究和公益性研究机构的稳定支持。三是避免科学评价的激励过度与部门和个人利益关联，防止在科研机构和人才评价过程中拔苗助长的政策导向，更好地发挥科学评价在改进科研工作、提高科研质量等方面的诊治性功能。

3. 规范科学评价过程，建立严格、透明的评价体系

一是针对我国科学评价中存在的问题，尽快制订《中国科学评价行为准则》，将其作为我国科学评价的行动指南。二是严格规范科学评价的实施过程。系统设计科学评价的程序和机制，明确不同参与者的权力和责任。严格执行评议过程中利益冲突的相关规定，建立规范的回避制度。提高价值评议活动的透明度和公开性，建立评估专家的责任制度和信息公开制度。建立具有权威性、独立性和公正性的监督机制，制定切实保护举报者合法权益的制度。三是加强科学评价的国际合作，有效发挥国际专家在科学评价中的作用。

4. 建立合理的评价标准，鼓励高质量、独创性的研究

针对不同的科研活动和评价对象，制定有针对性的评价标准。把鼓励独创性、变革性的研究作为科学评价的首要标准，并在此基础上兼顾学术价值

和社会影响，更加重视和支持问题导向明确的研究。在评议组织过程中，合理设计评估周期和操作程序，防止过于频繁和复杂的评价活动干扰科研活动的正常秩序，为科研机构持续提高科研能力、科研人员潜心研究重要的科学问题提供良好的科研环境。

5. 推进科学共同体的自治和自律，完善同行评议制度

一是要提高科学共同体在维护科学精神、推进卓越研究方面的使命感和责任感，鼓励科学共同体内部开展平等、自由的学术交流和学术批评，充分发挥科学共同体集体纠错机制的作用，依靠集体协作，形成择优汰劣、有效纠错的质量控制机制。二是明确科学共同体在科学评价过程中的主体地位，鼓励科学家有效防止和消除行政权力等非学术因素对价值评议过程的干预，并在制度上保障科学家评议过程中的合法权益，切实完善同行评议制度。三是加强科学道德与诚信建设，制定道德和伦理审查的监管机制。

（本文选自2015年咨询报告）

咨询研究组成员名单

组长

方荣祥	中国科学院院士	中国科学院微生物研究所

成员

曹效业	研究员	中国科学院
李正风	教　授	清华大学
王春法	研究员	中国科学技术协会
龚　旭	研究员	国家自然科学基金委员会
赵兰香	研究员	中国科学院科技政策与管理科学研究所
李真真	研究员	中国科学院科技政策与管理科学研究所
樊春良	研究员	中国科学院科技政策与管理科学研究所
任定成	教　授	中国科学院大学
曹　聪	教　授	英国诺丁汉大学

关于进一步强化内蒙古呼伦湖生态环境综合治理与保护的建议

傅伯杰　等

呼伦湖（又名达赉湖）是我国第五大湖，也是我国北方第一大湖，处于半干旱的温带地区，现有水域面积 2100 千米^2，在维系呼伦贝尔草原乃至我国整个东北地区的生态安全等方面发挥着不可替代的作用，是我国北方生态屏障的重要组成部分。21 世纪以来，呼伦湖水位下降明显、蓄水量急剧减少，引发湖泊咸化、碱化等一系列严重的资源与生态环境问题。这不仅威胁到流域生态安全及社会经济可持续发展，影响我国北方半干旱区域的生态安全，同时还涉及国际问题与民族安定，引起各界高度重视。呼伦湖与北方其他许多湖泊一样，在 21 世纪头 10 年中水体萎缩和生态环境退化明显，其主要原因是我国北方气候暖干化导致的入湖水量减少、湖泊水位下降和出流枯竭。同时，历史上多次人为水系破坏的影响也不可忽视，包括 19 世纪滨洲铁路建设阻断海拉尔河与呼伦湖水系连通；20 世纪 60 年代达兰鄂罗木河堵塞和新开河开通破坏湖泊出水通道；20 世纪 70 年代中蒙边境河流整治导致乌尔逊河上游沙尔勒金河河口淤塞，阻断贝尔湖与呼伦湖水力联系；等等。2000～2012 年，主要入湖河流乌尔逊河和克鲁伦河年均入湖径流总量约 3.1 亿米^3，仅为多年平均的 1/4 左右，相应呼伦湖水位从 544.8 米持续下降近 5 米，湖泊蓄水量减少近 100 亿米^3，进而引起湖泊水体盐度、碱度升高，水生态系统退化等一系列生态环境问题。

近年来，内蒙古自治区政府及当地政府高度重视呼伦湖治理和保护，实施“引河济湖”与“河湖连通”工程、“限产休渔”工程、周边“草原保育奖补”与治沙等生态修复工程，取得了一定的成效。有关呼伦湖自然保护区立法、生态综合治理规划编制、保护区管委会机构整合等工作也在积极有序推进中。客观上，近两年呼伦湖生态环境持续恶化的趋势得到了一定程度的遏制，其中有生态环境治理的贡献，更主要还是得益于自 2013 年开始的流域天然降水量增加导致入湖径流量增多。目前，呼伦湖水位较 2012 年平均上涨了 2.51 米，面积扩大了 400 多千米^2，蓄水量增加接近 70 亿米^3，鸟类和鱼类种类、数量均有一定增加。但总体上看，呼伦湖生态环境问题依然存在，退化趋势没有得到逆转。

一、呼伦湖生态环境仍存在的问题

（一）呼伦湖及其周边湿地干旱缺水的状态没有改变

根据 1961～2012 年多年水量平衡分析，两条主要河流乌尔逊河与克鲁伦河在 2000 年后入湖径流量较多年平均减少 7.2 亿米^3，成为呼伦湖萎缩的主要原因。气候暖干化同时也导致河流沿线湿地和草场地下水极大损耗、地下水位下降，地表径流对地下径流补给增加，加上贝尔湖的水量减少，入湖径流在 2008～2009 年几近断流。应该注意的是，即使 2012 年呼伦湖湖泊水位降至 21 世纪以来最低，但从近百年湖泊水位变化长周期看，仍然处于平均状态。因此地处半干旱区的呼伦湖及其周边湿地干旱缺水将可能成为常态，目前“引河济湖”工程每年平均从海拉尔河调水约 4 亿米^3，仅为呼伦湖多年平均入湖径流的 1/6，湖泊当前蓄水量的 5.7%，由此可见，仅通过海拉尔河人工引水难以改变呼伦湖水量亏缺的萎缩状况。

（二）呼伦湖生态环境退化趋势没有得到根本改善

呼伦湖水质主要取决于入湖河流水质和自身的水质净化功能。近年来，入湖水质氮、磷含量普遍超标，2013 和 2014 年丰水年，克鲁伦河和乌尔逊河水质为Ⅳ类，化学需氧量、高锰酸盐指数均超标；海拉尔引河入湖水质为劣Ⅴ类，化学需氧量、高锰酸盐指数也均超标。由于湖泊水位较低没有出流，湖泊换水周期延长，自净能力弱，入湖营养盐与污染物不断累积与富集，湖泊咸化、碱化以及加剧的生态退化趋势难以得到逆转。事实上，呼伦湖已经处于中富营养状态，具备与南方浅水湖泊同样的藻类生长条件，只是由于低温制约了蓝藻的大面积暴发。

（三）呼伦湖正在实施的治理保护工程缺乏系统性和综合协调

目前的生态治理工程主要包括“引河济湖”与“河湖连通”、“草原保育奖补”和“限产休渔”等。总体来看，各项保护工程相互分割，缺乏流域系统整体性考虑和综合协调。目前已经实施的“引河济湖”工程仅在一定程度上恢复了海拉尔河与呼伦湖的水系连通，对增加呼伦湖入湖水量和改善流域湿地水文生态状况更为重要的乌尔逊河与贝尔湖连通没有被纳入。正在实施的“河湖连通”工程也仅停留在部分疏浚新开河河道，没有考虑湖泊出流的河床高程合理调整。正在实施的“草原保育奖补”工程存在禁牧面积过小、草畜平衡以面积奖补有失公平、没有涵盖耕地（特别是20世纪80年代土地二次开发新增耕地）退耕还草等问题。“限产休渔”工程存在限产不转产、缺乏长效性、休渔时间短、增殖放流投入不足，以及限产休渔管理不顺等问题。

（四）呼伦湖综合管理体制不顺，科研监测能力薄弱

目前呼伦湖没有明确的管理主体，涉湖管理部门包括达赉湖国家级自然保护区、呼伦湖渔业公司和呼伦贝尔市渔政、水利、环保、林业、旅游等部门，以及周边的新巴尔虎左旗和右旗等地方政府，存在多头管理、职责不清、相互掣肘等诸多弊端。正在推进中的依托达赉湖国家级自然保护区管理局组建的呼伦湖管理委员会也没有明确管辖范围的土地权属问题，简单的部门归并和某些职能划分，不实施属地化管理，依然难以解决与市有关部门及地方政府的潜在冲突。此外，该区域国家层面科技投入相当少，监测科研能力薄弱，缺乏必要的水文、环境、生态等定位长期监测。目前计划布设的监测措施也是分散在各行业中，没有从湖泊与流域系统整体和水文、气象、环境与生态统筹的角度设计开展，导致对呼伦湖及其周边草场生态环境变化的认识及治理与有效管理科学依据不足，影响湖泊合理利用、生态环境治理保护和管理的成效。

二、未来呼伦湖面临的生态环境压力与风险

呼伦湖地处我国温带半干旱地区。该区域内既有我国北方最大的淡水湖泊，也有北方半干旱地区保存面积最大、全球面积第三的呼伦贝尔草原，此外还有我国最北的呼伦贝尔沙地，湖泊、湿地、草原、沙地镶嵌分布，构成复杂而脆弱的生态格局，是维系我国北方生态安全的重要屏障，对气候变化和人类活动干扰极为敏感。该区域多民族聚集，上下游均涉及国际河流，经济欠发达，发展与保护的敏感性和矛盾日益凸显。

地质历史时期的构造运动奠定了呼伦贝尔特殊的地貌格局和脆弱的地表物质基础。呼伦湖属于构造断陷湖，历史上就是一个水位变幅较大的湖泊，3/4 的湖泊集水区位于内蒙古自治区境内，同时也曾是下游中俄界河额尔古纳河的源头，20 世纪 60 年代以来由于下游达兰鄂罗木河河流阻塞而成为封闭水系。19 世纪末期呼伦湖曾一度几近干涸，仅剩局部洼地。近 100 年的时期内，湖泊水位明显升高出现在 20 世纪 50 年代，并保持在 544 米以上水位直到 2002 年，随后开始明显下降，到 2012 年下降到近 60 年来的最低点 541.0 米。无论从呼伦湖的盆地地形地貌以及历史水位变化分析，还是与我国干旱、半干旱地区的其他湖泊相比，呼伦湖水位下降速度和幅度都极为罕见。根据呼伦湖湖盆形态分析，539.0 米高程以下的湖底地形十分平缓，水位一旦下降到该高程以下，将出现湖泊面积急剧缩小、湖底大面积沙化，进而造成草原大面积退化的严峻态势。

同时，由于呼伦贝尔特殊的地质背景，流域地下水 pH 等本底值高（局部区域 pH 达 10 以上），尤其在干旱年份，降水入湖补给减少而高 pH、高碱度的地下水补给相对增加，加之湖泊水面蒸发浓缩加快和入湖污染物增加，湖泊水质极易恶化。

根据历史气候变化和气候模型模拟初步分析，该地区 21 世纪头 10 年的降水减少是气候干湿周期性变化的体现，近两年降水增加可能预示未来该区降水将呈现稳定及微弱增加趋势，加上海拉尔河补水工程效益的发挥，呼伦湖萎缩状况有可能得到一定程度缓解，但想要维持呼伦湖较高生态水位仍将难以为继，湖泊生态系统的恢复也将极为缓慢。尤其是随着国家能源基地规

划实施与地区工业化城镇化进程加快，工农业生产与生活用水及氮磷等污染物排放量也随之大幅增加，周边地区植被破坏、土壤沙化和草场退化问题仍可能加重。因此，在日益增强的人类活动干扰下，如不加以有效治理和保护，呼伦湖仍存在较大的生态环境继续退化的风险。

三、呼伦湖生态环境治理和保护对策与建议

（一）理顺呼伦湖管理体制机制，加大生态补偿实施力度

1. 建立呼伦湖保护管理委员会，明确其生态保护核心职能和管理权责

创新自然保护区管理体制，以现有达赉湖国家自然保护区管理局为基础，建立类似国家级开发区管理模式和地位的管理委员会实体机构。明确管理委员会生态保护核心职能，履行保护区统一规划、统一保护管理执法、统一水资源调度，以及渔业、旅游等资源开发监管等职责，对呼伦湖自然和生态资产保值增值负责。强化与呼伦湖流域内的蒙古国和俄罗斯等国家广泛的生态环境保护合作，稳步推动成立跨界呼伦湖流域管理委员会。

2. 解决呼伦湖自然保护区土地权属问题，强化属地化管理

改变目前达赉湖国家自然保护区范围核心区仅一半土地权属归保护区所有的状况，将全部核心区及部分重要缓冲区，包括呼伦湖、贝尔湖（我国境内部分）、乌兰诺尔以及乌尔逊河、克鲁伦河、海拉尔河和新开河等出入湖河流以及沿湖、沿河湿地的土地权属全部划归保护区所有，明确保护管理边界。尽快出台《呼伦湖及其水系综合管理条例》，强化属地化管理，明确保护区范围内的一切生产经营与保护活动，均归属保护区管委会统一管理，有效规避与部门、当地政府的矛盾和权责交叉。

3. 建立健全保护管理机制，加大生态补偿实施力度

探索国家自然保护区管理新机制，建立保护区生态资产核算与考核制度，强化生态资产的保值增值考核，建立和完善生态补偿制度，实行与生态资产考核挂钩的保护区管理投入和生态补偿机制。将呼伦湖保护区作为国家主体功能区战略实施试点区域，切实落实主体功能区战略各项激励和生态补偿政策，建立湖泊和草原生态保护的长效机制，创建国家生态文明示范区。

（二）系统统筹、综合协调，科学规划和实施呼伦湖生态环境治理与恢复工程

1. 系统规划，统筹湖泊和流域生态治理与保护

目前，呼伦湖及其水系的水资源调度、渔业资源保护、沙地综合治理、草原生态保护、水污染防治等各项治理保护工作缺乏流域层面的系统统筹和综合协调，影响保护治理工程效益的发挥。建议国家尽快出台呼伦湖环境综合整治与生态保护规划，按照国家自然保护区和主体功能区战略实施的要求，牢固树立草地、沙地、河流和湖泊生命共同体理念，划定流域生态功能区，实施流域空间功能管制，明确呼伦湖生态功能定位和综合治理目标，以生态涵养为主体功能，近期和远期兼顾，明确保护和治理的重点任务和优先顺序，提出草原、沙地、河流、湖泊有机衔接的综合治理保护各项工程，形成湖泊流域生态综合治理体系。

2. 整治水系，修复生态

恢复呼伦湖水系的连通性是呼伦湖生态治理保护的关键。在现有海拉尔河“引河济湖”工程基础上，加强引河入湖科学调度，基于乌尔逊河和克鲁伦河两河 50%保证率下只有 10 亿$米^3$左右的入湖水量和海拉尔河每年 3.92 亿$米^3$设计引水量的实际情况，并根据呼伦湖水面维持 2000 $千米^2$（水位保持在 543 米），湖泊水量将处于亏缺状态的水量平衡计算结果，从控制湖面蒸发和改善湖泊水力条件角度，将现有工程设计 544.3～544.8 米湖泊偏高运行水位改变为按 541.0～542.5 米低水位调度，遵循丰水多引、枯水少引的原则，更多地发挥呼伦湖的调蓄能力，并在可能的情况下增加湖泊出水，排盐脱碱，尽可能改善湖泊水质。采取民间方式，实施边境河流沙尔勒金河河口畅通与恢复工程，打通呼伦湖河湖连通关键节点，显著增加乌尔逊河径流，并恢复乌兰诺尔湿地的自然状态。该项工程不仅有利于增加入湖水量，而且有利于改善沿河湿地和草场水文条件，意义重大。完善呼伦湖出湖河流新开河整治方案，强化 541.0 米以上出流调度，发挥其作为呼伦湖出流河流的主体功能。

3. 加大投入，强化保护

切实扩大草场禁牧面积和范围，建设草原生态涵养区，将退耕还草纳

入奖补范围，将现有草原奖补以面积补贴改为按面积和居民住户人口补贴，严格禁止补贴草场对外分散转包。大力实施渔民转产，加大增殖放流力度，延长休渔期限（延长至10年），并将贝尔湖、乌兰诺尔及其水系与呼伦湖一道纳入封湖休渔范围。提高草原禁牧、退耕还草、封湖休渔等保护措施的补贴和农牧渔民转产安置标准，保障居民生活安定和生活水平逐步提高。

（三）加强监测科研能力建设，提升呼伦湖生态环境治理保护的科学性

1. 建设呼伦湖生态系统综合观测研究站，加强湖泊水文与生态环境系统性的长期定位监测和基础数据积累

目前呼伦湖作为永久性淡水湖泊湿地类型定位监测站点，已纳入《国家林业局陆地生态系统定位研究网络中长期发展规划（2008—2020年）》，保护区管理局也与中国科学院有关湖泊研究机构签订了联合监测合作协议。建议国家有关部门加大投资建设力度，明确日常监测运行经费支持渠道，尽快建成运行；将呼伦湖水系的贝尔湖、乌尔逊河，以及克鲁伦河河口、沿河重要湿地的水文、水质和生态监测，湖泊周边和主要入湖河流沿线草场地下水、生物多样性监测等纳入观测研究范围，形成完整的生态综合监测体系，为呼伦湖及其水系生态治理保护、应对未来气候变化和人类活动加剧对本区的影响，以及国际河流谈判等提供长期、系统的科学数据。

2. 加强呼伦湖湖泊流域生态系统演变规律研究，支撑湖泊流域保护和可持续发展

改变国家对呼伦湖科研投入过少的局面，增加国家重大科技计划立项，持续开展呼伦湖环境演变过程及其驱动机制、湖泊水量平衡及对气候变化的响应、环呼伦湖地区人口与产业容量及空间管制等研究，分析湖泊水系与水情演变规律，提高对未来气候变化与人类活动加剧影响下的湖泊湿地生态与环境变化预测预警能力，寻找区域经济发展、生态环境保护和湖泊资源最佳配置方案，为呼伦湖生态治理保护和流域可持续发展提供科学依据。

（本文选自2015年咨询报告）

咨询研究组成员名单

专家组

傅伯杰	中国科学院院士	中国科学院生态环境研究中心
陈宜瑜	中国科学院院士	中国科学院水生生物研究所
刘昌明	中国科学院院士	中国科学院地理科学与资源研究所
洪德元	中国科学院院士	中国科学院植物研究所
曲久辉	中国工程院院士	中国科学院生态环境研究中心
樊　杰	研究员	中国科学院地理科学与资源研究所

工作组

杨桂山	研究员	中国科学院南京地理与湖泊研究所
薛　滨	研究员	中国科学院南京地理与湖泊研究所
吴敬禄	研究员	中国科学院南京地理与湖泊研究所
姜　明	研究员	中国科学院东北地理与农业生态研究所
孙占东	副研究员	中国科学院南京地理与湖泊研究所

加强信息与生命交叉学科研究，促进信息科学与医学生命科学融合创新发展

李衍达　等

一、信息与生命交叉研究的重要性

“信息科学”与“生命科学和医学”是21世纪重要的科学前沿。由它们发展而来的交叉学科，将是科学探索最活跃的领域之一。在学科发展方面，信息科学在生命科学和医学的发展过程中扮演了关键角色，发展生物医学大数据获取、存储和分析的新理论和新方法，促进从信息、网络和系统的角度认识生命和疾病的机理，对生命科学和医学的发展至关重要，同时也是信息科学自身发展的机遇和挑战。在维护人类健康方面，信息科技与生物科技的飞速发展使人类大大加深了对生命过程和疾病的认识，为重大疾病的预防和治疗提供了新的思路和方法，并促使医疗业向早期监测、早期预防、早期诊断、早期治疗的“早期医疗”和以患者为中心的个体化诊疗模式转变。在生物信息学和网络医药学方面，复杂生物网络的药物干预、人工设计、改造和优化，为生物控制论的发展、复杂生物网络的解析提供了新途径，并在疾病诊疗、中医药现代化、药物开发等方面有着巨大的潜在应用价值。2013年，马丁·卡普拉斯（Martin Karplus）、迈克尔·莱维特（Michael Levitt）和阿里耶·瓦谢勒（Arieh Warshel）因为在“发展复杂化学体系多尺度模型”方

面所做的贡献，获得诺贝尔化学奖，这是通过计算方法革新以实验为主的传统研究方法的成功范例。因此，大力促进信息科学与生命科学和医学交叉领域的基础研究，既对探索生命有深刻理论意义，又对人类健康有重要实际意义。

二、我国信息与生命交叉研究应关注的重点方向

随着信息技术与高通量生物检测技术的快速发展，生物医学进入信息时代已是大势所趋，国际上顶尖的医学机构纷纷成立信息中心和数据中心，谷歌、IBM、腾讯等 IT 公司也大力进军健康医学领域。信息与生命前沿交叉学科，如生物信息学、网络药理学、合成生物学等正处于快速发展的阶段，这些交叉学科已成为传统生物医学和信息科学发展创新的强大推动力。在我国，清华大学、北京大学等单位在十几年前已经开始从事生物信息学的探索性研究，在从信息与网络的角度理解生命系统、疾病、中医药等方面取得了一系列可喜的成果，呈现出很好的发展苗头。然而与国际同类领域相比，我国在信息科学与生命科学和医学的交叉研究方面，还普遍存在着两方面交叉不够深入，大部分单位的敏感度、开放度不够，信息学科研工作者、生命科学和医学科研工作者的沟通、融合与合作困难，国家政策支持不到位等诸多问题。如果不能及时解决这些问题，将严重影响我国信息与生命交叉学科领域的良性发展。

根据国际科技发展的最新趋势以及我国经济与社会中长期发展的需要，为了更好地促进科技创新和产业驱动，建议重点关注以下五个信息与生命交叉研究方向。

（一）“大数据”与网络化医疗健康管理模式

随着互联网、物联网、云计算等技术的快速兴起，现代社会快速迈入“大数据”（big data）时代。大数据是指来源多样、类型多样、大而复杂、具有潜在价值，但难以在短时间内处理和分析的数据集。美国政府将大数据定义为“未来的新石油”。2012 年，美国总统奥巴马宣布了“大数据研究和发展计划”（Big Data Research and Development Initiative），政府计划投入 2 亿美元的资金专门研发大数据技术。大数据在医疗健康领域的快速发展和渗透具

体表现在数据采集技术日益普及、数据规模快速增长、数据类型越发多样、数据本身日益复杂。医疗健康数据是持续、高增长、丰富多样的复杂数据，具有很大的开发潜力。医学研究正步入大数据时代，医疗健康的数据和信息贯穿于日常健康维护、疾病发生发展、临床研究、临床决策支持、个体化诊疗分析等过程。同时，医疗健康数据的采集、存储、处理、分析、整合、决策和高效利用，也对现有的信息技术以及医学与信息科学技术的交叉融合，提出了重大挑战。

1. 医疗健康大数据的来源

电子病历是医疗健康大数据的重要载体。电子病历的建设已经有 20 多年的历史，随着各国政府对电子病历应用的大力推广、普及，目前已经有了很多的研究和应用。一些欧美国家医院普遍建立了医院信息管理系统（HIS），对于一些重症监护的患者，从入院的情况到药物的使用，医院持续不断地收集数据，这些庞大的数据都会记录在患者的电子病历当中。除了医院内部电子病历和物联网的建设，整个区域内民众健康档案的信息化也在快速推进。从医疗健康大数据中总结出来的诊断经验，可以用于新医生的培训、提高医疗技能和诊断决策水平。

移动医疗卫生信息技术主要是使用移动通信技术、移动互联网来提供医疗服务和信息，让医疗服务“随手可得”。移动医疗当今正成为整个移动通信产业的热点，是一项潜力极大的“朝阳产业”。该技术的兴起也为医疗健康提供了庞大的数据来源。这项技术打破了地域限制，医生可以利用移动设备查看患者的电子病历，患者可以利用大数据来参与医疗过程。从诊断、治疗、处方、会诊、病史回顾或者医疗文献检索等方面，都可以改变原有的诊疗方式，不仅能够提高就医效率，还可以帮助病人更好地了解自己的身体状况。

2. 医疗健康大数据的处理与应用

如何充分利用电子病历数据、日常健康数据、各种诊疗数据等信息，建立更合理的医疗健康管理模式，以便更好地实现对疾病的预防、监控、治疗和管理，是目前医疗健康和信息科技相结合的一个重要方向。同时，对于医学本身来讲，大数据不仅是一种重要的技术手段，也逐渐成为医学发展的背景之一。随着现代医学知识呈现出爆炸式的增长，在大数据时代，患者面对的已经不是单个医生，而是医生背后不断被充实和分享的网络化信息库和知识库。对医疗健康大数据的采集、分析和利用，将有助于医疗健康管理模式形成以下重大转变。

（1）以患者为中心的医疗健康管理模式。以患者为中心的医疗健康管理模式是现在和未来医学发展的重要方向。基于医疗健康大数据，通过数据的有效整合和利用，可以从健康维护、疾病管理、医学研究、临床决策、患者参与及医疗卫生决策等方面，满足以患者为中心的医疗服务和健康管理。正如 2013 年《美国医学会杂志》（*The Journal of the American Medical Association*）的文章所指出的，医疗健康领域的“大数据”已应用到医疗卫生的方方面面，包括产生新知识、提高医疗质量、提高个体化医疗和临床决策等，并且推动现有的医疗模式从以医生为中心向以患者为中心的改变。一方面，基于医疗健康大数据，可以分析出患者的体征、需求和治疗数据，从而提高医疗质量。通过进一步比较各种治疗措施的效果，医生可更好地确定最具效价比的治疗措施，避免药品不良反应等，降低医疗风险。另一方面，利用大数据可以提高患者在医疗健康决策中的参与度，让临床医疗信息化、透明化，有助于患者理解不同检查和治疗措施的价值、风险和获益，提高患者在医疗过程中的参与度和自我管理意愿，维护患者的健康。

（2）基于大数据的个体化医疗。疾病发生的一部分原因是遗传因素，基因组等生物信息的大数据可以为这方面提供参考，帮助实现生物学意义上的个体化医疗；另一部分原因，则与个人行为、生活方式、饮食习惯、社会行为、心理生理等因素有关。这方面的信息则需要进行更大范围的采集与分析，包括日常健康管理和诊疗过程中产生的数据。同时，采集和分析每个人的各种数据信息，还有助于形成基于大数据的医疗健康管理模式，可实现日常健康和临床指标的远程监测，及时发现病情和采取治疗措施，从而有效保障每个人的健康。因此，将生物学大数据、医疗健康大数据以及其他个人信息整合起来，将会为实现真正意义的全面个体化医疗提供重要基础。

（3）基于大数据为疾病防控提供依据。通过对涵盖全国医疗机构、社区居民的电子病历等有关数据进行分析，将为传染病、流行病的发生发展提供趋势分析和预警，为疾病的防控、干预提供有力的依据。最近有研究表明，通过分析上千万条谷歌搜索引擎的搜索记录，可以很快地预测疫情。预测依据是流感关键词搜索量的快速增加，就提示流感有可能要爆发。谷歌公司据此进行流感趋势分析，其中一个案例的准确率与美国疾病控制和预防中心（CDC）的实际情况符合程度很高。因此，通过海量数据分析，电子病历和互联网信息都将为疾病防控提供有价值的参考和依据，有助于提高公众健康风险意识、降低疾病流行的风险。

3. 医疗大数据需要解决的若干问题

一是，在大数据的采集方式方面，目前医院的电子病历、影像检查等资料大多数仍是结构化的数据，一方面需要研究大规模、结构化数据的分析和处理手段，另一方面可以考虑通过物联网等非结构化的大数据采集方式，实现对医疗健康信息的自动化采集。二是，针对全人群的大数据采集也需要纳入日程，如果能从每一个人出生开始就自动采集健康信息，那么就有可能通过大数据分析，针对每个人更好地预防和治疗疾病。三是，医疗健康信息的伦理问题也值得关注，医疗健康信息涉及医患个人隐私，在医疗健康信息的开发、传播、信息的管理和利用等方面，需要制定医疗健康伦理制度，从而为医疗健康大数据的开发、共享、使用提供前提和基础。

总之，在大数据时代，围绕大数据展开的医疗健康管理将获得迅速发展，将变得更加信息化和数据化，并体现出以人为本、以数据为基础、以信息技术为支撑、以智能决策为导向和以患者为中心等鲜明特点，从而推动形成新的医疗和保健模式，为广大人群和患者的健康提供更为有力的保障。

（二）基于复杂网络的生物大数据分析理论与技术

21 世纪以来，随着大量研究数据的积累、多种高通量组学技术的迅猛发展以及计算能力的大幅度提高，人类进入了一个全新的生物信息时代。面对海量的数据，研究者们正经历着从单一方面孤立地研究问题到多方面系统地探索疾病、控制疾病的转变，在研究思路和方法上正发生从“还原性研究”转为“系统性研究”、从“描述性研究”转为“预测性研究”的飞跃。其中一个重要标志就是从“复杂生物网络”这一整体性视角来认识疾病内在机理与药物作用机制。

复杂网络是衔接信息科学与生命科学、医学的一个重要桥梁，复杂网络的研究不仅在信息领域颇受关注，在生命科学、医学以及药物研发领域也成为一个新热点。近来，大数据思维和复杂网络分析方法的快速兴起，对医疗、健康、药物研究、中医药现代化等领域产生了重大积极影响，基于复杂网络的信息与生命科学研究成为一个具有重大科学意义和应用前景的新命题，也是信息与生命科学交叉研究有可能率先取得突破的一个结合点。

1. 复杂生物网络是生命系统的构建基础，网络分析是理解生命系统的核心技术

目前，生命科学、医学领域积累了海量信息，同时新一代测序等高通量生物技术正产生越来越多的实验数据，这些大数据可看作是在不同角度、层次、时间和尺度上对生物网络的观测。各种数据相关的网络种类繁多、高度复杂，急需发展新的基于复杂网络的生物大数据的分析理论与方法，融合多种数据类型建立生命系统各层次要素之间的调控网络和关联网络，结合子系统的定量网络模型，揭示生命系统运行的规律、建立各种预测和网络干预模型。

（1）以新一代深度测序为代表的高通量生物实验在近年来的革命性进步为生物学研究带来了巨量实验大数据。例如，IlluminaHiSeq X 10 测序仪能够在 3 天内对 1 万亿个碱基进行测序，相当于对单个人的全基因组测序 333 次。极高的通量使得生物实验的成本大大降低，目前对一个人进行一次全基因组重测序成本已低于 1000 美元。大规模产生测序数据成为现实，带来了测序数据的爆炸式快速增加。另外，各种高度自动化的高通量实验筛选平台也可在短时间内获取大量功能基因组学的数据，现在已经可以在较短的时间内对数千甚至上万个基因的相互作用进行研究。

（2）生物大数据的处理与分析面临大规模、快速性、多样性和真实性等诸多挑战。首先是大规模，高通量生物实验技术的显著特点是在一次实验中对大量生物分子、特定物种的全基因组，甚至整个生物群落进行并行化处理，获得巨量实验数据。其次是快速性，伴随大规模数据首先产生的是数据快速处理问题，如果用常规算法处理，计算速度将跟不上数据产生的速度。再次是多样性，如果说数据规模巨大是生物大数据的表象问题，那么数据的多样性和异质性，以及如何从多种数据源中充分利用有价值的信息，则是生物大

数据分析的重要问题。例如，在外显子数据分析中，涉及的功能基因组学数据类型包括疾病表型组、基因组等数十种。最后是真实性，伴随高通量生物实验的噪声是生物大数据数据处理分析的一个难点。噪声来源包括实验污染、实验误差、处理分析错误等多种复杂类型，信噪比通常较低。

（3）生物大数据的不可控性和复杂性给数据存储、计算和分析带来巨大挑战。随着千人基因组计划、癌症基因组图谱研究等项目的不断实施和新一代测序等技术的日益成熟与发展，目前生命科学领域产生了海量的“高维灾难性数据”，发展新型的信息存储、处理和分析方法，成为信息科学和生命科学研究必须应对的问题。同时，生物大数据积累具有不可控性，数据的标准、格式、来源、目标各不相同，随着技术的发展，不同时期的数据之间的差异更大。这些数据不是从问题出发通过设计实验获取的数据，而是完全由数据本身驱动。以新一代DNA测序技术所产生的大量基因组、转录组和宏基因组数据等为例。虽然科学家对于所研究的科学问题和目标有宏观设计，但很多高通量研究的实验设计更多地取决于实验材料的可获得性、研究经费、测序服务商的商业利益、测序本身的技术局限等因素。数据获取技术中也存在很多未知因素，得到的数据仍然是不可控的，由此导致很多已经发表的基因组学成果停留在对数据的发布和描述层面。而这种数据的大量积累，则产生了更加不可控的多种多样的生物大数据。统计学和机器学习等传统数据科学方法，在面对这种不可控数据时遇到了新挑战。比如，虽然大数据的产生和积累是随意的、无序的，但由于其中无法了解和控制各种可能的混杂因素，很多情况下并不一定满足数据独立性、随机性的基本假设，数据质量的均一性更是无法保证。具有不可控性的各种大数据中蕴藏着大量的知识和信息宝藏，有效和正确地挖掘出这些宝藏，不但需要强大的存储能力和计算能力，更需要对大数据分析中基本的关键科学问题的深入研究。这些问题包括：大数据随机性和均一性检验的理论与方法，如何加工、矫正和分析非随机、非均一数据，大数据中非线性依赖关系的检测问题，混合数据样本相似性度量的数学方法，不可控性对多类型异质数据融合的影响及解决方案，以及不可控大数据分析结果的评估。

2. 我国生物大数据研究的问题、发展策略和优先发展方向

（1）我国的生物大数据的研究仍面临若干问题。面对大数据驱动的生物

学研究，我国生物信息学界在诸多方面还没有做好充分的准备。首先，国内现有的生物大数据产生和分析能力虽然与国际先进水平相差不大，但是在数据分析构架、软件系统与先进的 IT 技术接轨上仍有较大差距。其次，尽管我国近年来基于生物大数据研究在国际顶级刊物上发表的论文和成果逐年增多，影响力也越来越强，但高水平团队的研究持续性不足，有影响力的成果缺乏持续维护。再次，我国的生物大数据实际应用效果差，缺乏在实验、临床、产业等方面的有价值应用。因此，我国的科研院所和相关管理部门应切实采取措施，积极发展针对生物大数据的生物信息学研究。建议采取的措施包括：建立国家生物大数据中心，保障我国数字主权，统筹管理和合理利用国家生物大数据战略资源；通过国家科技政策，集中突破生物大数据核心技术，形成自主关键技术与系统产品；以现有优势学术和技术资源为基础，建立国家级生物大数据研究机构，提升我国生物大数据技术和服务水平，培养专业的生物大数据人才；强调应用需求牵引和政策支持，加快生物大数据产业的全面发展。

（2）亟须建立和发展“中医药生物大数据”采集、存储、分析技术。中医药是我国的宝贵财富，中医在长期的临床实践中积累了望闻问切、辨证论治等独特的诊疗方法，积累了大量中药方剂。然而，中医药实践和研究目前大多集中在宏观层面，微观上的生物数据积累匮乏，同时在生物数据的采集和分析上缺少科学设计。在大数据时代，科学数据已成为重要的战略资源，迫切需要利用现有的信息技术、生物技术和医疗技术，建立具有我国原创特色的“中医药生物大数据”采集、存储、分析技术，为我国中医药现代化、促进中医药走向医学生命科学的前沿提供关键数据储备和强大技术支撑。清华大学的研究者利用中医药有关生物大数据分析，发现微观的生物分子网络能够较好地阐释寒热辨证、舌诊、中药方剂等中医特色诊疗的科学内涵，为中医药的科学性提供了有力证据。最近，美国《华尔街日报》首次用两个版面发表以“古老疗法的新资料”为题的头条报道，其中对我国学者的该成果作了重点介绍。因此，以“中医药生物大数据”的建设为切入点和突破口，抢占该领域的制高点，具有重大的科学价值和现实意义，将有力推动我国医学生命科学大数据的原创研究，并提供持续发展的原动力。

（3）生物大数据的分析必须与复杂生物网络模型紧密结合。利用生物大数据可以构建大规模的关联性网络，在构建与分析关联网络时需要充分考虑生物大数据的多样性、混合分布等特点。大规模关联网络应与局部机理网络进行整合分析。从生物大数据中可建立大规模的关联网络，但关联网络无法建立因果关系；而机理网络（如调控网络、蛋白质相互作用网络、代谢网络等）缺乏生物系统的整体动态信息。如果将两者结合起来可有助于进行因果推断。近年来，具有时间信息的生物数据大量产生，如 Michael Synder 课题组发布的“整合性个人组学图谱”（integrative personal omics profile，iPOP）对 Michael Synder 本人的血液、排泄物等样本进行了长达一年多的跟踪检测，这类数据与机理网络的融合分析可极大促进生物系统动态特性的研究。另外，通过生物大数据与机理网络的整合，可能对生物系统中的动态变化模块及其关键调控环节的发现提供新的思路。在数据中呈现相似变化模式的子网络，可能在对应条件或时间段内协同参与共同的生物过程。

（三）网络药理学与网络医学

网络药理学、网络医学是大数据时代一种具有重大创新价值的医药研究模式。其核心思想一是在于创新了对于肿瘤等复杂疾病机理的认识。肿瘤、心血管疾病和免疫性疾病等是由多基因、多通路紊乱造成的疾病，人体基因组/蛋白质组之间复杂相互作用关系失调，导致多种组织或细胞类型发生病变，因此疾病的治疗应该针对疾病内部的复杂生物网络。二是强调信息科学与医学生命科学的深度交叉融合，面对药物研发产生的海量数据，需要生物信息学、系统生物学等交叉学科对不同类型数据和先验专业知识进行整合分析，通过对生物分子网络干预和调节的深入研究，能够对药物的有效性和安全性进行先期预测，有针对性地指导后期开发。

目前全球医药研究行业正处于转型之中，网络医药学（网络药理学、网络医学）不仅是一项新兴的技术方法，还代表着医药研究思想的一种革新，为针对以生物分子网络为特征的复杂疾病进行医药研究和开发提供了新的思路和途径。我国学者在网络医药学上的研究与国际上基本同步，在以网络分析理论、方法、计算与实验技术为支撑的药物研究模式方面做出了一些可贵的探索性工作，创建了疾病多层次分子网络、基于多层次网络关联的疾病基因与药物靶点预测、疾病网络的靶标群分析与识别、基于网络靶标的药物与药物组合发现等一系列网络药理学关键技术方法，并在方法的应用方面取得了重要进展。

目前，清华大学、浙江大学、厦门大学等综合院校，以及北京大学医学部、中国人民解放军第二军医大学、中国科学院上海药物研究所等医疗机构相继开展了网络医药学新兴交叉学科的研究，具有很好的研究基础和广阔发展前景。对网络医药学的深入研究，将是我国在信息科学与医学生命科学交叉创新方面的一个重要突破口，有望快速提高我国在医药研究领域的国际竞争力，成为我国学者在医药创新研究上有可能取得重大突破、引领科技前沿的一个重要方向。

（四）网络药理学与中医药现代化

中医学是中华民族的瑰宝，是我国几千年来对抗疾病经验的精华。中医学将患者当作一个整体进行治疗，具有特色理论、丰富经验和悠久历史。中医学是一门传统的系统医学，然而现代科学常用的还原、试错分析方法与中医整体治疗特色存在较大的差异，中医药现代化目前仍缺乏合理有效的思路与方法。21 世纪的科技发展，为中医学的“系统性”研究带来了前所未有的契机。网络药理学以计算和实验相结合为特点、以系统性治疗为目标，这与中医整体治疗的特色不谋而合，也为发掘中医药特色、走向国际科技前沿创造了有利条件。

中医学从长期临床实践中积累了大量方剂，方剂是中医整体性诊疗的一个主要载体。复杂疾病需要从单一靶标治疗发展到整体性的网络调节，这正是中医药治疗的优势所在。中医药在科学研究上需要突出信息与系统的理念。因此，以系统的自调整性为指标来研究中医药的机理，分析中医与西医的异同，通过与信息科技的交叉，与生物信息学、网络药理学等新兴前沿学科的融合，有可能建立起中医药研究的新思路、新方法。这将为揭示中医药的科学原理、推动中药现代化与国际化起到支撑作用，也将为发挥中医药特色与优势，促进个体化和系统诊疗也提供有利条件，具有重大的科学价值和广阔的现实意义。例如，基于网络药理学的新药研发理念，恰好符合中药方剂的药物作用特点，它将为阐释中药方剂的药效物质基础及其作用机理提供良好的契机。例如，中药方剂所含化学成分以瞬时、低亲和力等形式与靶点蛋白结合，并以整个疾病网络作为干预靶标进行系统干预，通过各个成分作用于网络后的相互作用，达到增效减毒的最佳治疗效果。另外，基于网络药理学的关键技术，还可以分析方剂所含成分的靶标在网络上的分布规律，用于探索药性、君臣佐使、七情合和等方剂特色内涵的网络特征。利用这种用网络特征来预测组方用药的临床生物标志，并利用所发现的规律来进行组方用药的理性设计，推动以网络药理学为代表的药物研发新型技术群的形成，为整个医药产业的产业创新和技术改造奠定基础。因此，大力推动网络药理学的新理论和新技术的不断发展，不仅能满足医药研究对技术创新的需求，更能为中医药现代化研究提供强有力的技术方法保障。

2007 年，清华信息科学与技术国家实验室（筹）生物信息学研究部从事生物信息学与中医药现代化研究的学者率先提出了“中医药网络药理学”，并在六味地黄丸等经典名方的网络调节机理及其现代适应证等研究方面取得了有意义的成果。该方面研究由于结合了中医药的诊疗理论与丰富实践经验，更具科学上的原创性和现实意义上的广阔发展前景。在该方面研究的带动下，中国中医科学院、北京中医药大学等中医院校，以及浙江大学等综合院校越来越多的研究者开始投身于中医药网络药理学这一交叉学科的新兴研究领域。同时，国内外一些制药企业，针对中药作用机理的现代化问题，以及当前新药研发所遇到的发展问题，也向网络药理学等新兴方法寻求突破和支撑。以上研究基础和人员储备，以及科学界和企业界的关注，使得网络医药学与中医药现代化研究处于一个前所未有的大好时机。

随着信息科学与医学生命科学交叉研究的深入，从网络和信息的整体性视角探索中医药奥秘成为可能。将以“整体”为特点的中医药和以“系统”为朝向的医药研究有效地衔接起来，不仅能够为揭示中医药科学原理、加速中医药现代化进程起到重要支撑作用，而且为整个医学和药物研究的发展也有望做出原创性贡献。抓住机遇，及时开展、重点布局网络药理学与中医药现代化研究，探索建立以系统的自调整性为指标的中医药现代化研究方法体系，将有望带来中医药研究的重大变革，为深入研究中医药科学内涵、加速中医与西医的协调发展提供重要途径，并在信息科学与医学生命科学的交叉研究领域形成具有我国原创特色和优势的科学研究和产业发展新方向。

（五）合成与系统生物学是解析、干预复杂生物网络的重要手段

合成生物学研究利用工程化的思想，通过人工方式设计、制造或改造DNA等生物分子，来干预、优化和构建生物系统。近几年来，合成生物学在生物学知识的产生、生物零件和系统的构造以及药物、生物能源和酶的合成等研究领域都取得了重要进展，成为生命科学中最受关注的前沿学科，被美国《技术评论》（*Technology Review*）评为未来将改变世界的十大新兴技术之一。合成生物学与系统生物学相结合，为人们从系统的角度解析和干预复杂生物系统，尤其是在探索疾病、控制疾病方面提供了新的思路和手段。

1. 合成生物学技术为解析复杂生物系统提供有力手段

DNA 合成与组装等技术的出现为生物学研究带来了革命，使我们能精确地修改活体细胞内的基因组序列，定向控制基因的表达量。如果能将这些技术与系统生物学的分析与建模有效结合起来，发展出协同扰动复杂生物网络的理论和方法，将极大地促进我们对复杂生物分子网络结构与功能的理解。进而采用“以建而学”的方法，通过在细胞内表达人工设计与合成的基因线路，实现对复杂生物调控行为的观测和模拟，为理解复杂生命现象的机理提供全新的思路。

2. 亟待发展针对复杂生物系统的信息理论和控制理论

目前合成生物学取得了一批可喜进展，但整体上缺乏系统的理论体系作为指导。一方面是由于传统生物学研究主要关注对物质和能量传递的分析，缺乏针对复杂生物系统信息传递和控制规律的深入理论研究；另一方面，由于生物调控中存在大量非线性环节和随机因素，使得基因间的作用关系难以套用现有的工程学方法和信息理论进行分析和建模。因此，亟待建立一套针对复杂生物系统的理论研究框架，其核心是从信息传递的角度实现对生命过程中信息表达的量化与度量，进而提出定量化的生物系统控制模型与控制理论。这一方面将有助于我们更有效地设计和实现人工合成生物系统，另一方

面也将极大地加深我们对复杂生物系统本质的认识。

3. 合成与系统生物学研究在疾病治疗方面有重大应用前景

合成与系统生物学研究不仅为解析复杂生物网络提供了一种有效途径，能够为理解疾病的致病机理和寻找治理策略提供帮助。同时也将使人类有可能在基于对生命规律认识的基础上有效干预人类疾病提供了一种潜在策略。通过人工方式设计、制造或改造 DNA 等生物分子，将这些人造基因线路植入到哺乳动物细胞或活体中，对细胞的功能进行优化、编程，使其能够按我们的需要处理信息和行使功能，从而抵抗疾病和改善人类健康。

我国一些研究机构和学者已经开始注意到合成生物学的重大应用前景与理论研究价值，并陆续成立了专门的合成生物学研究机构。例如，天津大学于 2007 年与爱丁堡大学合作成立了系统生物学与合成生物学研究中心；中国科学院于 2008 年在上海植物生理生态研究所成立了合成生物学重点实验室；北京大学于 2001 年成立了理论生物学中心和定量生物学中心；清华大学于 2010 年成立了清华信息科学与技术国家实验室（筹）合成与系统生物学研究中心。这方面的研究具有重大应用前景，一旦取得突破，将为揭示人类疾病机理、发展新的治疗方法等提供重要的工具和手段，从而对人类社会发展产生深远影响。

综上所述，信息科学与医学、生物学的交叉正在改变传统的研究模式，以信息、系统的观点对疾病、生物系统进行建模与分析，并不断提出新的疾病诊疗策略。新的研究进展必将极大推动中医药现代化、药物研发、个体化诊疗等领域的相关产业的兴起与发展。

三、关于加强信息与生命交叉学科建设和创新研究的相关建议

2014 年 6 月 10 日，习近平同志在两院院士大会上讲话时指出，“进入 21 世纪以来，新一轮科技革命和产业变革正在孕育兴起，全球科技创新呈现出新的发展态势和特征。学科交叉融合加速，新兴学科不断涌现，前沿领域不断延伸”，“科技创新活动不断突破地域、组织、技术的界限，演化为创新体系的竞争，创新战略竞争在综合国力竞争中的地位日益重要”。“面对科

技创新发展新趋势，世界主要国家都在寻找科技创新的突破口，抢占未来经济科技发展的先机。我们不能在这场科技创新的大赛场上落伍，必须迎头赶上、奋起直追、力争超越。”

可以说，“信息科学”与“生命科学和医学”的交叉研究，就站在科技创新的突破口上，如何从制度上保障交叉学科的学科建设和科学研究顺利开展是目前亟须解决的问题。建议国家通过制度创新，打破学科界限，切实推动和大力发展信息科学与医学生命科学的交叉研究。一方面，鼓励信息领域的专家针对生命科学和医学领域的重大需求和关键科学问题开展研究；另一方面，注重从政策和机制上保护从事信息与生命交叉学科研究人员的积极性，从而推动我国在“信息科学”与“生命科学和医学”交叉研究的若干领域长足发展，在科技创新和产业驱动两个方面走向国际前沿。

在科学研究方面，建议国家有关部门设立“信息科学”与“生命科学和医学”的交叉研究专项资助。

（1）建议国家卫生和计划生育委员会设立“网络药理学与中医药现代化”的专项研究资金。

（2）建议国家自然科学基金委员会信息科学部、医学科学部、生命科学部联合设立“大数据时代的网络医药学研究”的重大项目或重大研究计划。

（3）建议科学技术部、国家自然科学基金委员会设立“生物网络研究”“合成生物学与复杂网络”“大数据驱动的复杂生物网络研究”方面国家重大研究专项。

（4）建议科学技术部、国家卫生和计划生育委员会、教育部等相关部门组织建立国家中医药生物大数据中心和网络分析关键技术平台。

在学科建设上，建议国家有关部门加强交叉学科的制度建设，避免交叉学科研究人员“无处落脚”的尴尬。针对交叉学科研究人员的需求，切实建立交叉学科建设、科学研究、人才培养的积极措施，建立能够切实保障交叉学科顺利发展的管理机制。同时，对于从事交叉学科建设、科学研究的人才给予更大的关注，鼓励和支持研究人员投身交叉学科的创新性研究，为交叉学科研究人员提供良好和宽松的环境，从而保障交叉学科研究的顺利进行。具体包括以下三方面。

（1）建议教育部和相关部委在信息学科、生物学科、医学、药学等相关学科专门设立“生物信息学”专业，并制定相应的学科管理办法，并及时更新学科目录。

（2）建议在有基础的高校或研究机构设立“复杂生物网络”“网络药理学与中医药现代化”“合成与系统生物学”交叉研究中心。

（3）建议对信息科技与生物医学交叉学科领域取得显著成效的研究团队划拨专门的、稳定的研究经费支持。

在教学管理上，在学科交叉融合加速、新兴学科涌现之时，应更鼓励教师、学生、科研人员拓宽学科视野，博士生要真正“博”，知识面要宽，鼓励学生跨领域选课，设立交叉领域讲座，特别是信息与医学、生命科学的交叉融合的讲座，鼓励申请交叉研究项目，鼓励不同领域的院系实行“双聘”制度，在条件成熟时，及时建立新的交叉学科和专业，组建相应的交叉研究中心，并探索建立相应的评价体系，纳入正常的院系管理渠道。

（本文选自 2015 年咨询报告）

咨询研究组成员名单

李衍达	中国科学院院士	清华大学
王红阳	中国工程院院士	中国人民解放军第二军医大学
韩家淮	中国科学院院士	厦门大学
李　梢	教　授	清华大学
张学工	教　授	清华大学
张奇伟	教　授	清华大学、美国得克萨斯大学达拉斯分校
陈　挺	教　授	清华大学、美国南加州大学
谢　震	研究员	清华大学

新工业革命的思考与对策

褚君浩　等

一、研究背景

一场以信息化与新能源、智能化和先进制造等深度融合为特征、波及全球的新工业革命正在向我们走来。如同前两次工业革命，这场新工业革命也将推动新兴产业发展的浪潮，改变人们的生产方式和生活方式。在我国实施创新驱动经济转型发展的关键时期，我们需要密切关注新工业革命发生的态势，思考新工业革命的特征，积极提出应对措施，在新工业革命到来之际，夺取先机，引领新一轮产业发展。本文通过历史回溯与现状分析，描绘新工业革命的发展脉络，提出若干值得重点关注的工业革命生长点；通过研究新工业革命的特征、发展态势以及将产生的影响，从教育、产业、科研及人才培养等方面提出了战略举措和相关建议。

二、前两次工业革命回顾

第一次工业革命起源于英国，热力学规律的发现促进了蒸汽机的发明，蒸汽机带来生产力的极大飞跃，产业结构随之发生巨变。机械制造业和加工业取代了农牧业而成为核心支柱产业，冶金和煤炭工业一跃成为主要产业，交通运输业的技术革命又促进了造船业、航运业、机床制造业等新兴产业的兴起和繁荣。第一次工业革命改变了工厂布局受自然条件限制的局面，解放和发展了生产力，加快了资本主义国家工业化的步伐。

美国和德国在第二次工业革命中处于领先地位，能量守恒定律和电磁学定律的发现促进了能源革命。电力的广泛应用，使照明、机械动力等方式发生了突变，引发电机电器、通信等一系列新兴产业的兴起和发展。由于物质结构和化学元素规律的发现促进了化学工业技术的发展，诞生了汽车、飞机产业等一系列产业。第二次工业革命推动了世界经济的迅速增长，进一步改变了人民的生活方式，加强了全世界的联系，但同时也带来了更严重的环境污染。

从之前已经发生的工业革命可以看出，科学技术的发现和生产力发展的需求是工业革命的根源，工业革命是一个渐进的过程，必然经历孕育、兴起和成熟等阶段，相关产业技术路线也要经历探索、确立和扩散的演化过程。科技革命，如信息革命、新能源革命，都只是表明若干科技领域已经取得了一些突破或面临重大突破，但不能等同于工业革命。只有科技创新和进步，推动全球发生了工业生产方式和社会生活方式的革命，才能说全球发生了新一轮工业革命。

三、新工业革命的驱动力和导火线

人类的需求和梦想在不断引领着科技的发展，带动了工业的革命。人们曾幻想着飞上天空，日行万里，现代航空航天技术实现了这样的梦想；人们也曾幻想点石成金，今天的核技术发展真实地做到了物质的转变；人们向往着长生不老，而当代医学生物技术，让人类的寿命得到了延长，大部分的疾病都能得到医治；人们曾想象千里传音，瞬间传送，现代的通信技术让人们能够即时联系；人们曾幻想无所不知，无所不晓，现在网络科技把整个世界的智慧都集中到一起，搜索技术让我们能随时随地获取所需的信息。科学技术的快速发展，不断地让梦想变成现实。因此，考察新工业革命需要从人类的需求和所面临的问题入手，从人类对于未来的期望和梦想着眼。

（一）能源和环境问题日益突显，全球可持续发展面临的巨大压力

第一次、第二次工业革命所形成的经济模式均以化石能源为动力。化石能源是不可再生资源，已渐渐临近枯竭。有人做过估算，按照已经查明的化

石能源储量和人类目前利用的速度，石油还可以用 30 年左右，煤还可以用 150 年左右，天然气 45 年左右，人类以后用什么能源是非常严峻的问题。

使用化石能源会释放大量二氧化碳等温室气体，产生温室效应、导致全球气候变暖。煤炭开发、使用过程中，还会产生大量二氧化硫、颗粒物和其他污染物质，造成环境污染。目前，地球上大多数地区的山地冰川处于退缩状态，许多地方人们赖以生存的淡水来源受到了威胁。北冰洋春季海冰最大范围和厚度在缩小、变薄。发育于北半球高纬地区的格陵兰冰盖也处在退缩状态，该冰盖全部融化，全球海平面平均将上升 7.36 米，包括中国在内的许多国家的沿海地区都将被淹没。地球上环境问题越来越严峻，环境恶化现象屡见不鲜。如果人类不改变目前的生产、生活模式，走低碳道路，实行可持续发展策略，人类赖以生存的家园将难逃灭顶之灾。

（二）发展太阳能等新能源是人类经济可持续发展的迫切要求

解决能源和环境问题，是实现人类可持续发展的关键。新工业革命的驱动力不再单纯是促进生产力的大发展，而将是满足社会经济可持续发展的需求和人类对于美好生活期望的需求。

地球上能源的种类繁多，太阳能是各种可再生能源中最重要的基本能源，太阳表面温度达 6000 开（K），核心温度达 20×10^6 开，辐射总功率为 9.5×10^{25} 瓦。以上海地区为例，海平面晴天正午太阳直射时的辐射功率密度约为 1 千瓦/米^2，每年单位面积辐射总量约为 4730 兆焦/米^2，在大约 50 千米^2 的面积上一年接收到的太阳能与大约上海电网一年的发电量相当。我国西部与华北北部年辐射能量可达到 0.2 吨标准煤/米^2，我国一年大约消耗能源 27 亿吨标准煤，如果太阳能利用率能达到 10%，则只需要将 14 万千米^2 土地上接收的太阳能转化，就可以满足全国一年的能源需求。而且我国荒漠总面积很大，达 157 万千米^2（其中沙漠 68 万千米^2，戈壁 57 万千米^2，沙漠化土地 32 万千米^2），具有巨大的太阳能资源。

（三）以信息技术为核心的科技发展深刻改变了社会和经济发展形态

20 世纪中后叶以来，以信息技术为核心的科技革命迅猛发展，深刻改变了社会发展形态，极大促进了经济社会发展。IT 时代的发生和发展经历了三个重要的里程碑事件。第一个里程碑事件是 1942 年美国宾夕法尼亚州立大学研制成功第一台电子计算机“ENIAC”，这标志着数字化、程式化信息处理模式开始出现。第二个里程碑事件是 1947 年美国贝尔实验室发明了半导体晶体管，为整个 IT 时代的发展奠定了物理基础，IT 设备小型化，计算机走进了千家万户。第三个里程碑事件是 20 世纪 70 年代末因特网出现并随后席卷全球。可以清楚地看到，信息技术发展的三个里程碑带来了 IT 时代四个根本性技术特征，即数字化、程序化、小型化和网络化。同时，IT 时代也产生了推动信息技术发展的两个重要思想方法，即开源创造和分布架构。开源创造就是科技创新的资源开放，科技创新活动人人参与，极大降低了技术发展壁垒，推动了更大的科技进步，如 Linux 操作系统。分布架构就是信息系统和科技创新组织模式由纵向金字塔式等级模式转变为日趋扁平化、网络化的横向分布式协作模式，联入网络的每一个对象都是标准化和模块化的，是既分工又协作的关系。开源创造与分布架构互相影响，互为因果，共同推动了 IT 时代的迅猛发展。

（四）科学技术与产业发展呈现一系列新的特征

第二次工业革命后期，紧随而来的是被我们称之为“第 2.5 次工业革命”的科技发展期，原子物理、量子力学、固体物理、现代光学和半导体科学规律的发现，促进了电子技术、微电子技术、原子能技术、光学技术、新材料技术、信息技术以等一系列新兴产业的出现和发展。20 世纪后期，科学技术与产业发展又呈现一系列新的特征。

（1）科学发现到技术发明、技术发明到产业应用的转化周期日益缩短。法拉第电磁感应现象从发现到电动机的发明用了 65 年，无线电波现象从发现到用于通信经过了 35 年，而核反应原理从发现到核反应堆设立只用了 4 年，激光技术在发明的次年即被应用于工业化生产，巨磁阻效应在发现后当年即用于数据存储设备的制造中。科技转换为现实生产力的时间越来越短。

（2）科学和技术密切结合，相互促进。“科学—技术—科学”与“技术—科学—技术”两种模式并存。科学技术各领域之间互相渗透，不断萌生新的研究领域，并涌现新的产业应用机遇，引起科学技术转化为生产力的深度、广度急剧膨胀。

（3）科学技术对人的观念和思维方式影响巨大。当前人类已经离不开现代科学技术带给人们的丰富生活和便利环境，网络技术结合信息传感和智能化设施已经开始引起人们生活方式和思维方式的变化。

以上这些特点不断推动新的科技成果和技术手段层出不穷，推动新兴产业在科技的轨道上迅速前进。无时不有、无处不在的信息技术的发展及其与物质科学的丰富发现的结合，必将促进人类关于数字地球、智慧地球和低碳地球建设等一系列战略性新兴产业的发展，催生新一次工业革命。

（五）人类不断追求更加美好的生活

人类一直在追求更方便、更经济、更舒适、更环保、更智能的生活。能源互联网、智能化复杂系统和 3D 打印技术已经给了我们希望。也许有一天，每栋建筑都能成为能源的生产单位，既提供自用，又通过能源互联网和储能系统调整能量流。我们大部分的生活用品也许将来自于 3D 打印技术，每个家庭都可以根据需求和创意成为独立的设计单位，通过网络操控生产，提供给世界更丰富绚烂的产品。我们的城市、家庭、社会单元都能通过智能化体系、传感网络即时获取和传输各类信息，海量知识和多种模型能在云端共享，机器的分析判断和决策执行实现智能化。

四、新工业革命的特征和态势

新工业革命将是多个先进学科由点及面的推进过程，在这个过程中，已有知识网络和资源网络被高度整合，形成的智能网络被创造性地利用，一个全新的智慧型、低碳型社会将在全球范围内的逐渐形成。与此同时，此种新型社会将能释放出更大的创新动力，拓展科学技术发展的空间，为此次新工业革命提供持续的推动力。

（一）后 IT 时代特征深化发展

随着信息、生物、材料、能源等领域不断取得重大突破，人类社会即将进入后 IT 时代。后 IT 时代的主要特征是数字化发展成为大数据，程序化发展到智能化，小型化发展到微纳化，网络化由“机-机”网络发展到“人-机-物”网络。大数据将改变我们对生活以及世界的认识和理解方式，成为新发明和新服务的源泉。基于信息科学、脑科学和认知科学发展实现的高度智能化，正努力使机器人能够通过“图灵测试”，具有解决问题的能力和创造力，甚至还能养成自己的性格特点，完全超出设计者最初的设想。微纳化发展历程中，基于纳米尺度的器件制造技术将催生微型的 IT 设备。数字、物理和认知网络将实现高度融合，人类将处于无所不在的网络之中。

（二）信息技术和能源、制造、材料等领域技术深度融合发展

新一代信息技术高度发展，具备了与各类物质科学技术深度融合的基础。在新工业革命中，信息技术将与材料、能源、制造、生物、环境等实现深度融合，同时开源创造和分布架构的思想也将充分应用，催生出能源互联网、材料基因组学、生物基因组学、数字化制造、数字地球、量子信息等一大批新兴前沿方向。

为了适应社会需要和未来发展，新一代信息技术将聚焦如下技术领域：微纳集成电路、光电子器件和集成微系统，信息处理环境及科学计算，泛在可控的下一代信息网络，信息获取，高可信、高效率软件，智能信息处理、和谐人机交互，海量信息处理、存储及应用，量子通信和量子计算技术。

未来互联网功能的延伸将会给我们带来一个全新的时代。互联网技术与物流运输和现实产业链结合，实现对于产品制造过程的全程监控，就能逐渐发展为物联网；互联网技术与能源生产、输送和分配网络相结合，就逐渐发展为能源互联网；互联网技术与 3D 打印技术结合，将彻底改变当前集中生产的模式，将工业逐渐发展为更高层次的分布式生产方式。数字化和互联网技术正以其独特的方式，撼动传统的制造和能源行业，催生以定制式数字制造和分布式能源供给为特征的崭新时代。

（三）信息技术将推动智能化分布式能源系统的广泛应用，实现低碳地球建设

能源在历次工业革命中都发挥了关键作用，不仅是新型能源的使用，更

重要的是能源利用方式的根本性变革。里夫金在《第三次工业革命》中提出的未来新能源平台不仅是可再生能源占主导地位，而且是能源随处可用，即插即用。新能源将在能源生产、能源传递、能源交易和能源管理等方面发生变革。未来新能源领域发展的关键技术将包括大规模间歇式电源并网技术、大规模多能互补发电技术、大容量快速储能技术/装置、智能电网、分布式电源接入技术/装置、微网技术、微网和公共电网的能量交互管理技术、大规模光伏并网逆变设备、生物燃气的高效制备技术、大型生物质气化技术装备以及提高能源利用效率的关键技术等。

（四）信息化将推动智能化复杂体系的建设，促进智慧地球建设

智慧地球＝物联网＋互联网。物联网是信息科学技术的一个新发展。2008 年 IBM 公司总裁 Samuel Palmisano 在纽约对外关系理事会做报告，题目为“智慧地球——下一代领导人的议程”，该报告提出几乎任何事物都可以实现数字化和互联。物联网是要把所有物品通过信息传感设备与互联网连接起来，然后进行智能化识别和管理，把“物”的信息通过传感器接收，并与互联网结合。这样就构成一个互联网虚拟大脑：由音频采集器构成虚拟听觉系统，由视频采集器构成虚拟视觉系统，由空气传感器、水系传感器、土壤传感器等构成虚拟感觉系统，由各种家用设备、办公设备以及生产设备构成虚拟运动系统等。这些系统构成的虚拟大脑的神经系统，形成物联网信息网络，信息流进入信息处理中心，基于各类模型，可以进行智能化信息处理与判断，并融入互联网，形成计算机、手机、人以及各类反应系统的结合互动。举个例子，如果洗衣机内安装有先进传感器，就能够感知放入的衣服是什么质地的材料做成，从而基于事先已经建立好的模型，自动地做出洗涤程序的安排。对于城市的交通系统来说，所有的车辆的时间空间坐标都在感知之中，根据这种感知，红绿灯系统有最佳程序，驾驶员也有最佳判断和安排。通过城市中的监控摄像机、各类传感器、射频识别（RFID）以及各类先进感知工具，可以感知城市各物的信息，这些信息通过宽带、天线和移动通信网络，汇聚于智能化信息处理中心，经过模型分析，就可以感知城市的状况，以便做出决策、实行远程管理以及采取相应措施。人们可以对于各类信息进

行实时自动获取和传递，在信息中心进行智能化分析处理，做出判断并采取措施。根据各类社会行为，就形成智慧交通、智慧医疗、智慧物流、智慧水系统、智慧电网、智慧城市等，进而形成智慧地球。智能化复杂体系的建设，将为人类追求方便舒适功能多样的生产和生活方式提供丰富想象和无限机遇。

（五）信息技术将推动新材料和智能化制造技术发展，促成生产方式变革

在前两次工业革命中金属材料和化工材料科技的变革，带来了生产装备领域的革命，才使得工业革命迅速展开。新工业革命中的材料革命应该与智能化分布式生产紧密相关，比如 3D 打印的“墨”、储能材料、仿生材料、新型发光材料、降低可再生能源发电成本的材料（如石墨烯）等。新工业革命中新材料突破点主要是纳米材料、生物材料、智能材料、超导材料等关键技术。此外信息功能材料及相关元器件、新型储能和清洁高效能量转换材料、基础材料改性优化、新一代结构材料的结构与成形控制技术、环境净化材料与仿生材料等也将成为新工业革命中的关键技术之一。

制造业数字化、智能化是新工业革命的重要内容。战略性新兴产业的发展离不开数字化制造技术的推动。工业革命以重大技术范式的转变作为划分标准，在经历制造业“机械化”“自动化”之后，制造业的“数字化”，以此为基础的“大规模定制”成为未来的主流生产方式，数字化制造技术的重大突破和市场的形成是推动新工业革命发展的重要因素。

（六）机器人将进入各个领域

随着微纳化和智能化的发展，各种各样的机器人出现在人类生活的各个方面，在解放人类自身和提高生产力水平等方面已经并将继续发挥巨大作用。据日本机器人协会预测，到 2025 年，全球机器人产业将达到每年 500 亿美元的规模，是现在的 10 倍。

在工业领域，“数字化制造”的主体是机器人，工业机器人将成为生产线上的主角。目前的工业机器人，就像曾经的大型计算机，价格昂贵，移动不便，下一代机器人将如同现在的个人电脑，适用于中小型企业。在民生方面，生活、服务机器人将大行其道，走进千家万户，服务百姓生活。在军事领域，军用机器人技术发展迅速，相关技术创新和巨大需求也将极大的加速新工业革命的进程。

五、新工业革命的社会影响

（一）新工业革命将推进社会可持续发展

近150年以来，在5次科技革命和2次工业革命的带动下，人类在通信、交通、能源动力以及疾病防治等各方面均得到飞跃式的发展。飞速增长也同样体现在人类对环境造成的破坏上，由于化工产品、农药等的持续大量使用，对地球水体和土壤造成难以恢复的污染。由于能源资源的大量使用，人类正在引发日益严重的大气及气候问题。

面对资源和环境可持续发展的压力，以信息技术为代表的新工业革命有望通过提高生产效率、改变人类生产和生活方式等途径，引领社会朝着绿色、低碳、环保、高效的方向实现可持续发展。

（二）新工业革命将再次变革通信方式，改变人们的工作与生活方式

当代通信已进入了移动通信和互联网通信的时代，手机和互联网的广泛使用更是彻底改变了人的工作方式和生活习惯。随着信息技术对各个领域的渗透与融合，人类的通信与交流方式将迎来大融合时代，人类工作与生活方式将产生巨大的改变。

（三）新工业革命将对传统的家庭关系形成较大的冲击

家庭是社会的基本细胞。在人类社会的不同发展阶段，随着人类社会的向前发展以及新工业革命带来的冲击，人们的家庭观念也在发生变化。家庭关系的变革主要是两种因素的推动，一方面，随着信息社会的发展，社会管理与服务领域的开放程度越来越高，以组成传统家庭为约束条件的社会活动及福利享受对个体的约束越来越少。另一方面，网络与虚拟世界的出现，以及人类医学及生物学技术的发展，传统家庭作为情感寄托、繁衍后代等的功能会逐步弱化。在新工业革命背景下，家庭关系可能将受到较大的冲击。

（四）新工业革命将形成全新教育模式

教育的本质便是传播知识和培养人格。随着网络技术的发展，知识传授、知识创新的途径和方式发生变化，网络对人格形成有重要的影响。随着网络通信技术的发展，教育模式将从以往板书形式发展到多媒体的运用，单一的“班级授课制”将被多样化的网络授课取代。利用互联网可以十分便捷地得到世界各地的教育资料，实现信息交流、资源共享。网络技术使无法进入学校读书的人获得必要知识，通信技术发挥多种媒体功能的优势，通过学习内容的丰富性和学习方式的灵活性，调动学生多重感官参与学习，从而大大提高学习效果。

六、新工业革命的应对措施

（一）欧盟、美国、日本等世界各主要经济体的应对措施

当今世界，创新成为最重要的内容，只有面向新工业革命，迎合人类根本需求的创新，才能真正在未来占据市场，引领发展。国际金融危机爆发之后，为了尽快走出经济衰退，世界各国正积极采取措施，寻求培育新的经济增长动力。欧盟、美国、日本等主要经济体重新认识到实体经济的作用和自身经济发展的缺陷，开始采取一系列政策措施促进实体经济的发展，着力于寻求关键领域技术突破和培养未来30～50年的新兴产业。

欧盟率先倡导了“第三次工业革命”的概念。2011年年底，欧盟委员会公布了“地平线2020”科研规划提案。该计划聚焦三大目标：一是打造卓越的科学，提高欧洲基础学科的研究水平，通过一系列世界顶级研究，保持持久的竞争力；二是成为全球工业领袖，通过推进已有商业规划的创新活动，使欧洲在科研创新方面成长为更具吸引力的投资地区；三是成功应对社会的挑战，通过强大的创新能力，解决欧洲或其他地区公民共同关注的问题。

欧盟中最值得关注的国家是德国。2010年7月，德国政府发布《德国2020高技术战略》报告。新战略涉及多个热点问题：①关注全球挑战，关注创新驱动与社会变化等问题如何解决，确立气候/能源、保健/营养、交通、安全和通信5个主导领域；②重视关键技术，特别是与德国经济可持续发展

紧密相关的关键技术，如生物技术与纳米技术、微电子与纳米电子、光学技术、计算机系统、材料与生产技术、服务研究、空间技术及信息与通信技术等；③营造创新友好环境，德国政府系统审视现有法规（含欧洲层面）的创新友好程度，为发明与创新提供充足空间及推动力，重点关注创新创业条件、中小企业、创新金融/风险资本、创新型采购、熟练工人、产生知识、创新对话等问题。

美国也推出了自己的经济复苏计划和未来计划，希望依靠科学技术开辟能源独立的新路径，计划在 18 年内把能源经济标准提高 1 倍，在 2030 年之前将石油消费降低 35%；计划每年耗资 1200 亿美元对美国国家电网进行改造和升级换代，打造一个立体式能源框架结构。

国际金融危机之后，日本政府吸取以前应对危机的经验，明确提出以"结构改革促经济发展"的方式来解决危机。以相当大的预算支持来加大研究清洁能源力度，开发与普及节能技术，通过解决危机促进能源结构转型，继续保持日本在节能方面优势地位这一战略目标。

从这些应对策略来看，各发达国家科技发展体系分为中期发展规划和未来发展规划两部分，并针对中期规划制定相应的推进措施。应对策略具有如下特征：①明确提出重点发展领域，以培养未来竞争优势；②对未来技术开展系统性研究并提出一系列关键技术领域，引导多方合作研发；③制定明确的社会发展目标，总体考核相关领域的科技发展绩效；④制定更高、更严的社会发展目标，逼迫市场和地方做出生产技术和产业结构调整。技术预见引导、社会考核标准督促、多方合作研发共同构建了新工业革命在关键技术和重点产业方面的发展框架。

（二）我国应该采取的对策

我国应充分把握新工业革命特征与规律，以《国家中长期科学和技术发展规划纲要（2006—2020 年）》为基础，吸取各国的应对策略优点，制定出具有我国特色的新工业革命应对策略体系，在制定总体科技发展纲要基础上，引导技术创新和产业创新，并优化相关机制体制。

一是做好推进新工业革命的顶层设计。制定总体科技发展纲要、引导技术革命，需要制定应对新工业革命的针对性科技发展规划，加强基础研究，特别要重视科学规律跨学科整合，努力加强技术研发，重视关键技术预见和攻关，建设兼容新工业革命的国家创新系统。

二是积极投资新工业革命所需的重要基础设施，重视新能源技术推动经济可持续发展。现有的基础设施还是以传统能源为基础设计的，缺乏可再生能源应用的基础设施条件。需要融入国际主流技术，与全球主要经济体开展清洁能源合作；大力发展清洁能源、分布式能源、储能和电动车，更新电网系统，发展能源互联网，逐步扩大风能、太阳能、潮汐能和生物能源在能源消费结构中的比重，推动经济可持续发展。

三是培育创新环境、推动技术创新浪潮。构建基于核心技术创新联盟的产学研合作创新网络，提高关键技术系统的示范效应，搭建面向未来的共性技术研究平台，还要加强创新文化建设。

四是构建未来产业培育体系、引导产业创新。新兴产业是工业革命的载体，即使有一系列关键技术突破，如不能够形成有影响力和领导力的产业，也不会发生工业革命。为了推动新工业革命进程，应构建未来产业的培育体系，不断推出新兴业态。因此，需要培养新工业革命的地区先驱，建设区域创新系统、提高产业孵化能力，逐步完善基础设施的空间布局。

五是推动适应新工业革命需要的机制体制建设。建立新工业革命促进机构，创新人才工程，提高知识产权保护效率，推动以风险基金为主的科技金融体系建设。要发展风险投资，完善风险分担机制；我国应积极引导风险资本向代表未来生产技术的领域倾斜。一方面，我国应加强针对新工业革命的相关技术发展规划和新兴业态发展规划，引导风险资本接入；另一方面，加强技术风险评估体系建设，降低风险资本的运行成本。

同时，我们要加强以下几方面工作。

一是走通“科学规律—核心技术—产业发展”的三部曲，加强应用基础研究和核心技术研发，实施知识产权战略。目前我国基础研究有很大进步，但要增加发散性和宽容度，要允许“异想天开”，要有新思想、注重原创性，基础研究的成果很可能成为核心技术的基础。我国核心技术的研发也有进展，但要加强顶层设计，要有计划组织科技攻关，落实到企业、高校、科研院所或者产学研联合体，核心技术研发要有新思路、新方法，特别要加强基础原材料、基础元器件、基础仪器仪表等核心技术的研发。要切实实施知识产权战略，努力成为知识产权中心，建设以拥有自主知识产权为特征的国际经济中心。

二是加强实验室成果的中试研发，企业要提早介入，政府要分担风险。科研院所和大学有大量科研成果，但是转化率很低。当前，我国经济正经历由结构失衡所引起的周期性调整，产业结构和经济增长方式亟须转变。如何扭转科技成果转化率偏低的局面，加快科技成果向现实生产力的转化速度，已成为我国社会经济发展的迫切需要。然而，据统计，我国高校、科研院所的科技成果转化率大约在 20%～30%，真正实现产业化的成果不足 5%，与发达国家 70%～80%的转化率和 20%～30%的产业化率相去甚远。成果转化率低的原因在于一是成果本身不完备，完整的成果要有四个特征：有专利，有样品，有设备，有队伍；原因之二是成果没有企业支持，没能有效转化为产品。加强实验室成果的中试研发十分重要，企业要提前进入，风投要发挥重要作用，政府要分担风险。

三是切实加强产学研合作，建立产学研联合实验室、协同创新研发中心，政府要引导加以支持。一方面，科技成果转化率低和转化速度慢，制约自主创新的发展和企业核心竞争力的提升；另一方面，企业有推进原有技术的迫切需要，企业往往非常注重当前产品的生产和相关技术，而对于提升行业共性技术和关注行业发展的新趋势有一定局限性。因此建立产学研联合实验室非常重要，既推进原有技术解决企业的技术革新问题，又关注产业的升级，提升行业的共性技术和发展新趋势。学校和研究单位要改革评价体系，企业要敢于对新技术进行前期投入，政府要在政策、项目等方面予以倾斜。

四是要提高企业的自主创新意识，增强自主创新能力。树立并强化企业的自主创新意识，充分认识到创新对企业发展的推动作用，使创新成为企业的自觉行动。企业应制定自主创新发展战略，加大研发经费投入，促进自主技术创新。企业必须坚持先进技术引进和消化、吸收、再创新相结合，开发具有自主知识产权的核心技术，逐步使企业成为技术创新的投资主体。转变投资方向，逐渐形成以企业为投资主体的、多渠道的技术创新投融资机制与体系，促使企业逐年加大技术开发投资、关键设备更新、加速科技成果转化。

鼓励企业进一步拓宽资金来源渠道，进一步加大技术创新投资。在企业建立强有力的创新激励体系，调动科技人员的积极性。应加强对科技人员的激励，改革现有的科技成果奖励制度，增大行业、企业自己进行奖励的自由度。对科研成果的发明人、完成人兑现奖励和创造性劳动报酬，在个人所得税方面实施优惠。优先选择在高科技企业中进行员工持股制度的探索，并明确技术入股的份额等，充分调动企业科技人员的积极性和创造性。

新工业革命已经在逐渐发生发展中，信息、能源、生物和材料等多个领域的科技产业已经在互联网的大背景下发生了显著的变革，中国能否把握机遇，在科技上有针对性的先行一步，获得首发优势，并在未来世界中占据更重要的地位，取决于能否在核心技术上获得关键突破，并迅速转化为现实生产力，推动国民经济向前发展。我们必须时刻关注科技发展，了解行业动态，以提高人民生活质量为最根本的要求，以创新为最基本的手段，提高我国的国际竞争力，力争成为新工业革命的引领者和创造者。

（本文选自 2015 年咨询报告）

咨询研究组成员名单

褚君浩	中国科学院院士	中国科学院上海技术物理研究所
李树深	中国科学院院士	中国科学院半导体研究所
杨学军	中国科学院院士	国防科学技术大学
黄　维	中国科学院院士	南京工业大学
许宁生	中国科学院院士	复旦大学
刘　剑	研究员	中国科学院半导体研究所
王振新	研究员	中国科学院半导体研究所
查亚兵	教　授	国防科学技术大学
张　涛	教　授	国防科学技术大学
慈　松	教　授	国防科学技术大学
肖　侬	教　授	国防科学技术大学
陈　娟	副教授	国防科学技术大学

温激鸿	教 授	国防科学技术大学
吴学忠	教 授	国防科学技术大学
戴 斌	教 授	国防科学技术大学
柯冠岩	工程师	国防科学技术大学
李 明	副教授	国防科学技术大学
王之元	讲 师	国防科学技术大学
王 卓	讲 师	国防科学技术大学
赵顺龙	教 授	南京工业大学
陈志宽	教 授	南京工业大学
来尧静	教 授	南京工业大学
孙 璐	副教授	南京工业大学
吴 俊	副教授	南京工业大学
余 志	教 授	中山大学
邓院昌	副教授	中山大学
张传军	副研究员	中国科学院上海技术物理研究所
郭少令	研究员	中国科学院上海技术物理研究所
胡古今	研究员	中国科学院上海技术物理研究所
沈 宏	副研究员	中国科学院上海技术物理研究所
骆振亚	助理研究员	中国科学院上海技术物理研究所

关于尽快在我国开展移动全息投影技术的研究开发的建议

甘子钊　等

一、平板显示产业面临新的发展机遇，将发生重大的技术变革

平板显示产业作为电子制造业重要的基础核心产业，是战略性新兴产业发展的重要组成部分，是《国家中长期科学和技术发展规划纲要（2006—2020 年）》所部署的优先主题之一。工业和信息化部的统计数据表明，2013 年，我国以液晶面板为代表的平板显示面板产业规模已达 1070 亿元人民币，平板显示面板出货量占全球的 13%，预计在 3 年后，会攀升到 25.6%，达到 1000 亿美元[①]。可以说，平板显示产业对我国国民经济总量的增长具有重要贡献。

平板显示屏根据尺寸和应用领域的不同，有“大屏”和“小屏”之分，其中小屏主要是用于笔记本电脑、手机等便携性移动设备，这些设备基本上已成为人人必备的信息产品之一；大屏主要用于电视和电脑显示器。由于我国一直未能自主掌握相关产业的核心技术，所以在这个重大产业领域的国际激烈竞争中，我国一直处于相对被动的地位。尽管在规模上有很大的发展，

---

① 不含港澳台地区数据。

但经济上的损失还是相当巨大的。这个经验教训是业内的普遍共识。即使到了今天，大尺寸的高端液晶面板依然依靠进口。

如今，平板显示技术又面临着一个新的重大产业技术变革——小尺寸的平板显示向移动投影显示发展。这种新型的移动投影显示技术能把手机、平板电脑等小屏上的信息投影到任意一个平面（如桌面或墙壁）上，并把它变成一个用户交互界面。通过这个界面，用户可以实现对手机或者平板电脑进行操作。这意味着，传统的移动终端配上一个移动投影仪的功能后会变得非常强大，会给视频通信、影视观赏、娱乐游戏、学术研讨和商业会议等领域带来革命性的影响。美国 Pacific Media Associate 公司的预测数据显示，至 2016 年，移动投影仪的需求量将从 2012 年的 180 万台攀升至 1300 万台！美国 DisplaySearch 公司所做的市场调查表明，移动投影仪的市场规模在 2009 年尚不足 1 亿美元，而到 2018 年，预计将高达 130 亿美元！

移动投影仪的概念最早是由澳大利亚的 Digislide 集团公司在 1998 年提出来的。经过 8 年的研发，该公司于 2006 年 10 月在 ANZA 技术会议上正式公开发布第一款商用移动投影仪，获得多个工业、商业和政府的奖项。时至今日，生产移动投影仪的厂商已包括 Samsung、Panasonic、3M、ASUS、Acer、Optoma 等国际著名的 IT 企业。MIT 的媒体实验室和剑桥大学、康奈尔大学、东京工业大学等著名大学都有组织力量投入到下一代光学投影仪的研发，致力于用最先进的理论与技术发现推动移动投影仪的发展，其中剑桥大学毕业的几位博士组建的 Light Blue Optics 公司和康奈尔大学的博士毕业生组建的 Mezmeriz 公司是其中最卓越的代表，均获得了超过 2000 万美元的创投资金。

二、传统投影技术的缺点与新的全息投影技术的潜力

一般来说，投影仪由电池、光源、微显示面板、处理芯片、光学系统和机械部件组成，其中影响功耗和输出光效率的主要因素是光源和微显示面板以及影像的显示方式。随着固体照明技术的发展，当前主流的移动投影仪基本上都使用 LED 作为照明光源；而微显示面板则有多种选择，如 Digital Light Processor（DLP）、LCoS、LCD、MEMS 等，其中又以德州仪器（TI）公司生产的 DLP 使用最广泛，占领 50%以上的市场份额，被 Optoma、Samsung

等公司采用；3M、Sony、JVC 等公司则采用 LCoS 面板。无论采用何种微显示面板，当前各个品牌型号的商用移动投影仪的影像显示方式都是一致的。它们的工作原理为红、绿、蓝三种颜色的 LED 发光，分别经过整形、准直后，经过一个照明光路，照射到微显示面板上。经过该面板反射后，待投影影像以振幅调制的方式加载在光束上，最后经过一个投影物镜投影到屏幕。

如前面所述，光学投影仪中常用的微显示面板有 DLP 和 LCoS 等，这两者的工作方式有所不同。TI 公司拥有专利的 DLP 的核心部件是一个安装在 CMOS 芯片上的可转动的数字微镜阵列（digital mirror device，DMD）。DMD 的每个子镜均可根据加载在其底下 CMOS 单元上的电驱动信号在±12°两个角度之间快速来回切换，把入射光反射到投影物镜或吸收器。CMOS 单元上的信号强度与待显示图像对应像素处的灰度值一一映射，控制子镜偏转的频率，使从该处投影的光在明、暗之间快速变化（可高达 5000Hz）。这种变化对时间积分的效果，便得到所映射的灰度图像。

另一种主流的微显示面板是硅基液晶 LCoS。LCoS 也是由 CMOS 背板电路控制，与 DLP 的区别在于 DMD 变成了液晶单元阵列。从像素结构上讲，LCoS 芯片背面的 CMOS 有源显示驱动矩阵为每一个像素提供了包括开关（NMOS 晶体管）、存储电容和在它们上面的铝反射电极。工作的时候，NMOS 晶体管控制列数据线对液晶像素充电，而存储电容中的充电电荷建立了相对于控制电极的电压差。于是上部的液晶分子按照电压取向和强度进行偏转，从而控制出入光线的多少，形成灰阶图像。

1. 传统投影仪的缺点

衡量投影仪性能的指标主要有光效率、输出亮度、分辨率、对比度、色域和功率等等。其中分辨率和对比度主要由微显示面板决定，而对比度则受制于光源的属性。目前市面上的移动投影仪的输出光亮度从 30 流明到 300 流明都有，但所有这些产品的输出光效率大约都在 10 流明/瓦。光效率太低是制约移动投影仪广泛使用的主要因素。影响这一指标的因素主要有两个。

（1）LED 的光利用率较低。由于结构的关系，LED 发光角度非常大，一般具有朗伯分布（Lambertian distribution）。把所发的光有效地耦合到面积很小的微显示面板上，是一个非常关键的技术难题。提高输出效率，一方面可以考虑把LED发光单元做小，用一个较大的集光系统（90°锥角）来收集所有发光，但这样很难获得理想的光亮度分布；另一方面，如果把LED发光单元做大，用锥角较小的集光系统，这要加大输入电流，而且这样只采集到小部分光，导致了光效率低下。Intersil公司的研究报告表明，如果把LED的亮度从10流明提高到30流明，发光效率则从10流明/瓦降低到3流明/瓦。可见，采用LED并非一个有效的改善光效率的方法。

（2）"像素到像素"的显示方式损耗80%以上的照明光。由上面对DMD和LCoS工作方式的描述可知，现有的投影仪基本上都采用"像素到像素"的显示方式，即把待投影的图像每个像素一一对应地映射到微显示面板相应位置的像素上。通常，图像的大部分像素都是灰度值小于128的，图像的平均像素级（average pixel level，APL）较低。现有的这种"像素到像素"的直接映射投影方式，使得超过80%的照明光均被浪费掉，光效率极其低下。

2. 全息投影仪的优势和技术问题

如果把要投影的灰度图像编码成纯相位型的全息图，加载到相位型的显示面板上，再通过光学方法来进行全息重构出原来的灰度图像，这显然可以有效提高光效率。因为这种投影显示方式，面板是相位型的，不会对照明光产生吸收。虽然早在20世纪60年代就有人提出这个思想，但受当时计算机的运算能力和衍射效率等各种因素的制约，直至20世纪80年代MIT的科学家才发明世界上第一台全息投影显示原理样机。近30年来，作为核心部件的微显示面板的空间光调制器技术有了突飞猛进的发展，但其分辨率仍然无法与传统的全息干板相比拟。比如，传统的全息干版的分辨率能高达5000线/毫米，而现代商用的微显示面板（如TI公司的DLP）的分辨率只在100线/毫米以内。用这种分辨率的空间光调制器来显示全息图，无法获得高清晰度的投影图像。

全息投影需要以激光为光源。相比于LED，激光的优越性是不言而喻的：亮度高、方向性好、单色性好。亮度高，使得单位功率下激光器的光效率远高于LED，在高输出亮度的情况下尤其显著，如在输出亮度为20～40流明时，激光光源的效率要是LED的2～3倍。方向性好，能使照明光与微显示面板之间的耦合效率大大提高；集光和整体光机系统可以设计得更简单、紧凑、细小，能大大降低光学和机械系统的成本。单色性好，颜色纯度极高，使得显示的色域更宽广。由此可见，激光投影显示与现有的技术相比，具有不可取代的优势，是当前一个十分活跃的研究领域。日本的索尼、松下、三菱，韩国的三星，美国的德州仪器、相干激光、高意，德国的欧司朗、耶拿光学等公司都在激光显示上投入巨资。国内的多个科研和企业单位也有非常好的积累，在某些方面甚至处于国际先进水平。

3. 双面板投影仪

从上面的讨论可知，采用新型的激光全息投影技术能有效改善当前移动投影仪低亮度、低光效率的难题。但受硬件限制，目前全息显示的清晰度太低。为解决这一难题，国内外的许多科研小组均做出许多努力。由剑桥大学四位博士组建的 Light Blue Optics 公司极具创造性地提出一种新型的全息投影技术，绕开器件分辨率的限制，采用双面板（double panel）显示。该技术的核心原理是用把图像的低频部分（占图像的大部分光能）用全息技术来投影；而高频部分（代表图像的细节部分，但只占整个图像光能的小部分），则用传统的“像素到像素”方式来投影。这种做法既有效避开空间光调制器分辨率较低的技术难题，又能大大提高光能的利用效率。利用这种杂化全息微投影技术，光效率有望达到 100 流明/瓦，比当前的投影技术提高近一个数量级。这显然能为解决当前移动投影仪光效率低下的难题提供一个非常有效的方案。

Light Blue Optics 公司（简称 LBO 公司）的双面板方案所采用的相位型显示面板是该公司设计、由美国 TI 公司研制的。他们研制的面板是在一个单片 CMOS 底板上加工一个像素化的微镜阵列。每个微镜的底下均有一个由驱动芯片的电极，一个微腔和一组平面弹簧组成的静电致动器。弹簧由多晶锗硅（poly SiGe）制作，弹性系数在 0.1 牛/米的量级，宽度为 0.2～0.3 微米，厚度为 0.15 微米，螺旋长度约为 30 微米甚至更小。在电压的驱动下，弹簧牵引微镜上下移动，改变入射到其上的子光束的光程，从而实现像素化的相位调制。这种高精度的 MEMS 仪器的研制对我国目前的微机电加工水平来说是个巨大的挑战。

三、中国科学院上海光学精密机械研究所的双面板全息投影演示装置的简介

（一）中国科学院上海光学精密机械研究所在双面板投影仪方面的预研及主要结果

中国科学院上海光学精密机械研究所（简称上海光机所）研究了双 SLM 的杂化激光投影技术（双面板激光投影），通过对技术分析和原理演示装置的研制，研究新型光机结构，全面挖掘其技术细节，为提出和实现具有自主知识产权的激光投影技术提供研究平台和实验基础。

上海光机所研究了双面板投影仪的以下关键技术。

（1）建立了双面板激光全息投影原理演示装置，实现了两个 SLM 在时间和空间上的同步控制和对准。

（2）图像高低频分割算法双面板投影算法的核心思想是以纯相位型 SLM 产生待显示图像的低频部分，并以此作为特殊的模式照明第二块纯振幅型的显示图像高频部分的 SLM。图像高低频分量的界定决定于相位型 SLM 的像素尺寸，即其能显示的最高空间频率。

（3）采取合适措施降低激光散斑干扰。由于采用激光作为光源，因此激光散斑也是本系统的一个弊端，怎样减轻激光散斑对最终图像的影响成为本方案的一个重大挑战。在双面板投影技术中，上海光机所采取在两片 SLM 之间的中继面加荧光转换板的方法来降低散斑的影响，且光能利用率也较高。相比而言，LBO 公司同时采用多幅重构图像时间积分以及荧光激发方式等两种方式来消散斑。

（4）全息编码算法。在本验证实验中，上海光机所采取经典的 Gerchberg-Saxton 算法来实现图像低频部分的全息编码。由于该算法是通过一个迭代过程来搜索一个近似解，难以实现像解率为 1080p 的全息图的实时编码。这也激发了上海光机所在新的解析式实时全息编码技术方面的研究。投影重构图像的清晰度比传统的全息投影效果要好很多，而且散斑得到较好的抑制，但图中仍然存在一些斑块，这主要是由 Gerchberg-Saxton 算法所产生的误差、全息面板 SLM 所产生的散斑、荧光板涂层不均匀等诸多因素导致。在后期

的实验中，必须对这些因素进行深入分析，以改善投影图像的质量。

最终的实验结果表明，对于简单的线条状物体，双面板杂化投影仪能量利用率最高，对于自然场镜的图像仍然有超过50%的能量利用率的提升，但对于动画图像能量利用率提升不多，这是该技术本身的特点导致的。

（二）上海光机所在解析全息编码方面的工作

由于 Gerchberg-Saxton 算法对全息编码而言不是一种最好的选择，因此上海光机所也开展了高效全息编码技术的研究，并提出了一种解析式的相位编码技术：可以把一个复振幅图像编码成一个纯相位图像。这样带来三大优势：①该方法是解析式的，而不是迭代式的，可以实现实时编码；②该方法把图像编码成一个纯相位图像，故只需一个相位型的显示面板来显示，有效降低光路的复杂度和成本；③该方法编码成的图像不是传统意义上的全息图（干涉条纹），投影重构是一个成像过程，而非衍射过程，相比传统的全息显示技术而言，散斑减弱许多，而且显示分辨率对显示面板像素尺寸大小的要求显著降低。

上海光机所所提出的基于相位编码的投影实验系统只用到一个纯相位型的显示面板，比 LBO 公司的双面板投影显示系统要简单很多。在实验中，为了初步验证提出的相位编码原理，直接用波长为 632.8 纳米的氦氖激光作为照明光源，没有进行任何消相干处理，而且系统光路也没有进行过优化。尽管投影出来的图像中有相干噪声（如衍射条纹和斑点），但这些噪声相比传统的全息重构图像的散斑噪声来说要小很多。如果采取消相干技术，这些噪声能有效消除。

四、我国在相关技术方面的原有基础

（一）全息编码技术

国外对全息编码技术的研究起源于 20 世纪 60 年代，最开始是通过迂回相位编码把复波前编码成二值的全息图。但这种方法光利用率很低。现代的全息编码技术，其目标基本上都是把图像编码成一个纯相位的分布，或叫相息图。多年来，国内外的学者已经提出的许多编码算法，基本上可分为以下三大类。

（1）基于 Gerchberg-Saxton 算法的编码方法。这类方法是在学术界使用最多的算法，多用来验证全息投影显示技术。该方法本质上是一个投影迭代、逐步逼近的过程。从计算机编程角度讲上，该类方法非常容易实现，但在很大概率上，都只能收敛到一个近似解，有比较大的噪声。因此，往往需要时分复用方法来改善图像质量。

（2）基于干涉的方法。该方法的思想是仿真传统光学全息图形成过程，计算光经过物体或图像衍射后与参考光干涉形成全息图。这个方法由英国的 QinetiQ 公司提出，并用在它们开发的 Active Tiling 全息显示系统来进行全息编码。但该方法需要在数以亿计的采样点之间来回映射，计算非常耗时，并没得到广泛使用。

（3）基于衍射的方法。该方法由 MIT 媒体实验室的 Mark Lucente 开发，并广泛用于 Zebra Imaging 公司研制的几乎所有全息显示产品。该方法的核心思想是引入了查找表的技术，把一些在空间域和频谱域量化的全息图基本单元（分别称为 hogel 和 hogel vector）事先计算好，并存在查找表里。这样便把全息图的大部分编码工作通过这种"预计算"来完成，提高编码速度。此外，通过 hogel 和 hogel vector 还可以对全息图进行压缩，进一步提高编码速度，当然这是以降低重构质量为前提的。

注意到计算全息图的产生通常来说都是涉及数以亿计像素的编码，这在计算技术上也是一个非常大的挑战。因而，近年来在这方面的研究，主要是要通过算法优化及多 GPU 并联等技术来提高编码速度。日本学者在这方面的研究成果尤其显著。

近年来国内的学界和企业界均逐渐意识到全息投影显示技术的重要性，开始部署研究力量。北京理工大学王涌天牵头的一项关于三维显示技术的"973"计划项目里已涉及全息显示的研究内容，他的课题组在算法优化、解析算法等方面均有一些出色的成果。中山大学在基于面元的全息编码方面也非常有特色。上海光机所最近在开展基于衍射的算法以及解析算法研究，也取得一些初步的成果。但这些算法目前基本上均处于原理验证阶段，离商业化有一段距离。企业方面，TCL 公司在早些年开始已部署了全息电视的研究力量，而我国的华为公司已经与剑桥大学签署了全息显示技术的合作研究协议。

（二）空间光调制器技术

空间光调制器（SLM）是一种微显示面板，是加载计算机产生全息图的载体，是全息显示的关键部件。可惜的是，目前尚未找到合适用于全息显示的具有足够多（10 亿）像素、足够小（亚微米）像素、高刷新频率的 SLM。在各国研制的演示样机和实验验证方案中，所采取的 SLM 主要有基于硅基液晶（LCoS）空间光调制器，数字光处理器（DLP），MEMS、光折变材料、声光调制器（AOM）、Metasurface 等。DLP 技术基本被美国的 TI 公司垄断，世界上其他国家均无法与其竞争。LCoS 产品也广泛用于各种高中低端的投影仪，国内外有许多企业在开发 LCoS 产品。但用于全息的相位型的 LCoS，主要由德国的 Holoeye、美国的 BNS 公司，以及我国台湾的 Jasper 公司供货。基于光折变材料方面，美国亚利桑那大学的研究小组研制出一种可擦写的光折变材料，制造了一块 4 英寸×4 英寸的全息显示屏，实现了准动态显示，但其帧率只有 0.5 传输帧数/秒（FPS），离实际应用还有很大距离。最近 MIT 的 Bove 小组通过在铌酸锂晶体上刻光栅的方法来制造新型的 AOM 器件，具有巨大的发展潜力。而 LBO 的双面板技术中的全息显示面板则采取 MEMS 驱动微镜阵列上下移动来调制光程（相位）。Metasurface 等材料具有亚微米级的空间分辨率，在全息显示应用中具有很大的潜能，但目前尚无法实现动态调制。

我国在某些 SLM 技术方面也拥有比较扎实的基础。南开大学和东南大学均有自主研制的 LCoS 芯片，后者正致力于分辨率大于 2560×1600、像素尺寸小于 8 微米的相位型 LCoS 芯片研发，这对促进我国全息显示技术的发展具有重要作用。南开大学、上海交通大学等单位分别在光折变晶体、光折变聚合物材料等方面也有非常出色的成果。而清华大学在基于 Metasurface 的全息显示方面的研究更是走在世界领先水平。产业方面，台湾 Jasper 公司、武汉全真光电、深圳长江力伟等公司也致力于相位型 LCoS 芯片的开发和生产，尤其是 Jasper 公司，其像素尺寸为 3.74 微米、分辨率为 4000×2000 的芯片已获得批量生产，已成为德国 Holoeye 公司的面板供应商；而且，分辨率 8000×4000 的芯片已列入该公司的发展规划。

（三）光学引擎设计及集成技术

基于激光的投影显示系统的结构主要有两种类型：采用面阵空间光调制器的投影成像方式和扫描式的投影成像方式。

面阵投影将DMD、LCoS等空间光调制器产生的图像直接投射出去，其光学引擎的重点在于光源匀光、散斑消除和投影镜头的设计以及小型化。近年来自由曲面技术和微光学技术的发展使更高效的光学引擎被研制出来，采用自由曲面和微光学元件的光学引擎不论在体积、复杂度，还是成像效果和光能利用率方面均有较大程度的改进。日立、尼康、三星等公司都大力发展了基于自由曲面的投影镜头。日立公司研制的采用自由曲面镜头的HCP-A1超短焦距投影机，在机身与屏幕只有9.6cm的距离上就能投影出60英寸的画面，且在亮度均匀性、色彩一致性、图形准确度等各方面都有非常出色的表现。

扫描式投影是通过声光或机械方式对点激光或线激光进行高速扫描和调制产生图像，其中的光束扫描器件是激光扫描系统中最重要的组件，也是实现技术难度最大的一个环节。目前光束扫描器件主要有声光偏转和机械偏转两种形式：声光偏转的响应速度非常快，可达到兆赫兹（MHz）量级，可以满足扫描显示的需要。MIT于2013年提出的波导泄漏模实现扫描成像的技术也是声光偏转方法的一种。但声光偏转方法尚存在偏转角度较小的缺陷。而机械偏转是现在研究和应用最多的光束扫描方式，也是此领域的研究热点。尤其是MEMS振镜，由于可以做到小型化、高速化，因此是微型投影仪的首选。韩国三星高级技术研究所从上个世纪末就开始激光扫描背投电视的研究，MEMS扫描器件也是他们的研究重点。此领域颇有建树的还有美国Microvision公司，该公司已经研发出了基于二维MEMS扫描振镜的投影模块，取名PicoP™引擎，并推出了基于该引擎的便携式投影仪SHOW™，2007和2008连续两年以微型投影产品参加国际消费电子展（CES）。瑞士联邦理工大学发明的单个微型光电子机械系统其微光镜可以高频地双向转动，把单一的激光从左到右、从上到下地打到视屏上。频率达到70千赫，完全满足投影成像的需求。

目前，我国在光学引擎的设计方面不存在任何技术障碍。例如，浙江大学将自由曲面技术应用于投影的照明和镜头等各个方面，给出了多项设计；上海光机所等单位制定了 LCD（三片）投影机国家标准；电子科技大学在嵌入式微投的热分析和散热设计方面做了大量工作。但我国在前端器件的研制方面与国外尚有不小的差距，尤其是 MEMS 微反射镜、高精度自由曲面镜片和微光学元件加工、高精度光学玻璃模压成型等基础零件的研制和加工方面。中国成都光明光电信息材料公司近几年研制并投产了多个模压玻璃牌号，在一定程度上缩小了与国外的差距。

（四）全息投影技术的应用研究

全息投影技术能够重构物波的复波前，因而具备实现三维显示的能力。到目前为止，世界上的三维全息投影显示样机包括美国 Zebra Imaging 以及 Ostendo 等两家公司为美国军方研发的高端样机，其中 Zebra Imaging 公司的样机已交付使用，而 Ostendo 公司的产品也将于 2016 年交付，主要用于军事沙盘等场景的全息真三维显示。英国的 QinetiQ 公司也为英国军方研制了一套 Active Tiling 全息显示系统，该系统用多个显示面板拼接成一个大的显示面板，可以获得 1 亿像素每帧的全息投影，其设计目标是具有扩展到 10 亿像素每帧的投影能力。日本的 NICT 研究中心也用显示面板拼接的方法来获得较好的三维显示效果。日本 NHK 已投资 20 亿美元用于三维全息显示系统的研制，预计 2020 年交付使用。

全息技术还用在 X 射线成像方面。但到目前为止，所有的研究基本上都是围绕着 X 射线图像的全息获取，以获得纳米级分辨的三维图像。超声波成像与全息相结合的研究国内外尚未见报道。

国内在全息三维投影显示方面的研究起步较晚，虽然清华大学、北京理工大学、上海交通大学、安徽大学、浙江师范大学等单位都开展了研究工作，但目前尚未出现上规模的演示样机。之前的研究基本上都是得到国家自然科学基金委的支持，直到最近才得到一项“973”计划的部分资助。

（五）光源技术

用于激光显示的光源技术目前看来有两种技术方案：①基于蓝光、绿光和红光半导体激光器光源实现彩色显示的全半导体标准 RGB（红绿蓝）三基色光源方案；②使用一组蓝色或紫外激光器，利用多色荧光粉产生红绿蓝三基色光的光源方案。

在氮化镓（GaN）基激光器研制开发处于领先地位的是日本 Nichia 公司和索尼公司、德国欧司朗公司等，他们在氮化镓基蓝紫光激光器（405 纳米）研制方面处于世界先进水平，在氮化镓基蓝光激光器（445～450 纳米）以及绿光激光器（510～530 纳米）的研究方面也取得了引人瞩目的成果，研制的大功率蓝光激光器已经达到实用化水平，可以满足研制激光显示的要求。

1999 年 9 月，日本 Nichia 公司在国际上首次报道了 GaN 基纯蓝光激光器，激射波长为 450 纳米，室温下输出功率为 5 毫瓦・时的寿命为 200 小时。2007 年，日本 Nichia 公司报道了电光转换效率高达 21.7%的蓝光激光器。该激光器的阈值电流密度为 1.8 千安/厘米^2，室温连续输出功率 500 毫瓦・时，寿命估计超过 10 000 小时。将其用于投射 100 英寸影像的投影仪时，可以通过在单芯片上制作多个激光器的列阵来实现。2013 年，Nichia 公司进一步推出了功率超过 3 瓦的蓝光激光器，电光转化效率达到 26%，高于通过倍频方式工作的固体蓝光激光器。Nichia 公司同时还发布了最新的绿光激光器性能指标，光功率达到 1 瓦，电光转化效率达到 13.5%。

日本索尼公司从 2003 年就开始氮化镓基蓝光激光器的研究，2008 年获得了室温连续工作寿命大于 1000 小时，输出功率达到 0.75 瓦，波长 450 纳米的氮化镓基蓝光激光器，并应用在背投激光电视中，显示出了良好的适配性。

欧司朗公司推出 TO38 封装的氮化镓基蓝光激光器。蓝光激光器的波长为 450 纳米，输出功率为 50 毫瓦。这是同类产品中尺寸最小的激光器，这类激光器集合了迷你投影机的全部重要特性，如小尺寸、高效率、出色的蓝光能见度等。它具有卓越的光束质量，因此只需使用相对简单小巧的光学器件即可塑造光束形状，该项成就使我们向着迷你投影机的目标又迈进了一大步。

上述蓝绿光激光器的快速发展，与 GaN 材料中的缺陷密度密切相关，只有采用缺陷密度低于 10^6/厘米^2 的 GaN 衬底材料，才能够将激光器的寿命提升到 5000 小时以上，满足器件实用化的要求。

制备氮化镓衬底的技术路线主要包括高温高压法、氨热法、助熔剂法以及HVPE方法。目前仅有HVPE方法制备的GaN衬底实现了规模化生产，目前开展氮化镓衬底晶片研发和生产并能够提供产品的公司主要包括以下几家。

（1）美国。最早有TDI，2008年被Oxford收购；AIXT于2004年左右被CREE收购；Kyma最早由风险投资公司投资成立的从事氮化镓衬底的公司，从2006年开始受军方资助，不再对外提供衬底。目前美国的GaN衬底已经不向外销售。

（2）日本。主要有三菱化学、住友电工、日立电缆、古河机械在从事氮化镓衬底的研发和产业化。最早由日立电缆领先，最近三菱化学赶超在前面，能够利用HVPE的方法获得1厘米厚度的高质量2英寸氮化镓晶体（2008年）。只有三菱化学在对研究机构提供产品。

（3）法国。Lumilog公司，2001年成立，欧洲第一家提供GaN衬底的公司，也是目前国际上唯一对中国出售GaN衬底的公司。但是从2009年开始，用于激光器级别的高质量GaN不再对中国出售，只销售LED级别的氮化镓衬底，单片价格在1500欧元。

尽管国外在GaN基蓝绿光激光器上已取得重大突破，但是对氮化物半导体激光器的器件物理研究还很不充分，特别是针对未来广阔应用领域，对激光器的输出功率、光谱质量、调制特性等，仍然有非常基础的物理问题没有研究清楚。

氮化镓基激光器技术和市场目前被日本和德国少数几家公司垄断，产品供不应求，国内用户只能从国外购买，价格昂贵，且不能保证供应量，严重制约了我国下游相关产业的发展。

相对于国内大规模的GaN基LED研究，GaN基激光器研究只集中于少数几个单位。中国科学院半导体研究所课题组于2004年11月在国内首次实现GaN基紫光激光器脉冲激射，2007年4月在国内首次研制成功了室温连续工作的GaN基紫光激光器。北京大学课题组在2004年年底实现室温电流注入激射、2005年首次在国内研制成功具有光子晶体腔镜面的GaN基激光器；该课题组还在GaN基激光器中量子阱、电子阻挡层、超晶格等功能结构及激光器结构模拟和优化方面取得了很大的进展。中国科学院苏州纳米技术与纳米仿生研究所（以下简称中科院纳米所）2010 年开始开展氮化镓激光器的研制，目前已研制出性能指标较好的蓝光激光器，阈值电流密度为 2.5～3 千安/厘米^2，阈值电压 5～5.5 伏，寿命约为 5000 小时，在国内首次研制出达到实用化水平的 GaN 基蓝光激光器，同时也实现了绿光激光器的脉冲激射。

与此同时，中国科学院苏州纳米技术与纳米仿生研究所于 2007 年重点开展 GaN 自支撑衬底的研究，并在 2010 年研制成功完整 2 英寸 GaN 单晶衬底，最近研制的氮化镓单晶衬底，晶体质量水平已经进入国际前 3 名。苏州纳米所在自己研制的 GaN 单晶衬底上，研制成功单管 1 瓦的大功率蓝光激光器。

（六）上海光机所南京研究院在激光投影显示方面的主要成果

为加快我国激光显示领域的产业化进程，中国科学院上海光学精密机械研究所与南京经济技术开发区共同孵化建设南京先进激光技术研究院（下文简称研究院）。作为激光显示产业化的平台，该研究院拥有国内外众多激光显示领域知名专家，新技术产业化方面，具有多次将创新技术成功转化为市场产品的第一手经验。研究院以上海光学精密机械研究所作为坚实的后盾，在技术开发和产品研究方面有着得天独厚的优势。

目前，研究院在激光显示领域主要有三个研究成果。

1. 激光显示在大屏幕拼接显示系统中的应用，包括适用于拼接系统的激光光源、拼接显示单元，以及拼接系统的研究和开发

研究院分别针对 3LCD 和 DLP 两种光学引擎开发开发了两款激光光源，采用蓝光激光结合荧光粉色轮的技术方案，交替产生红、绿、蓝、黄四色光从而实现白光输出。产品具有 60 000 小时以上寿命，数倍于传统的投影光源。还可根据客户要定制色彩与 5000～8000 ANSI 流明的光源亮度方案。其针对 3LCD 光学引擎的拼接墙和激光电视开发的激光光源产品为世界首家。

激光光源在大屏幕应用的巨大低成本潜力，是激光光源发展的重要驱动力。较传统光源 2000～3000 小时的寿命，激光光源寿命可达数万小时。由于传统光源寿命短、亮度衰减快、色度变化大，不同显示单元的不均匀性很快就显示出来了。而激光光源寿命有数量级的增长，大屏的一致性可长期保

持。在激光拼接应用方面，研究院开发出的大屏幕拼接显示系统已应用于数家单位。

2. 激光电视

当前研究院对于激光电视的研究已经取得显著成果。在激光显示的光源技术、超短距成像技术等方面都领先行业竞争对手，并获得多项专利。研究院的激光电视产品亮度已达到2000 ANSI流明，可以直接在电视柜上或其他可投射面上投射100寸或更大尺寸超大画面，同时具有1080p的高清分辨率，视觉上相当震撼。预计2015年年底研究院将实现激光电视的小批量生产。随着产业化的进一步推进，技术和市场的不断成熟，成本价格降低，尤其是激光器成本的降低，激光电视进入家庭的时间也会大为提前，预测2015年65英寸以上市场激光电视的占有率将达到2%。

3. 个人投影的研发

研究院目前正处在300～500流明亮度小投影的研发阶段。LED投影由于受技术的限制，在个人投影应用中，很难突破500流明的亮度（指实际产品，不是个别宣传样机）。如换成激光光源，技术上较容易达到500～1000流明。与传统投影技术相比，由于激光技术不需要镜头组件，因此产品可以做得非常轻薄，更适合便携数码类产品的要求。个人投影是一个潜力巨大的新市场，会带来一场突破性的创新革命。

（七）南开大学在光折变晶体方面的主要成果

1. 大尺寸光学级铌酸锂晶体及电光器件

南开大学开发了晶体生长计算机等径控制系统及相应的温场，生长出了一系列三英寸光学级铌酸锂晶体，光学均匀性提高一个数量级以上，$\Delta n_e < 3 \times 10^{-5}$/厘米（生长方向），超过公开报道的国际水平，为进一步的器件开发奠定了良好基础。该系统已在多台单晶炉上应用，研究成果已经在东方钽业公司及天津晶蓝公司得到推广。

该技术解决了扩散法制备计量比铌酸锂晶体的晶片腐蚀问题，同时大幅降低了扩散法的成本。将该技术从实验室推向实用化，实现了高光学均匀性nSLN晶体的廉价、批量制备，使该晶体实际应用成为可能。南开大学还发明了具有自主知识产权的熔体注入连续加料生长近化学计量比铌酸锂晶体方法，开发了相应的晶体生长系统及其控制软件，生长出了 3 英寸 nSLN 晶体，Li_2O 含量达 49.85±0.02mol%（径向）、49.82±0.15mol%（轴向），打破了国外对该领域的技术封锁。上述系列成果已获发明专利 4 项，后续工作已进入国家军品民口配套项目，并获得了 2005 年度天津市技术发明奖二等奖。

南开大学与下游单位联合开发了一系列基于高温度稳定性电光调 Q 激光系统，已批量应用于航空、航天、国防和其他光电领域。例如，装备西昌卫星发射基地的 331 电影经纬仪激光系统，用于卫星发射轨道参数实时测量，圆满完成了包括“嫦娥二号”等多次重大卫星发射任务；用于中国船舶重工集团公司的激光测距系统工作稳定、可靠性高，满足大型舰船使用环境要求，为其获得了满意的经济效益、社会效益和军事效益；应用于中国空间技术研究院光电测量装备的激光系统，输出能量、光斑质量满足总体要求，对其承担的多项国家重大任务起到了重要的作用，赢得了良好的经济效益和社会效益。该成果获得了 2012 年天津市科技进步奖一等奖。

2. 抗光损伤铌酸锂晶体

南开大学曾与西南技术物理研究所合作发现：当掺镁超过 4.6mol%时，铌酸锂晶体的抗损伤能力可以提高两个量级以上。该发现成为非线性光学晶体里程碑式的工作，高掺镁铌酸锂晶体也被国际上誉为“中国之星”（Star of China，SPIE 1984）。

南开大学生长了高掺铟铌酸锂晶体，其抗光损伤能力可与高掺镁铌酸锂晶体相媲美，且掺杂阈值较低，为抗光损伤晶体开辟了另一重要的研究方向。近期，南开大学设计了掺锡铌酸锂晶体，其抗光损伤能力与高掺镁铌酸锂晶体相当，但掺杂阈值仅为 2.5mol%，阈值附近分凝系数 0.98，比镁更接近于 1.0，易于生长高光学质量单晶，有望成为另一种性能优良的抗光损伤材料。

南开大学设计生长了系列掺锆铌酸锂系列晶体，其抗光损伤能力可达 20 兆瓦/厘米^2。比理论上纯铌酸锂晶体高 6 个量级，远优于掺镁铌酸锂晶体当初报道的 10^4 瓦/厘米^2；且掺杂阈值仅为 2.0mol%，分凝系数比镁更接近于 1.0，易于生长高光学质量单晶。即使在紫外波段（351 纳米），掺锆铌酸

锂晶体仍然具有 10^5 瓦/厘米^2 的抗光损伤能力，其光致折射率变化饱和值仅为高掺镁铌酸锂晶体的 1/20，从而首次将铌酸锂晶体在高光强下的非线性光学应用从可见拓展到紫外波段。该工作的紫外抗光损伤的照片被选为当期的封面图；随后被《自然·光子学》(*Nature Photonics*) 选作 "Research Highlights"。在上述工作的基础上，南开大学制作了近化学计量比掺锆铌酸锂晶体，该晶体在 532 纳米脉冲光照射下，抗光损伤光强可达 80 吉瓦/厘米^2，已接近 KDP 晶体的抗光伤能力，该结果被《激光世界》(*Laser Focus World*) 的 "Newsbreak" 栏目选中，给予了详细报道。

上述结果表明，掺锆铌酸锂晶体具有比被誉为"中国之星"的掺镁铌酸锂晶体更加优异的抗光损伤能力，并且分凝系数接近于 1.0，能够首次实现铌酸锂晶体透光范围内紫外-可见-红外的全波段高光强非线性光学应用，有望成为另一常用的非线性光学晶体。

3. 全息存储用铌酸锂晶体

南开大学在掺铁铌酸锂晶体中掺入适量的抗光损伤离子，生长了镁铁、铟铁、锌铁双掺铌酸锂晶体，大幅提高了晶体的光折变响应速度及抗光散射能力。该双掺晶体已获美国发明专利。

近期南开大学设计并生长了铪铁及锆铁双掺铌酸锂晶体，与 2 价的镁和锌、3 价的铟不同的是，当掺 4 价离子与铁共掺时，超过阈值的四价离子并不改变铁离子的晶格占位，因此在显著提高晶体响应速度的同时，并不降低其衍射效率，使晶体的光折变灵敏度大幅提高。锆铁双掺铌酸锂晶体的论文被《科学》期刊（2008 年 6 月 26 日）收录。

南开大学设计并生长了锆铁锰三掺铌酸锂晶体，该晶体的写入时间可以大幅缩短至 1 秒以下！较 Buse 等人报道的铁锰双掺铌酸锂晶体[*Nature* 393，665（1998）] 快两个量级以上；非易失性存储灵敏度比锰铁双掺晶体提高一个量级以上，比 Hesselink 等人 [*Science* 282，1089（1998）] 的近化学计量比晶体提高两个量级以上。

锆铁锰三掺铌酸锂晶体的发明，使掺铁铌酸锂晶体在缩短响应时间、提高光折变灵敏度，以及非易失性读取等各方面都取得了突破性进展，使光折变全息存储向实用化迈出了坚实的一大步。

最近，南开大学设计并生长了 5 价掺杂的掺钒铌酸锂晶体，使用 351 纳米激光写入，其响应时间可缩短至 160 毫秒。该结果向铌酸锂晶体的理论响应时间迈近了一大步，它不但证明南开大学对铌位缺陷调控设想的正确性，还指明了南开大学下一步工作的方向。进而，南开大学设计并生长了第一种 6 价掺杂的掺钼铌酸锂，与以往的掺杂不同，6 价的钼离子优先占据铌位，形成铌位缺陷，使铌酸锂晶体的全息光折变全息性能发生根本变化，初步研究结果表明，该晶体能够实现从紫外到可见的全波段全息存储，且响应时间可以达到百毫秒的量级。

五、在我国开展研发工作的初步建议

在我国国民经济发展驱动方式战略转型的关键发展阶段，建议通过自主创新，在激光全息投影显示技术方面进行布局，大幅度提升与此相关的关键技术和核心器件的研究和产业化水平，落实“创新驱动发展”的国家战略，提升我国国民经济全面创新发展的综合实力。为此，建议面向 3～5 年后在平板显示产业方面的重大综合技术创新，突破现有投影技术瓶颈，围绕着实现低功耗高亮度的全息移动投影仪，研究一系列基础性的问题，以增强我国在新一轮显示产业技术中的竞争力。具体建议如下。

1. 全息编码技术

全息编码是全息投影仪最核心的技术之一，我国也有一定的基础积累。因此，在未来几年，建议加强在快速全息编码算法方面的研究的支持力度：①开展算法优化技术的研究；②开展基于 GPU 并行运算的全息编码技术研究；③开展全息光场处理技术的研究；④开展全息投影显示颜色管理技术的研究。

三年内，研发成功二维彩色视频全息编码的技术，图像分辨率达 4000×2000，具备向 8000×4000 扩展的能力，编码速度能达到 78 帧/秒（FPS）以上，初步实现编码算法的芯片化。

五年内，研发成功三维彩色视频全息编码技术，图像分辨率大于 100 亿像素，以满足实际的三维全息显示需求，实现编码算法的芯片化和初步产业化。

2. 空间光调制器技术

由于我国在 DLP、MEMS 等方面的技术相对比较薄弱，应该侧重支持发展基于 LCoS、光折变晶体、光折变聚合物等传统的全息显示器件，同时，也建议鼓励基于 Metasurface 等新材料的全息显示技术研究，以追赶或保持世界领先水平。

LCoS 方面，三年内研发成功像素尺寸为 1 微米的生产工艺和关键技术，显著提高成品率和调制动态范围。五年内，研发成功像素数为 16k×8k 的相位型 LCoS 面板。

光折变晶体方面：三年内研发成功基于铌酸锂质子交换波导的声光调制器，改进刻蚀工艺，提高质子交换波导的刻写密度、平行度、集成波导数达 1000 线以上。五年内使生产成本和难度降低，形成小规模产业化。Metasurface 等新型材料方面：作为前沿探索，研究动态调制光场的原理和实现工艺。

3. 光学引擎设计及集成技术

（1）光学引擎。通过广泛采用自由曲面镜和微光学元件，设计出一套在图像清晰度、体积和光能利用率等各方面性能都有显著提升的移动全息投影光学引擎解决方案，并在各零件的加工工艺方面进行优化，实现低成本、高效率生产。

（2）结构设计与优化。除了要满足各光学元件的性能要求外，还主要体现在设备的外形、屏蔽及连接器的优化设计，而在设计过程中重点要考虑散热问题，亦即设备的热设计。热设计技术是各国研究的重点，也是微型投影仪结构设计与优化的重点与难点。争取能给出一款经过实际检验的切实可行的微投结构解决方案。

（3）MEMS 振镜技术。研制出一款可实现单像素二维扫描的微反射镜，并在速度上满足 30 帧/秒的扫描频率。

4. 全息投影技术的应用研究

国内在全息三维投影显示方面的研究起步较晚，资金支持力度与美国、欧盟、日本等国家和地区相比，也非常低。为加快我国全息显示产业的形成和健康发展，有必要加大对该技术相关领域的研究和开发工作的支持力度，有效统筹我国现有资源，争取跟进美欧日韩等先进国家的研究进度，并在某些核心技术上获得一定的自主知识产权。

应加大投入，加快在大尺度全息三维显示系统的研制，解决全息编码、三维视觉感知机理、全息光处理、显示机制等全方位的技术，争取在 3～5 年内研制成功一套像素数达 10 亿的三维真彩色全息电视样机。

根据每帧为 10 亿～100 亿像素的全息图的特点，研究符合全息显示应用的全息图像压缩、传输、存储和读写技术。

研究 X 射线与超声波医学图像数据的全息显示技术，包括数据格式的转换、数据表达、编码和调制等方面内容。

5. 光源技术

相对于半导体激光器，我国较早地涉足了激光荧光领域的众多关键环节，具有一定的自主知识产权。目前全球激光显示产业正处于产业化前期，基于中国在激光荧光显示技术方面拥有较好的技术基础，激光显示是我国最有可能领先国际水平的显示技术，中国正面临着发展激光显示产业的极大机遇。

为了研制达到实用化水平的 GaN 蓝绿光激光器，建议分别从 GaN 自支撑衬底、蓝绿光激光器的研制上进行突破，具体研究内容建议如下：

（1）2～4 英寸缺陷密度（$<10^5$/厘米^2）GaN 单晶衬底研制，深入研究 GaN 材料生长过程中的缺陷形成机理和演化机制，创新探索无位错（$<10^2$/厘米^2）GaN 材料的制备技术；

（2）深入研究大电流密度注入条件下的 GaN 器件物理，研究位错、器件量子结构和器件工艺对激光器效率、寿命的影响规律，研制输出功率达到约 3 瓦，寿命超过 1 万小时的 GaN 基蓝光、绿光激光器；

（3）研究受限量子体系中的光子学和电子学，研究量子结构和光学谐振腔对半导体激光模式的调制规律，提出满足全息投影显示需求的激光器设计结构。

（本文选自 2015 年咨询报告）

咨询研究组成员名单

甘子钊	中国科学院院士	北京大学
欧阳钟灿	中国科学院院士	中国科学院理论物理研究所
金国藩	中国工程院院士	清华大学
范守善	中国科学院院士	清华大学
陈东敏	教　授	北京大学
李儒新	研究员	中国科学院上海光学精密机械研究所
司徒国海	研究员	中国科学院上海光学精密机械研究所
徐文东	研究员	中国科学院上海光学精密机械研究所
阮　昊	研究员	中国科学院上海光学精密机械研究所
张心正	教　授	南开大学
徐　科	研究员	中国科学院苏州纳米技术与纳米仿生研究所

开拓电动汽车大众市场的难点和对策

田昭武 等

一、电动汽车市场现状和开拓大众市场的迫切性

我国经济发展强劲，汽车销售市场很快领先全球，2014 年已达到 2400 万辆水平，产值超过国家 GDP 的 10%，成为支柱产业。然而，随之而来的市区汽车尾气和笼罩的雾霾严重地影响了国民健康和经济发展。北京环境保护局报告称，北京产生的雾霾 31%来源于汽车尾气。环境污染问题严重，也严重影响我国的国际形象，而且每年新增的燃油汽车迅速加入污染和耗油的大军，这种局面亟须尽快扭转。一方面是汽车支柱产业地位不可动摇，另一方面是能源环境压力难以承受。两方面矛盾尖锐而又急迫，这是中国经济迅速崛起的一个侧面，对此的解决之道只能是汽车支柱产业的改革转型。

传统轿车是城市大气污染的主要源头，其中普通私人轿车大众市场，包括 A、B 两级轿车，共占轿车市场份额约 76%，占汽车市场的最大份额，对环境和石油需求影响最大。尽快以电动汽车取代轿车大众市场中的燃油汽车，大幅度提高新能源汽车的普及率是当前最有效的解决途径。只有开拓电动汽车大众市场，汽车支柱产业转型和绿色交通事业才可能上一个台阶。

据统计，2014 年新能源汽车销量已达 55 万辆水平。虽然增速喜人，但远不及燃油汽车约 2400 万辆的销量，其原因在于尚未开拓电动汽车的大众市场。几千万庞大的购车族大军中，99%以上的购车者为何不买环保且有政

府补贴的新能源汽车?这个问题必须重视。近年来政府和全体人民解决雾霾的决心是推动电动汽车市场发展的契机和强劲动力，现在亟须剖析电动汽车大众市场发展的难点和提出当前可行的思路和对策。

二、当前开拓大众市场的难点、应对思路和措施

电动汽车及其外接充电设施，都必须满足广大购车族的需求，才能开拓大众市场。电动汽车虽然有绿色环保、结构简单和容易驾驶的优势，但在社会大众眼中的劣势也很突出。笼统而言，就是三个难点：里程短、价格高、充电难。具体而言，却是一个复杂的系统工程问题，牵涉到使用条件、使用需求、配套措施、社会配合等。对这样复杂的事物仔细剖析并找出当前解决的思路和措施，才能消除购车族和汽车生产者的顾虑，成功开拓电动汽车的大众市场。

（一）电动汽车“续驶里程短而价格高”的难题和对策

乘用车的基本用途是城市内的代步工具。据统计，80%的私家车每日经常行驶里程不超过 50～70 千米（经常行驶值），可谓短程。但是，偶尔可能高达 300～500 千米（非经常性行驶值），相差达 6 倍以上。经常性和非经常性续驶里程造成了“续驶里程多元化”，应分别对待。

纯蓄电池行驶的公务车或家中已有一辆燃油轿车的家庭购置第二辆轿车，只用为城市内的短程代步工具，可以不考虑非经常续驶里程的要求。因为只用于短程行驶，车载蓄电池重量和价格不高，而且公务单位或家中有车库便于充电，还可享受不限号不限行等优待，可以被接受。然而，这种小众市场的购车族只解决我国城市轿车中的一小部分，对提高社会的电动汽车意识有益，对电动汽车普及化有贡献，但不能有效地覆盖“大众市场”，不能有效解决石油和环境危机。

对于更多的购车大众而言，家庭只有一辆汽车，非经常续驶里程还是很需要的。害怕“电尽车停”的尴尬，在情理之中。如果限定纯蓄电池为唯一动力源，把纯电续驶里程扩大了几倍，车载蓄电池的重量和价格提高许多，而且仍然不能避免“电尽车停”的尴尬。特斯拉电动汽车不惜成本和能耗，

车载半吨以上的蓄电池，也还不能满足非经常里程需求，求助于路旁充电站（桩）又无法保证，对大众市场无益。寄希望于短期内出现新一代蓄电池以满足电动汽车的全面需求，不确定因素太多，远水难救近火。稳妥的方案必须立足于现有的商品蓄电池水平。

所以，解决电动轿车大众市场还须另辟蹊径。就以传统汽车为例，长期以燃油发动机为唯一动力源，市内行驶时效率甚低。近年来为了降低每百千米油耗，制造商虽然努力改进发动机技术，收效仍达不到要求；为节油只能另辟蹊径，引入了第二动力源（蓄电池或超电容），依靠混合动力技术补救其不能回收制动能和怠速时不能熄火的难题，市区行驶时节油约 1/4；继而发展各种混动方式，开拓了混合动力汽车广阔市场。虽然混合动力汽车节油率不如纯电驱动的新能源汽车，但可以较多保留企业原来生产燃油汽车的设施，在过渡时期内，汽车企业相对容易接受，对节油减排也有贡献。

因为本咨询项目只讨论电动汽车，所以对混合动力汽车不作详细讨论，但可从中得到启发："纯蓄电池为单一动力源的电动汽车的难题可否也可通过采用多种动力源的思路得到解决？"

顺应市区汽车对动力电源需求的多样性，采用多元化动力源的思路，可以使电动汽车显著减少蓄电池数量，而续驶里程和性能媲美燃油汽车，经济性合理而节油减排接近纯蓄电池汽车。多元化动力源的思路是：增加一种车载增程式发电机作为另一能量源，以备在必要时延长续驶里程；增加一种寿命和充放电功率很高的超级电容器作为另一功率源，用于回收制动能，又提供起步和加速的功率，其效果是成倍地降低车载蓄电池的重量和成本。

1. 增里程思路和措施

增程式电动汽车采取能量源多元化措施以应对"续驶里程多元化"。车载蓄电池只提供每日经常性续驶里程的电量，而由车载的增程式发电机发电以应对非经常性延长续驶里程的需求，既可显著减少车载蓄电池重量以减轻成本并提高能效，又可免除用户对于"续驶里程短和中途充电难而电尽车停"的担心。

增程式电动汽车关键部件为车载增程式发电机，其功能不是直接驱动汽车，而是由小的燃油发动机和发电机组成的模块，主要功能是驱动发电机为车载蓄电池充电，以延长续驶里程。其输出的功率和扭矩基本恒定，可连续工作在最佳转速下，其效率、排放、可靠性等均处于较佳状态，能提高效率而取得节油的效果，耗油和排放只有同级别传统燃油汽车的一半左右。例如，奥地利 AVL 公司开发的转子发动机，噪声低，重量轻（29 千克），油耗低。电功率虽然只有 15 千瓦，因有蓄电池配合，已能够满足轻量汽车平均车速 70 千米/小时的需要。国内研制增程式发电机的公司有奇瑞、江淮和广汽等，重量和功率较大。目前，国内在发动机设计和生产方面更有基础的部门和企业对此并未给予重视。

增程式电动汽车虽然是插电式动力汽车的一员，但是只靠电动机驱动车轮，可省去离合器、变速箱，结构简单化，仍属于纯电驱动的新能源汽车。虽然我国传统汽车发动机核心技术尚不及外国，但增程式发动机技术门槛较低（功率小且恒定，因为只用于非经常里程，所以工作寿命可短，以工作小时计，只需整车寿命指标的 1/4）。以当前国内先进的汽车制造商的水平，加强创新，技术关卡不难攻克，至少远比燃油汽车发动机容易。即使当前还需要引进外国技术，也较容易消化并国产化。国内领头的汽车企业是国家多年培植支持起来的，虽然燃油汽车的发动机技术相比国外还有差距，但是已有一定的基础。增程式发动机技术既是一个门槛较低的挑战，也是“弯道超车”占领巨大市场的难得机遇，责无旁贷，不可再观望。

车载蓄电池总能量按每日经常性里程 50～70 千米配置，耗电量可减少至 10 千瓦时。既减轻了车载蓄电池的重量和成本，又可以用增程式发电机随时延长续驶里程，媲美燃油汽车。而且，可利用夜间谷电慢充电，比燃油汽车须到加油站加油更方便。即使开启空调或路况恶劣而增加能耗，不依赖沿途充电站，也不至于“电尽车停”。如果暂时无充电桩可用或万一夜间没有充电，次日还可以用增程式发电机边走边充电，比燃油汽车还节油一半左右。

2. 增功率思路和措施

增程式电动汽车所载蓄电池能量只需 10 千瓦时，足以承担经常性续驶里程。但是汽车在启动加速时需要功率约为 50 千瓦时，蓄电池放电倍率达 5。若要将汽车制动时动能回收，向蓄电池充电的功率更高，此时充电倍率更是远高于 5。如此高倍率的充放电，对蓄电池寿命损害极大，经济性指标恶化。而且为此设计的功率型蓄电池能量密度将降低超过 3 成。如果不另外增加功率源，增程式电动汽车的动力性不好，制动能量不能很好回收，启动加速性能难以满足。如果把蓄电池能量提高几倍，又会把增程式的优势（减轻电池和车价）抹掉。所以需要另找增加功率的措施。

按汽车运行工况，对功率源主要有 4 种需求：①巡航行驶功率较小；②怠速时有用功率为零；③起步加速或爬坡功率提高 5 倍；④制动刹车时，回收能量则为更强的负功率脉冲。

超级电容器是高循环寿命高功率而能量不高的功率源，充放电可达 10 万～20 万次，比一般蓄电池高出两个数量级、能够承受强功率充电以回收汽车制动能量，因而降低能耗 20%以上，并提高汽车起步、加速和爬坡性能。把需要强功率充放电的任务交给具有强功率特性的功率源（超级电容器），而在低功率匀速行驶时，由能量密度较高的能量型蓄电池提供能量源，减少车载蓄电池重量和全程能耗。

蓄电池避开高功率后，可以采用能量型蓄电池，其能量密度高于功率型蓄电池三成以上，同等里程可少用蓄电池且降低成本。理由在于：功率型蓄电池必须减少电池内阻并保证活性材料利用率。所以必须设计极薄而且更均匀的活性电极板和更细的活性颗粒，不可避免地在蓄电池内增加非活性材料（隔膜、集流体、电解质溶液等）所占分量的百分比，而活性材料所占分量的百分比则相应降低，因而高功率型蓄电池的能量密度相对于能量型蓄电池的能量密度减小三成以上，导致车载蓄电池更多、更重；而且由于制造更细的活性颗粒的工艺更难、更不成熟，其制作成本更高；由于活性颗粒越细越不稳定，多次充放电循环后更容易脱落离开导电骨架或逐渐转化为大颗粒，导致这种蓄电池的循环寿命更短，购置和使用成本更高。

总之，设计高功率密度型蓄电池时不得不以严重牺牲其能量密度和循环寿命的高昂代价换取更高的功率密度，安全性更差。而能量型蓄电池能量密度更高，生产技术远较功率型蓄电池更为成熟，每千瓦时的制造成本低于功率型蓄电池，电池一致性较好，寿命延长，折旧费下降，可以降低购车和用车成本，且安全性有所提高。

3. 电动汽车动力源多元化的预期效果

（1）增程式发电机解除了购车族的“电尽车停”之忧，且车载电池成倍减少则价格降低。

（2）超级电容器作为功率源，汽车的功率性能改善，汽车制动能回收可以降低能耗而延长续驶里程。蓄电池避开高功率充放电而延长寿命，只需配用能量型蓄电池而提高能量密度，车载蓄电池可再减少且价格更低。

（3）经常性市内代步只需蓄电池供能，零耗油零排放。每年用到增程式发电机的非经常性延长续驶里程只占总里程的20%左右，且此时耗油也比燃油汽车减半，所以全年节油率平均可达90%（按权重平均），市内汽车尾气可减少超95%（因为使用增程式发电机的里程大部分在城市之外）。

（4）增程式发电机和超级电容器虽然增加了整车的重量和成本，但是它们使昂贵的车载蓄电池的重量和成本下降得更多。从经济性看，也是很大进步。

（5）车载蓄电池显著减少，“价格高”的难题也得到缓解，电动汽车大众市场的前景明朗，可提高大型汽车企业的信心和干劲。

（二）电动汽车“充电难”的难题和对策

纯蓄电池电动汽车必须外接充电设施才可能运行，插电式混合动力汽车必须依赖外接充电设施才能体现其较高的节油效果。所以，保证外接充电便捷性是电动汽车不可缺少的条件。当前电动汽车的“充电难”是开拓大众市场的又一拦路虎。政府目前正试图从政策和资金两方面支持解决电动汽车充电问题。初期，参照加油站的传统思路，布局建立快充电站网络，希望在较短的时间内为每一辆电动汽车充满蓄电池的电量。但是，存在以下问题。

（1）快充电站投资高，占地多，耗时长，难以密集建网，很难与电动汽车保有量同步发展，引起“先有鸡或是先有蛋”的争论。为此亏空不少，费力不讨好。

（2）快充电在短时间内需要强大的功率电力，常规电网无法满足，必须要建专用充电网络，这涉及整个国家电网改造，耗资巨大。

（3）快充电严重损害蓄电池寿命，增加用车成本。

把油箱充满与把蓄电池充满，在速度方面和安全性方面都不可同日而语。事实上，电网已经把电送到千家万户，只要电力负荷不超过额定，可以安全使用，用户就不必到充电站去排队充电。这样，还可以利用自动控制系统在夜间谷电时段进行廉价慢充电，并以城市或公路的公共快充电站作为辅助。

增程式电动汽车外接充电的有利条件是蓄电池少（夜间补充电量 10 千瓦时已够次日代步之用），充电功率低（不超过家用电器的功率，可在充电桩内部设置，限定只在夜间谷电时间段 6～8 小时的慢充电）。利用廉价的谷电慢充电，不仅不会超过电网负荷，也有利于缓解电网峰谷差，方便用户和电网，还从技术上排除了来自有关方面（物业、电网等）对超负荷的顾虑和对安装慢充充电桩的阻力，且有利于延长蓄电池使用寿命。

用户可在回到夜间固定停车位后就将电动汽车与充电桩连接，充电桩自动在谷电时段内完成充电；次日，用户把已经充满电的汽车开走，极为方便，免掉专程去充电站而花费的里程和时间。管理方按平时的电价向用户收费，电网按谷电收费，电价差归管理方。每年每个充电桩电价差值平均可达千元左右（按每年行驶里程 2 万千米，用谷电 2500 千瓦时的差价估计）。每辆新能源汽车都配有专用的夜间自动充电桩，功能简化，可用壁挂式，占空间小，价格低，充电桩单价约 2000 元，技术已成熟，投资小而盈利丰，电网或民间投资均可。我国每日谷电以亿度计，随着核电、风电和太阳能的迅速发展，谷电还会迅速增多，正好适应电动汽车逐步增长的需求。

实施上述方案的前提是：每一辆电动汽车都要有夜间固定停车位。按我国的国情，家庭私人轿车大多数没有家庭车库，甚至没有固定停车位，所以面对的问题更为复杂，需要政府统筹计划并协调各方大力推行。国务院办公厅的《关于加快新能源车推广应用的指导意见》（国办发〔2014〕35 号）已对充电设施已提出明确方向，以使用者居住地、驻地停车位（基本车位）配建充电设施为主体。然而，由于缺少停车位问题，执行起来遇到的阻力不少。安装充电设施涉及的部门繁多，如电网、环保、消防、交通、市容、城市规划、房管等部门，分别对用电负荷、环境影响、消防安全、市容交通和小区利益等进行审批，各部门很难进行政策的配套调整的协调。

配合国家政策的推动，可以利用市场经济杠杆，按现有停车状况，分别解决夜间充电桩的安装和管理。从长远来看，必须及早随着电动汽车市场的发展，逐步实现充电桩普及化和停车位规范化。所以，当前必须发展符合中国国情的电动汽车充电服务业，解决电动汽车用户对充电的便捷性和经济性的顾虑，促进电动汽车市场的发展。

具体而言，按现有停车状况，分别解决夜间充电桩的安装。

（1）在停车场有固定车位的电动汽车，由管理方负责配装充电桩，谷电价差收益归管理方。

（2）在住宅小区内停车者由物业负责配装充电桩，谷电价差收益归管理方。

（3）由政府协调安排在合适的夜间路旁固定停车位和充电桩，停车位租金和峰谷电价差收益归管理方。

（4）在工作单位区内设慢充电桩，提供夜间谷电充电或白天补充充电。

（5）新建小区强制规定配套一定比例电动汽车专用停车位及充电桩，并鼓励老旧小区改造。

三、政策建议

（一）电动汽车采用多元化动力源

电动汽车动力源多元化是当前解决电动汽车“续驶里程短且价格高”难题的较现实的对策。立足于当前技术水平，有利于早日开拓电动汽车大众市场。三种动力源包括：①增加一种车载增程式发电机以延长续驶里程；②增加一种寿命和充电放电功率很高的超级电容器用于回收制动能，并提供起步和加速的功率；③以能量型蓄电池担负零油耗的能量型储能主角。

三结合动力源的电动汽车的优势是：车载蓄电池重量成倍减少而动力源整体性能提高且成本下降。解决当前蓄电池“能量密度太低、续驶里程短、成本高、循环寿命短”的难题，提高购车族和大型国有企业的信心，促进当前电动轿车大众市场的开展。对此提出以下具体建议。

（1）有关部门组织全国研究并部署增程式电动汽车及其关键部件（增程式发电机、超级电容器和能量型蓄电池）的研制、生产和人才建设，支持并调动各方面积极性。

（2）促进大型企业积极负起汽车产业转型升级的重任，引导企业规定生产电动汽车应占企业汽车产量的百分比下限并逐年提高比例，改变大型企业对电动汽车的观望心理。

（3）提倡绿色出行为荣的社会风气，扩大对电动汽车优惠的政策面。

（二）保证电动汽车外接充电设施

利用“谷电价差”经济杠杆提高投资和安装慢充电桩的积极性。按现有各种停车状况，分别解决夜间停车位：每车位都配有慢充电桩，方便用户；限定夜间利用谷电时间慢充电，调节电网峰谷，避免超负荷。对此提出以下具体建议。

（1）有关部门加大力度贯彻落实国务院加快新能源车推广应用相关精神，以使用者居住地、驻地停车位（基本车位）配建充电设施为主体，以城市公共停车位、路内临时停车位配建充电设施为辅助，发展电动汽车外接充电桩设施。

（2）鼓励利用夜间谷电充电，规定管理方按平时的电价向用户收充电费，而电网按谷电收费，两者差值归管理方。利用市场经济杠杆提高管理方的积极性，逐步形成电动汽车外接充电服务业，并加强管理。

（3）责成电网、环保、消防、城市规划、市容、交通、房管等部门，协同一致，按现有停车状况，保证每辆电动汽车都有夜间固定停车位，规范充电桩的安装和管理，解除电动汽车“充电难”之忧，逐步形成夜间停车规范化。

四、结束语

电动汽车属于新生事物，用户因为其潜在的不稳定因素尚未充分验证而存有疑虑，电动汽车也缺乏能够被大众认可并且信赖的厂家或者品牌。所以，在技术性和经济性之外，树立绿色观念，热情支持新生事物，也是非常必要的。全社会要以绿色环保自我做起为荣，提倡使用电动汽车、自行车、公交车；尽可能避免高耗油、高耗能、高排放和多占用道路，以绿色出行为荣。

对汽车强国而言，不能再走过去“先模仿，后改进”的老路，要让自主研发、自主创新的企业发展。但目前自主品牌的体量、规模、盈利能力尚有问题，要靠政府和社会大力支持。由于我国传统汽车企业大部分为国有企业，国企应该既看电动汽车的风险，更看其机遇，争取在轿车大众大市场打开局面，树立国产电动汽车的品牌，并为解决国家石油和环境危机及汽车经济转型升级做出应有的贡献。

目前，电动汽车大众市场之外已经崭露头角的几种电动汽车细分市场，各有其合理性及贡献。电动公交车已上路运行，部分替代传统能源车辆，每辆电动公交车节油减排可相当于私家轿车 30 辆，且可缓解道路拥堵；短程低速电动汽车，节能环保、售价低廉，无须政府补贴，符合市郊和三、四线城市广大人民经济现状及他们对便捷性的需求，产销两旺，市场巨大，形成燃油汽车大众市场之外的最大低端汽车市场，与上述大众市场相辅相成。政府管理部门应加强管理，支持引导，顺势而上，提高水平，扩大市场。

（本文选自 2015 年咨询报告）

咨询研究组主要成员名单

组长

田昭武	中国科学院院士	厦门大学
万立骏	中国科学院院士	中国科学院化学研究所

成员

郭孔辉	中国工程院院士	吉林大学
杨裕生	中国工程院院士	中国人民解放军防化研究院
陈立泉	中国工程院院士	中国科学院物理研究所
陈清泉	中国工程院院士	香港大学
欧阳明高	教　授	清华大学
王秉刚	研究员级高级工程师	国家清洁汽车行动协调领导小组
汪继强	高级工程师	天津中电科技集团
艾新平	教　授	武汉大学

汪正胜	研究员级高级工程师	长安集团
李革臣	教　授	哈尔滨理工大学
郭玉国	研究员	中国科学院化学研究所
董全峰	教　授	厦门大学

我国化肥使用中存在的问题与对策

赵玉芬　等

化肥是农业持续发展的物质基础，是粮食的粮食。20 世纪，粮食单产的 1/2、总产的 1/3 来自化肥的贡献。据联合国粮食及农业组织（FAO）的资料，在发展中国家，施肥可提高粮食作物单产 51.4%。美国科学家 R. G. Hoeft 于 1990 年研究认为，如果立即停止使用氮肥，全世界作物会减产 40%～50%。我国在耕地资源日益紧缺的情况下，维持粮食供需平衡，提高粮食单产尤为重要。全国化肥试验网的大量试验表明，施用化肥可提高水稻、玉米、棉花单产 40%～50%，提高小麦、油菜等越冬作物单产 50%～60%。化肥对粮食增产，保证粮食安全起了重要作用。

我国化肥利用效率处在较低的水平，氮肥当季利用率仅为 30%～35%，磷肥利用率只有 10%～25%，钾肥利用率为 40%～50%，低于发达国家 15～25 个百分点。我国又是肥料资源强度约束型的国家，人均磷、钾矿产资源为世界平均的 39%和 7%。连续大量的施用化肥，浪费资源，增加农业生产成本，也带来水体富营养化、温室气体排放量增加、土壤酸化和病虫害加重等环境问题。2013 年，我国生产折纯（N、P_2O_5、K_2O，下同）化肥 7150 万吨，占世界氮、磷、钾化肥总产量的 30%，而化肥的实物产量超过 1.8 亿吨。2013 年年底，我国人口按 13.6 亿（13.6072 亿）计算[①]，人均化肥年实物产量高达 118 千克。这是一个很大的数值。2013 年全国粮食总产量 6.0194

① 不含港澳台地区数据，下同。

亿吨，我国人均 GDP 已超过 7000 美元，国民净收入已达 3600 美元，按收入水平计，全国人口平均收入水平已接近世界中高收入人群（3856～11 905 美元）水平。13.6 亿人要吃掉更多靠粮食（如玉米、大豆）喂养的牲畜和家禽。2030 年前后，我国人口将达最大值，粮食总需求将达 7.8 亿吨。未来 17 年粮食年均增长率为 1.6%。我国肥料产量是否还要继续增长？这是一个迫切需要研究的问题。

2000 年我国耕地施肥水平为 256 千克/公顷，为世界平均施肥水平的 2.8 倍，世界排名第 17 位；2009 我国耕地施肥水平为 445.9 千克/公顷，为世界平均水平的 4 倍多，世界排名第 6 位。20 世纪 80 年代工业发达国家化肥用量达高峰后，至 2000 年，美国（高峰年 1981 年）、英国（高峰年 1986 年）、德国（高峰年 1988 年）、法国（高峰年 1989 年）化肥施用量都逐渐下降。2000 年与高峰年用肥之比美国为 0.86、英国 0.63、德国 0.56、法国 0.68；日本 1973 年用肥量达高峰，2002 年仅为高峰年的 56%；韩国 1997 年化肥用量达高峰，2002 年的用肥量仅为高峰年的 70%。我们需要研究国外经济发达了，用肥量减少，而粮食产量不降反增。为什么我国经济发达了，化肥反而越用越多，而作物产量的增幅却不断下降？这反映了肥料生产使用存在问题，在施肥量增加到一定水平后，增（肥）量增产的模式已经走到尽头，必须转向增效增产的新模式——“以质代量”。

我国化肥使用中一定存在某些严重问题，致使我国化肥生产量、施用量居高不下。

一、研究目的和意义

（一）寻找化肥的投入必要数量，使化肥达到最大的增产效果是本研究的重要议题之一

20 世纪 90 年代之前，我国与其他发展中国家一样，肥料对粮食单产的贡献率为 50%左右，对总产的贡献率大于 30%；21 世纪前 10 年，化肥对我国三大主粮（水稻、小麦、玉米）总产的贡献率已降至 24%。我国化肥施得太多了，还是施得不足？肥料是粮食的“粮食”，化肥投入对粮食增产必不

可少。为保证我国粮食（包括大豆）自给率达到90%，谷物（水稻、小麦、玉米）自给率达95%，必须研究我们需要投入多少化肥。

（二）探求施用什么样的肥料可延缓土壤酸化，减轻水体富营养化污染，什么样的肥料产业结构对环境的影响最少

2012年我国农业消费氮肥3337万吨，占氮肥当年产量的77%，我国每年农业施用的氮肥通过挥发、淋溶和径流等途径损失超过1000万吨，直接经济损失400多亿元。据第一次全国污染源调查公报，农业源氮排放量为270万吨，占工农业、生活源总氮排放量的57.2%；农业源磷排放量为28.5万吨，占工农业、生活源总磷排放量的67.4%。

2005年全国化肥施用环境成本（修复环境所需费用）总计188亿元，其中大气污染37.8亿元，土壤污染51.4亿元，水体污染99.1亿元。化肥过量施用造成的水体污染的修复成本最高，其次为对土壤的污染的修复。当前，我国pH小于5.5的酸性耕地面积从30年前的7%上升至18%，南方14个省（区、市）酸性耕地面积更达40%。土壤酸化促使土壤中镉、铬、铝的释放，增加土壤有害金属元素污染。我国每年生产遭重金属污染的粮食达1200万吨，经济损失超过200亿元。我国生产的化肥大多为生理酸性肥料，施用1千克氮所产生的酸性，需要1.79千克的碳酸钙中和。1982～2012年，我国累积生产尿素3.86亿吨中的氮，需6.9亿吨碳酸钙来中和，而我国碱性肥料钙镁磷肥太少，酸性土壤调理剂的需求量很大。磷对水体富营养化的影响也不容忽视。自1975年起，我国投入农田的磷素就大于农作物带出量，土壤中的磷一直处于积累状态。目前，全国土壤磷累积量约为9000万吨 P_2O_5。在南方高产田中，当土壤有效磷含量在轻质水稻土中高于20毫克/千克，质地较黏的水稻土中高于40毫克/千克，会形成水体磷富营养化的水质污染。我国大多数高产农田土壤中磷素含量已超过20毫克/千克，甚至40毫克/千克。

（三）磷、钾、稀土资源的高效、合理利用

我国磷矿资源储量居世界第2位，但仅占世界总资源储量6.9%。而2012

年我国商品磷矿产量占世界总产量的42.3%。按目前我国磷肥产业结构，磷矿过度开采，磷矿可开采寿命不到 100 年，而世界磷资源的开采寿命可达500年。调整磷肥产业结构，减少高浓度磷复肥的生产量，增加可利用的中、低品位磷矿的过磷酸钙、钙镁磷肥产量，可使我国磷资源开采寿命达300年以上。

2010 年我国钾盐资源储量占世界总资源 2.36%，2012 年我国钾盐对外依存度为51%。但每年产生的秸秆等有机废弃物中含 K_2O 1900 万吨，充分利用有机肥料中的钾资源，可降低钾盐的对外依存度。

关于咨询评议报告中“稀土肥料问题”专项，稀土是国家宝贵资源，世界磷矿中含有丰富的稀土元素，稀土总量达5000万吨。我国贵州织金磷矿中 ReO 含量为0.07%～0.1%。磷矿加工过程中稀土残留在磷石膏、肥料级磷酸氢钙或钙镁磷肥中。一些企业宣传其产品中添加了“优质的水溶性稀土元素”“稀土高质元素”，若这种误导不加以限制，则全国每年 5000 万吨复合肥料，只要有1000万吨产品每吨添加0.1% ReO，就要消耗1万吨纯稀土氧化物，而 2013 年全球稀土产量仅 9.05 万吨。南京农业大学陈祖义教授、北京大学王夔院士、深圳大学倪嘉缵院士对农业、畜牧业过量使用稀土的潜在危害有深入的研究。如何看待稀土肥料，限制过量施用或禁止额外添加，仅利用磷矿及磷肥中的稀土就足以满足稀土农用的需要，对保护资源和维护人类健康均是重要的课题。

本文拟通过分析我国化肥使用中存在的问题，调整肥料工业的产业结构，提高肥料质量代替增加肥料产量；减少化学肥料中氮、磷、钾含量，增加碳营养及中微量营养元素（钙、镁、硫、硅、铁、锰、锌）供应量；配合植保、栽培、灌溉、遗传育种等综合技术。就可能使我国肥料年折纯产量从目前 7000 万吨（$N+P_2O_5+K_2O$）减少至 5000 万吨，以每吨折纯化肥出厂价3000元计，化肥行业每年可减少600亿元投入；每年减少化肥实物施用量25%～30%，约4000万吨，以每吨零售价1500元计，可为农民每年节省600亿元的农业投入。两项之和每年1200亿元，其经济效益、环境效益十分巨大。

二、现状分析与主要问题

与肥料相关的现状包括：人口、耕地、化肥产量、化肥消费量、耕地施肥水平、粮食总产及单产等。

（一）与国际横向对比的现状分析

1. 人口现状

2014 年 4 月 30 日世界人口为 72.0667 亿，中国人口为 13.868 亿，中国人口量占世界人口总数的 19.2%。2013 年年底中国人口 13.6072 亿，2013 年 12 月 31 日世界人口 72.029 51 亿。中国人口占世界人口总数的 18.9%。

2. 耕地现状

《中国统计年鉴 2013》公布我国耕地面积 1.2172 亿公顷（国土资源部[①] 2008 年年底数据）；FAO 2013 统计年报，2009 年世界可耕地及多年生作物面积 15.3 亿公顷；我国耕地总资源占世界总耕地面积 8%。2013 年 12 月 30 日，国土资源部公布了第二次全国土地调查结果，我国耕地保有量为 1.3538 亿公顷，但同时认为我国适宜稳定利用的耕地仍为 1.2 亿公顷，即 18 亿亩。

3. 化肥生产量现状

2012 年，我国农用化肥总产量 6832.1 万吨；2012 年 7 月 1 日～2013 年 6 月 30 日，全球肥料产量 2.344 亿吨，2012 年我国化肥产量占世界总产量 29%。

4. 化肥消费量现状

2012 年，我国化肥施用量 5838.5 万吨；2012 年，世界肥料消费量 1.777 亿吨。由于每年进口大量钾肥，我国化肥消费量占世界总消费量 33%。

5. 耕地施肥水平现状

FAO 2013 统计年报公布了 2009 年世界 167 个国家、地区可耕地及多年生作物的施肥水平，表 1 选择了其中 12 个国家进行比较。

---

① 2018 年，国务院机构改革，国土资源部不再保留，相关职责整合入自然资源部等机构。——编者注。

表 1　单位耕地面积化肥消费量（施肥水平）　（单位：千克/公顷）

国家/地区	N	P_2O_5	K_2O	总量	$N:P_2O_5:K_2O$
世界平均	69.3	25.8	14.8	109.9	1∶0.37∶0.21
中国	296.8	109.4	39.7	445.9	1∶0.37∶0.13
韩国	136.8	89.7	95.10	321.6	1∶0.66∶0.70
日本	120.1	106.0	45.0	271.1	1∶0.88∶0.38
以色列	94.4	16.2	48.9	159.5	1∶0.17∶0.52
荷兰	205.6	9.1	15.7	230.4	1∶0.04∶0.08
英国	166.8	30.2	41.2	238.2	1∶0.18∶0.25
德国	129.2	19.4	29.9	178.5	1∶0.15∶0.23
法国	98.3	20.6	21.3	140.2	1∶0.21∶0.22
美国	65.9	20.4	21.4	107.7	1∶0.31∶0.33
印度	91.7	42.5	21.4	155.6	1∶0.47∶0.23
巴西	35.8	41.0	34.9	111.7	1∶1.15∶0.97
俄罗斯	10.0	3.2	2.2	15.4	1∶0.32∶0.22

来源：FAO Statistical Yearbook 2013

由表 1 可知，2009 年我国耕地的施肥水平为世界平均水平的 4 倍多、为美国的 4.14 倍、以色列的 2.8 倍、德国的 2.5 倍、英国的 1.87 倍、日本的 1.6 倍、韩国的 1.39 倍、印度的 2.86 倍、巴西的 4 倍、俄罗斯的 29 倍。在 FAO 统计的 167 个国家与地区中排名第 6 位。

6. *粮食总产量及单产现状*

2010 年，世界谷物总产量 24.7642 亿吨，我国谷物产量为 4.9743 亿吨。我国谷物总产量占世界谷物总产量 20%；2010 年世界谷物单产，平均 3600 千克/公顷，中国 5500 千克/公顷、美国、英国均为 7000 千克/公顷、德国 6700 千克/公顷、日本 4800 千克/公顷、巴西 4000 千克/公顷、印度 2700 千克/公顷、俄罗斯 1800 千克/公顷。与表 1 施肥水平相比较，可发现并不是施肥水平越高，谷物单产也越高。

上述国际横向基础数据比较表明：我国用占世界 8%的总耕地面积，生产了占世界 20%的谷物总产量，养活了占世界 19%的人口，生产了占世界 29%的化肥产量，施用了占世界 33%的化肥消费量。我国耕地的施肥水平为世界平均水平的 4 倍多，谷物单产仅为世界平均的 1.53 倍；我国耕地的施肥水平为美国的 4 倍多，但美国谷物单产却为我国的 1.27 倍。

（二）与国内纵向对比的现状分析

20 世纪 90 年代前，肥料对我国粮食单产的贡献为 50%左右，对总产的贡献率 35%。中国农业大学张卫峰根据 2005～2008 年全国测土配方施肥项目的试验数据计算得出，21 世纪初化肥对粮食总产的贡献率，小麦为 30.5%、玉米为 25.3%、水稻为 18.7%。2012 年，我国施用于小麦、玉米、水稻三大主粮的肥料，氮肥 854 万吨、磷肥 369 万吨、钾肥 155 万吨，使三大主粮共增产 12 921 万吨，占当年三大主粮总产量 53 299 万吨的 24.2%。

21 世纪前 10 年与 20 世纪 90 年代相比，化肥对粮食增产的贡献率虽然有所下降，但化肥对三大主粮总产量的贡献率仍约占 1/4。化肥对粮食的增产作用仍不可忽视。采用施肥与植保、栽培技术、灌溉技术配合，以及施肥与养分高效作物品种相结合的综合配套技术，可使肥料发挥更大的增产作用。

（三）我国化肥使用中存在的主要问题

1. 用量过大，区域、作物间肥料用量差异大

根据《中国统计年鉴 2013》，我国 2009 年化肥施用量 5404.4 万吨，耕地总资源 2008 年年底为 1.217 159 亿公顷，则 2009 年我国耕地平均施肥水平 444 千克/公顷，而世界平均 109.9 千克/公顷。

我国耕地施肥水平表现出作物品种及地区的差异。据中国农业大学大规模农户调查，2007～2009 年全国果树平均施肥水平 1226 千克/公顷，但山东是湖北的 4 倍；全国蔬菜平均施肥水平 697 千克/公顷，广东是四川的 3.5 倍；全国水稻平均施肥水平 332 千克/公顷，广西是黑龙江的 1.8 倍；全国小麦平均施肥水平 352 千克/公顷，宁夏是甘肃的 2.1 倍；玉米全国平均 316 千克/公顷，湖南是黑龙江的 1.8 倍。中国农业大学对全国 22 个省市 2 万多农民连续多年的调查表明，目前，小麦、玉米、水稻三大粮食作物氮肥施用量超过合理施肥量（225 千克/公顷）的比例分别为 37%、43%和 22%，因过量施肥，我国氮肥利用率仅 27%。

我国农民缺乏相关的知识和信息，农技推广的缺位、环境管理法规的缺乏是导致过量、盲目施用氮肥的几个主要原因。中国科学院农业政策研究中心与国际水稻研究所共同在中国 4 省 18 个村开展了“水稻实地管理技术”

研究，其结果表明，每公顷耕地减少 36%的氮肥施用量，产量不仅没有减少，还略有增加。

因此，在未来 6～10 年内，每年减少化肥消费量 3%～5%，我国化肥消费量累积将减少 30%，全国平均单位耕地面积施肥水平将从 2009 年的 445.9 千克/公顷降至 321 千克/公顷，接近韩国的施肥水平（321.6 千克/公顷）是完全可能的。对于 1.22 亿公顷的有效耕地面积，施肥水平为 321 千克/公顷，需 3900 万吨化肥，按当前我国化肥农用约占 80%，工业及其他占 20%计算，则我国化肥年总生产量为 5000 万吨即可满足工农业用肥需求，并能取得良好的经济效益和生态环境效益。

2. 肥料品种结构失衡

（1）化学肥料中营养元素的失衡

高等植物生长需 17 种必不可少营养元素：碳、氢、氧、氮、磷、钾、钙、镁、硫、氯、铁、锰、硼、锌、铜、钼、镍。尽管 17 种元素在植物体内的含量相差极大，但缺一不可。

2012 年，我国生产尿素实物量 6200 万吨，磷铵等高浓度磷复肥实物量 2800 万吨，我国 KCl、K_2SO_4 总供应量 660 万吨，即 2012 年有超过 1 亿吨高浓度肥料供复合（混）厂作为基础原料。2012 年，全国 55 个大中型复合肥料厂总产量 3260 万吨（占全国复合肥厂总产量 5320 万吨的 61%），55 个厂产品平均养分 N 占 15.27%、P_2O_5 占 16.53%、K_2O 占 13.55%，总养分含量为 45.35%。

农学专家普遍认为氮、磷、钾的比例为 15∶15∶15 和高氮复合肥这两类产品的养分配置极不合理，难以满足高效农业发展需求。高浓度复合肥、高氮复合肥主要含氮、磷、钾、氯、硫，而缺乏其他营养元素。据 2013 年估测，我国耕地土壤中，微量营养元素在缺素临界值以下的比例为：硼 84%、钙 63%、钼 59%、镁 53%、锰 48%、锌 42%、硫 40%、铁 31%、铜 25%。

长期施用这些营养失衡的肥料，导致作物抗病害、对不良气候条件的抗逆能力下降，易遭病虫害侵袭，高产作物在收获前易产生倒伏。庄稼“吃”这种营养不全面的“细粮”，越“吃”身体越不健康。

（2）无机肥料与有机肥料、含生物菌剂肥料的失衡

2012 年，我国无机肥料实物产量 16 030 万吨，商品化有机肥产量 1130 万

吨，其中含生物菌剂有机肥料 340 万吨，有机-无机复混肥产量 870 万吨，商品肥料总量超过 1.8 亿吨。其中无机肥料占 87%。

据中国农业大学养分管理课题组测算，近 10 年我国有机废弃物资源每年增长 3 亿吨，2009 年资源总量 40 亿吨，有机废弃物中含 N 2500 万吨、P_2O_5 1450 万吨、K_2O 1900 万吨，三大营养元素总计 5850 万吨，超过 2009 年我国化肥的施用量 5404.4 万吨。通过秸秆还田（直接或过牲畜腹）、禽畜粪便处理（传统堆沤、工厂化处理、沼气发酵处理）、绿肥压青等途径，2012 年约有 3030 万吨氮磷钾养分以有机肥形式返回耕地，有机质资源带入养分占当年无机、有机总带入养分量的 37%。

据西北农林科技大学刘存寿副教授对化肥、有机肥比例和农药用量三者关系的研究，当化肥和有机肥各提供植物营养 50%时，化肥副作用不明显，农药施用量较低；化肥比例高于 50%后，化肥副作用随之出现，农药施用量急剧增加。若将有机肥提供的养分从目前的 3030 万吨增加至 4000 万吨，将化学肥料提供的养分从 5100 万吨降至 4000 万吨，有机、无机肥料提供的总养分 8000 万吨，足以支撑我国高产、高效农业之需。

在高产高效农业中，植物营养中碳的供应不容忽视，植物体内干物质约 50%为碳，是氮、磷、钾三者含量总和的数倍之多。CO_2 是光合作用合成碳水化合物的最主要原料。光合作用 CO_2 最佳浓度约为 1000 毫克/千克，大气 CO_2 浓度约为 360 毫克/千克，株间 CO_2 实际浓度 200 毫克/千克，仅为最佳浓度的 1/5。这必然导致作物碳饥饿成为高产的限制因子。通过施肥补碳，消除碳饥饿，可大幅度降低化肥用量而获得高产。荷兰在温室中施用 CO_2，通过补碳降化肥而获得高产。荷兰曾是世界施肥水平最高的国家之一，从 1984 年用肥高峰 72 万吨，2000 年降至 42.5 万吨，2009 年进一步降至 24.3 万吨；相应的施肥水平为 758 千克/公顷、450 千克/公顷、230 千克/公顷，30 年来施肥量下降了 2/3，施肥水平下降了 70%，但仍维持高产水平，一个重要原因是利用锅炉废气中的 CO_2，通入温室补碳，在大幅度减少化肥用量的情况下获得蔬菜高产。

我国一些农学家（廖宗文、赵秉强、刘存寿）、工程专家（李瑞波、张保林）针对我国平衡施肥中碳平衡缺位问题，共同攻关，研发出水溶性及生物活性均高的有机碳肥。与 CO_2 比较，有机碳肥具有更为明显的优越性：使用更方便，可广泛用于大田；而且它已经是有机态，无须消耗光能进行有机合成；所节省的光能可促进作物更快地生长。在各地大田应用中，有机碳肥显示了高产、优质、抗病虫害等效果。

微生物是地球生态系统的分解者，构建土壤的“微生物肥力”是构建健康的土壤生态系统所不可缺少的力量。只因当前化肥施入太多，土壤溶液的盐度指数高；无机养分多，也抑制了微生物发挥固氮、解磷、解钾的作用。只有有效控制化肥施用量才能构建适宜于微生物菌剂繁殖、发挥作用的友好环境。

（3）生理酸性肥料与碱性矿质肥料的失衡

施用化肥常导致土壤 pH 变化，因施用某种化肥使土壤 pH 降低，称为生理酸性肥料。酸类肥料施用多年，其积累的影响，除非施用石灰石、碱性肥料以改变土壤的酸性，否则将会使作物严重减产甚至绝收。

氮、磷、硫、氯属于酸类元素，镁、钙、钠、钾属于碱类元素。硫酸铵、氯化铵、硝铵、尿素、磷铵属于生理酸性肥料；钙镁磷肥、硅钙钾肥、熔融磷钾肥属于生理碱性肥料；氯化钾、硫酸钾、过磷酸钙、碳铵被不同学者归属于生理中性肥料或生理酸性肥料。2012 年我国生产的 15 388 万吨实物氮、磷肥中，明确的生理酸性肥料有 11 620 万吨，占 75.5%；生理中性或生理酸性肥料有 3635 万吨，占 23.6%；而明确的生理碱性肥料有 133 万吨仅占 0.9%。足见 2012 年我国生产的肥料中生理酸性肥料与碱性矿质肥料相比严重失衡。

钙镁磷肥虽然只含有 12%～20%的 P_2O_5，但还含有 25%～32%的 CaO、10%～18%的 MgO，具有增强作物抗倒伏能力、抗病害能力的 20%～35%的 SiO_2，以及 0.5%的 K_2O，属于营养元素较全面的碱性肥料。1990～1999 年，10 年间我国生产了 5991 万吨钙镁磷肥，为我国耕地提供了 899 万吨 P_2O_5，以及约 1500 万吨 CaO、1700 万吨 SiO_2、60 万吨 K_2O，在 1990～1999 年我国农田生态系统钙、镁碱性元素的平衡发挥了重要的作用。但 2011～2013 年，3 年间累计生产钙镁磷肥不到 500 万吨。增加碱性的钙镁磷肥、熔融磷钾肥、钾硅钙肥的产量，有利于校正我国生理酸性肥料施用过多的失衡现象。

3. 肥料管理主体缺失

据《中国肥料发展研究报告 2012》统计，2010 年中国氮肥企业 498 家，磷肥企业 538 家、钾肥企业 76 家，以氮磷钾为原料的复混肥企业 4102 家，有机肥企业 1905 家，含生物菌剂肥料企业 854 家，中微量元素厂 967 家。这大大小小各式各样的 8940 家肥料厂，通过 3000 个批发商、1 万个零售商，面对 2.1 亿农户，构成了巨大的中国肥料产业。2012 年肥料工业总产值 8000 亿元，肥料制造业从业人员约 69 万人。

管理与指导肥料生产的有工业和信息化部及相关的肥料协会，颁发生产许可、制定监管肥料质量标准的有相关质监部门、工商管理部门，进行肥料登记管理的有农业部[①]，肥料的流通管理、市场监管隶属工商部门，肥料使用管理有各级农业部门。这种肥料管理主体的多元化格局，肥料管理政出多门，肥料管理法律缺失，肥料管理主体缺失是多年来肥料生产、销售、使用等环节问题层出不穷的根源所在。必须确立肥料管理主体部门。

美国的肥料管理主体明确、监督机制完善，可供我国肥料管理参考。美国是联邦制国家，虽然各州有肥料立法权，但美国植物食品质量与安全控制办公室联盟（AAPFCO）负责肥料法规的起草、制定。归口管理单位为美国农业部，成员包括肥料生产企业代表、政府官员、研究机构人员和农民代表等，以保证法律制订中体现各界的意见。各州设种子及化学品管理专员办公室，作为肥料管理的执行机构，主抓肥料产品登记、标签和肥料市场监管三个环节；每个州又设立肥料指导委员会，作为监督机构，对执行机构运行进行管理，并接受企业和农户的投诉。这种肥料管理从立法、执法、监督实现了一体，既保证了肥料管理符合各界利益，也保证了政策出台一致，执行高效。

在国际上，肥料属于农业投入产业（agriculture inputs industries），农学家对作物营养的需求最有发言权，肥料产业的健康发展有赖于农学家的指导。国家应该对肥料生产供应、肥料市场检查、肥料施用、肥料与环境四个环节重新梳理管理队伍。

三、政策建议

我国化肥使用中存在的三大主要问题是肥料施用过量、肥料结构失衡、

① 现机构改革为农业农村部。——编者注。

肥料管理主体缺失。肥料发展应当以提高肥料利用率为核心，实施“以质代量”的发展战略。基于上述分析，咨询项目组提出以下具体建议，并建议选择几个试点，总结经验进行推广。

（一）推广中浓度、多营养复合肥料，缓释肥料及多种增值肥料，引导正确施肥

我国化肥使用量过大的原因主要是肥料品种结构失衡所造成的。

1. 以中浓度、多营养复合肥料取代高浓度、高氮、高磷复合肥料

高等植物生长需 17 种必不可少的营养元素。当前，我国肥料生产厂为满足专业知识缺乏的农民的需求，大量供应施入土壤就能很快见效果的高浓度复合肥、高氮复合肥，并且追求养分含量越高越好。以含 $N+P_2O_5+K_2O$ 35%～42%，含 10%～20%中量元素 CaO、MgO、S、SiO_2 及微量元素 Fe、Zn、Mn、Cu、B、Mo 来替代目前含 $N+P_2O_5+K_2O$ 45%～55%的高浓度复合肥料，就可以将化肥施用量中的氮、磷、钾降下来。

以脲硫酸分解磷矿，不分离磷石膏的中浓度、多营养、功能性复合肥料，含 $N+P_2O_5+K_2O$ 35%，其肥效优于普通 $N+P_2O_5+K_2O$ 45%高浓度复合肥。在水稻、小麦、油菜、柑橘、茶叶上的试验均得到证实。这种富含中微量元素的肥料还有减少病虫害损失及提高作物抗倒伏能力的附加功能。

2. 推行氮素实时监控技术，推广缓释肥料代替高浓度水溶性肥料一次基肥

成熟的农业科学研究表明：作物生长不同阶段对养分的需求量不同，以基肥为基础，在不同生长期对作物施以多次追肥，能达到施肥量与作物需肥量基本一致，养分利用率高的目的。当前，一次性基肥而不追肥的施肥制度颇受农民欢迎。但高氮复合肥作为一次性施肥，不仅造成烧苗、前期养分流失，而且会造成农作物后期脱肥。速溶性的高浓度复合肥一次基施，养分越高，危害越大。

中国农业大学资源与环境学院采用同步土壤、肥料和环境氮素供应和作物不同生长阶段氮素需求的氮素实时监控技术，在冬小麦种植中可使施普通的尿素，氮素的利用率高达 72.6%，氮肥用量每公顷 66 千克与传统的施肥

300 千克相比，达到相同的产量，减少氮肥施用量 78%；具有缓释性能的包裹型复合肥料（N：P_2O_5：K_2O 为 15：9：4 总养分 28%），每千克施氮 100 千克，也达到近似产量，可减少氮肥施用量 67%。

由政府倡导以配料组成合理的全水溶肥料通过灌溉施肥，多次施入；或推行氮素实时监控技术，或一次性施用适合于大田作物的中浓度包裹型缓释肥料，代替目前的高浓度水溶性肥料一次基施，可减少氮肥施用量的 20%～70%。

3. 推广多种增值肥料

近年来，以中国农科院农业资源与农业区划研究所利用腐殖酸、氨基酸、海藻酸、多肽等增效剂，用于生产增效尿素，增效剂的添加量仅 0.5%～0.05%，在黑龙江、吉林、新疆、内蒙古、甘肃、陕西、山东、河南、湖南、浙江、湖北、江西、四川、重庆、广东等地的春玉米、马铃薯、棉花、冬小麦、夏玉米、花生、水稻、油菜等大田作物试验，作物增产大都在 10%以上，氮肥利用率提高 10 个百分点，建议政府倡导将增值尿素的推广面扩大至 1000 万亩。

4. 在全国推行以农学家为主导的“农业科技小院”，引导农民正确施肥，取代当前以销售商、广告策划商为主导的错误导向

中国农业大学资源与环境学院，在全国许多地方组建的“农业科技小院”以老师（农学家）为主导，以农业院校学生（研究生）为主体，指导农民合理施肥，引领当地农民合理选择肥料，使农民获得最大利益，减少肥料用量，避免过量施肥对环境造成的危害。

（二）加强新技术、新工艺、新产品研究和开发

我国是世界最大化肥生产国，但不是肥料强国。经过奋斗，我国一些大型化肥企业的生产水平与美国、日本、欧盟的企业相比，已由“跟跑者”变成了“并行者”。但是，只有成为“领跑者”，我国才有可能成为肥料强国。因此，我们必须创新一些有应用前景的新技术，开发一些国外没有的新工艺、新产品。在完成本咨询项目的调研中，项目组发现下列技术有一定的应用前景，有助于我国走向肥料强国。

1. 开展“碳营养”研究，推广含小分子碳的新型肥料

碳是作物需求量最大的营养元素之一。虽然当前大气中含有 400 毫克/

千克的 CO_2，但最适合作物生产的 CO_2 为 1000 毫克/千克，在高产栽培的蔬菜大棚植株间的 CO_2 仅 200 毫克/千克，对于高产栽培，影响作物生长的短板，往往是“碳饥饿”。

建议我国制定政策鼓励将工业废气中的 CO_2 用于大棚作物栽培。我国 CO_2 排放总量已居世界首位，减排压力巨大而 CO_2 又是作物光合作用的主要载体，是合成人类主粮碳水化合物的基石，增加植株间大气中的 CO_2 浓度，可以增加作物产量，与其花钱“埋藏 CO_2”于地下，不如向作物施气肥（CO_2），可减少氮磷钾的施肥量。我国许多农学家进一步发现小分子碳化合物，可直接被作物吸收利用。西北农林科技大学开发的“仿生复合肥”、郑州大学开发的腐殖酸亚微米碳肥、福建诏安绿洲生化公司开发的液体有机碳肥均表现出施用量少，而增产效果明显。含小分子有机碳的新型肥料是当前我国肥料研究热点，有必要进一步研究，成为有中国特色的新型商品有机肥料品种。这对调节我国有机肥料与无机肥料的失衡，增加有机肥料的比例有重要意义。

2. 开展“氧营养”研究，结合改土增加土壤中气相的氧含量

在正常生长的植物植株的干物质中，氧的平均含量（质量）与碳一样各占 45%。氢的质量分量占 6%。它们构成植株中的碳水化合物。氧也是作物需求量最大的营养元素之一。

大气中含有 21%体积的氧气，但土壤中气相的氧含量仅为 16%，土层越深，气相中氧含量越低。作物高产有赖于根系发达，从土壤中汲取更多的水分、养分，而土壤中气相氧含量制约了根系的生长及向下层延伸。因此，某些根茎作物（薯类、山药、花生、三七、天麻、地黄等作物）的高产，受制于土壤中气相的“氧饥饿”，放氧肥料应与改良土壤相结合，改良土壤包括使土壤堆密度接近 1.0，使土壤中固相占 40%、液相占 30%、气相占 30%，而当前我国部分地区由于放弃深耕，为了增产对土壤进行掠夺性的利用，使土壤不堪重负，土层堆密度越来越大，孔隙率变小，土粒中气相比例降低，不利于根系发达，影响获得高产。

3. 研究采用纳米、亚微米材料作为肥料增效剂

小于 1 纳米的粒子为原子团簇，在一维尺度上小于 100 纳米的物质称为纳米材料，粒子尺度在 100 纳米～1 微米称为亚微米，粒径在 1～5 微米称

为微米材料。

目前，用作肥料增效剂的原子团簇、纳米、亚微米材料有美国BHN公司开发的微碳肥料增效剂，其分子量在96～494之间，为1～6个碳环（链）的有机酸小分子。应用于农业生产能够节约氮肥30%；我国华农纳米科技有限公司生产的纳米碳粉，添加于各种固体肥料（无机肥、含生物菌剂的肥料、有机-无机复混肥），添加量为0.3%，可节省肥料用肥30%～50%，并可使大田作物增产5%～15%，蔬菜增产20%～40%。深入研究纳米、亚微米材料对农作物增产的机理，有助于新型肥料的创制。

4. *磷矿的综合利用*

磷矿中伴生的稀土元素取代稀土矿作为肥料增效剂。适量施含稀土元素的肥料有促进种子萌发、提高种子出苗率、促进根系发育、提高根系活力、提高根对养分吸收的作用；还有提高植株叶绿素含量、增加产量改善品质等多方面效果。2013年全球稀土产量9.05万吨，我国每年生产5000万吨复合肥料，只要有1000万吨产品中每吨添加0.1%稀土氧化物，就要消耗稀土氧化物1万吨。这是资源合理利用所不允许的。专家认为农业、畜牧业过量使用稀土，存在潜在危害，通过调研认为应禁止利用稀土矿作为肥料添加剂，利用磷矿及磷肥中的稀土就足以满足稀土农用的需求。

中低品位磷矿的利用。以中低品位磷矿为原料通过温和反应生成活化磷系列产品，在原料、加工技术和产品性能三个环节进行创新，使含P_2O_5低至18%的磷矿也具有利用价值，这可使磷资源库扩大8倍。生产无须强酸、无须高温煅烧，无须选矿，仅需在适当条件下研磨即可，因而大幅度减碳节能，降幅可达35%以上。活化后的磷肥肥效与过磷酸钙肥效相当或略优，但成本大幅度降低。该技术还可以用于以钾长石为原料的活化钾硅肥生产。

5. *天然生物资源利用，如海洋、湖泊生物资源及所有有机废弃物*

利用生物发酵技术，将作物秸秆中的木质素、纤维素及有机废弃物等物质降解制备成小分子的有机质，既可以作为小分子碳肥直接使用，也可以活化及利用中低品位磷矿、钾长石、菱镁矿等。

利用酶解的方法，以褐藻、红藻、绿藻、蓝藻等藻类及水浮莲、空心莲子草等海洋及内陆湖泊水生植物为原料生产有机肥料，可改善海洋、湖泊中富氮问题，减少赤潮发生，将流失到海洋、湖泊中的肥料以海藻养殖的形式回收利用，实现资源的循环利用，确立“蓝色海洋，绿色农业，人类健康”的理念。

6. 建立化肥与有机肥相结合的科学施肥制度

有机肥和有机无机复混肥料，受资源特点的约束，生产效率低、运输半径小、产业竞争力差。需要对有机肥和有机-无机复混肥料的生产和流通企业进行补贴，促进有机肥的资源化利用，以缓解我国肥料的资源压力和环境风险。

加强有机肥资源中有害物质（如重金属、抗生素等）的无害化处理技术研究与应用，以保障有机肥及有机-无机复混肥安全使用。加强有机类肥料新产品的研发，研究新设备、新工艺，开发功能型、使用方便、适宜农业生产发展的新型有机肥和有机-无机复混肥料产品，提高有机肥资源的利用效率。

7. 加强施肥与植保、栽培、灌溉、装备等综合生产技术研究与示范，实现高产、培肥和环境保护协调发展

我国化学肥料施用技术体系较为成熟，但肥料利用效率低，主要问题之一是缺乏提高作物肥料效应的农业综合配套技术。创建具有实用前景的播种-栽培-植保-灌溉-施肥一体化的装备和综合技术，建立不同生态区域作物综合高效施肥技术长期示范区，并大面积示范推广应用，可实现作物高产高效、节肥、节水、减农药、省劳力等综合效益，减少我国化肥肥料施用量。

8. 以项目牵引，集中全国力量以科技创新，创立中国肥料新体系，使我国从肥料大国转变为肥料强国

在国家相关科技计划中进一步突出肥料科技研究，凝聚政府、科研、产业、推广等力量，将肥料理论、技术、产业、使用等有机结合；科学规划我国肥料产业发展的方向、数量、结构；构建肥料低碳环保生产工艺体系，创制一批重大新产品，实现施肥装备现代化；建立协调生产与环保的养分限量指标体系；提高施肥技术水平；系统解决粮食安全、生态安全、资源可持续利用等关系国计民生的重大问题，显著提升我国肥料产业技术水平，推动产业技术升级，实现肥料产业“质量替代数量”发展战略；保障我国粮食安全、生态安全、资源可持续利用。

（三）建立统一归口的肥料管理体系

我国化肥管理呈多元化格局，肥料管理政出多门，建议从肥料生产（工业）、销售（商业）、使用（农业）等环节进行协调，统一管理。具体建议如下。

（1）在生产环节，统一生产许可和登记管理，细化产品列单、肥料属性要求和有毒有害物质指标限制，并纳入法规文本，建立标签制度。

（2）在流通环节，统一市场检查、检验、监督机构，加强处罚和赔偿。以专业性较强的农业部门为主导，统一检验机构。加强监督体系建设，由农业部门、工业管理部门、企业、农户和科研单位等代表共同组建监督主体。

（3）在使用环节，提高农户施肥的专业技术水平。通过建立长期示范基地，建立对农民培训教育的机制。建立专业化服务队伍，按照市场化运行，政府提供必要的专业人员培训和认证工作。科学施肥，防止氮磷等养分对水体、大气、土壤、生物多样性等生态环境产生负面影响。

（4）创建农业科技服务公司，针对不同区域社会经济条件及不同经营规模的农户，发展托管、半托管、免费服务的多种服务体系，并从金融（信贷和保险）、市场、信息、技术等方面提供保障条件。如“农业科技小院”模式，通过科技人员驻村，开展免费的技术集成创新、试验示范、培训咨询、文化活动，切实提升施肥技术的转变。

（5）建立现代化的物流运输体系，由政府主导，肥料上下游生产企业、运输企业、农资企业协调，在全国范围内建设肥料散装、吨袋物流运输体系，实现肥料运输装卸规模化、机械化的集合应用，降低包装袋耗费，降低农业投入成本。

总之，我们认为粮食的连增不必与肥料用量的连增相捆绑，粮食增产模式应从粗放型转变为高效、绿色型，以提高肥料利用率为核心，实现“以质代量”，使我国化肥事业走上健康发展的道路。

本咨询项目分报告

1.《中国肥料产业未来发展的战略研究》

2.《粮食高产条件下，肥料科学高效使用的理论与技术问题》

3.《与化肥相关的基础数据》
4.《基于有机营养原理的有机碳肥的新产品开发》
5.《黑龙江省化肥问题与对策》
6.《建议肥料立法等》
7.《保障我国粮食安全肥料立法刻不容缓》
8.《发展中浓度、多营养、功能性复肥》
9.《传统化肥增值改性与性能提升问题》
10.《建议磷钾专题》
11.《加强有机废弃物的肥料资源化利用》
12.《建立化肥与有机肥相结合的科学施肥制度》
13.《加强高效施肥与配套栽培技术的研究与示范》
14.《养分高效作物品种的选育与化肥的结合》
15.《水肥一体化技术水肥高效利用机制研究》
16.《加强水肥一体化技术的研究与示范》
17.《新型肥料的使用技术与试验示范研究》
18.《肥料科技重大专项框架设计》
19.《低碳环保的化肥生态体系的构建》
20.《农企对接整建制推动配方肥应用的机制与做法》
21.《来自化肥企业的建议》

（本文选自2015年咨询报告）

咨询研究组成员名单

赵玉芬	中国科学院院士	厦门大学
朱兆良	中国科学院院士	中国科学院南京土壤研究所
黎乐民	中国科学院院士	北京大学
王　夔	中国科学院院士	北京大学
陈祖义	教　授	南京农业大学
许秀成	教　授	郑州大学

邢光熹	研究员	中国科学院南京土壤研究所
赵秉强	研究员	中国农业科学院
廖宗文	教　授	华南农业大学
张福锁	教　授	中国农业大学
王正银	教　授	西南大学
孙克刚	研究员	河南省农业科学院
张　翔	研究员	河南省农业科学院
刘元英	教　授	东北农业大学
张卫峰	副教授	中国农业大学
尹应武	教　授	厦门大学
侯翠红	教　授	郑州大学

加快新常态下我国军民融合科技创新体系建设的思考与建议

杨学军 等

当前，我国发展正在进入由高速增长转为中高速增长，经济发展结构逐渐升级，从投资驱动、要素驱动转向创新驱动[1]，科技创新成为提升国家竞争力和推进改革发展最关键的推动要素，军民深度融合成为国家重要战略[2,3]。通过全面深化改革，建设以中国特色军民融合科技创新体系为重要内容的国家创新体系，才能实现经济发展方式转变和战斗力生成模式转变，更好满足国防和经济建设重大战略需求。我们要深刻认识时代要求、阶段特征和使命任务，在充分借鉴国际成功做法的基础上，加快构建具有中国特色的军民融合科技创新体系，大幅提升科技投入绩效和自主创新能力，为实现中华民族伟大复兴"中国梦"，实现"两个一百年"奋斗目标提供有力支撑。

一、我国军民融合科技创新体系建设的现状

中华人民共和国成立以来，在党中央、国务院、中央军委的正确领导下，一代又一代科技工作者奋勇拼搏、刻苦攻关，建立了"计划主导、军民一体"的国家科技创新体系，取得了以"两弹一星""载人航天"为代表的举世瞩目的伟大成就，为维护国家主权安全、奠定大国地位提供了坚强支撑。新常态下，世界新科技革命、产业革命、军事革命交织推进，信息化、网络化加

速发展，我国国家安全和经济社会进入新的发展改革阶段，实现富国与强军相统一、安全与发展相统一的战略任务更为紧迫。随着我国经济发展方式转变和市场经济体制不断完善，创新驱动发展战略加快实施，我国科技创新体系存在的军民条块分割、协同创新不够、融合效益不高等问题日益凸显，主要表现在以下四个方面。

1. 军民科技投入分散管理，制约创新绩效的整体提高

随着国家经济实力的增强，我国科技创新投入大幅增加，2013 年全社会研发投入超过 1 万亿元，位居世界第三（位于美国、日本之后），但仍需建立与之相适应的精准投入方式，大幅提高创新绩效。目前，我国科技管理职能部门较多，在民口有国家发展和改革委员会、科技部、教育部、工信部、国家自然科学基金委员会、行业主管部门等国家部委，以及地方政府相应科技机构，军队有总参谋部、总装备部、总后勤部，以及各军兵种、各大军区等多个渠道，造成了“九龙治水”的格局[4]。加之军民科技管理部门缺乏沟通协作，导致大家在关注的热点领域方向争相支持、重复投入，造成科技资源的大量浪费，严重制约了国家整体科技创新能力的提高。

2. 军民科技创新体系相对分割，创新潜力有待充分发挥

改革开放 30 多年来，我国社会主义市场经济日趋完善，民口科研院所和企业等力量尤其是一批民营企业，科技创新能力大幅提升，承担军口任务的能力不断增强，但军工领域长期以来相对封闭、垄断，民参军困难重重。近年来国家和军队出台了《鼓励和引导民间资本进入国防科技工业领域的实施意见》等一系列相关政策[5~7]，总装备部 2014 年向全社会发布 253 项装备采购需求[8]，军口科研生产开放力度逐步加大。但在现行体制下，“民参军”仍存在信息不对称、保密资质、承研资质、技术标准等各种壁垒，民用高科技创新能力难在军事领域充分发挥作用。目前，获得武器装备科研生产许可证的民营高科技企业仅为 500 余家，总装备部批准的《装备承制单位名录》有民口高科技企业近 900 家，但实际订单金额与其潜力相比很不相称[9]。

3. 科技成果军民双向转化不畅，有效支撑发展能力不强

据统计，我国现阶段科技成果转化应用比例不足 25%，而美国等发达国

家这一比例为 80%[10]。究其原因，主要是受知识产权归属和利益分配制度、现行科技成果评价机制、科研人员评价考核制度等因素的影响，我国有相当数量的科技人员存在“学术漂移”现象，热衷于科技评奖、论文发表，产生了很多“沉睡专利”。针对上述问题，国家已经颁布实施了《关于进一步加强职务发明人合法权益保护，促进知识产权运用实施若干意见》，军队正在拟定关于国防知识产权制度改革若干意见，但彻底解决知识产权归属和利益激励问题仍有待于对环境氛围的长期营造和培育。

4. 研发平台和基础设施共享不足，资源闲置浪费现象严重

近年来，国家和军队不断加大对科技创新研究平台和重大科技基础设施的投入，陆续建设了北斗导航、子午工程、结冰风洞等一批重大专项和重大工程，建成了航空遥感系统、重离子加速器等大型科学装置，陆续建设了一批国家重点实验室、国防科技重点实验室等科技创新研究平台，以及高分辨率对地观测等数据资源，部分设施实现了开放共享。但总的看，互相封闭、利用率低，闲置率较高的问题尚未得到根本改观，相关的建设投入机制、运行机制、共享使用补偿机制不完善、不配套，使得国家公共投入的基础设施共享比较困难[11, 12]。

二、我国军民融合科技创新体系发展的战略定位

我国科技创新体系存在的上述问题，表明我国军民融合科技创新体系建设仍处于起步发展阶段，必须立足于我国军民融合科技创新体系建设的时代要求、阶段特征和使命任务，分析借鉴国外已有成功经验，找准新常态下我国军民融合科技创新体系发展的战略定位，在实践中不断完善具有中国特色的军民融合科技创新体系发展模式。

（一）国外军民科技创新体系的主要模式

长期以来，美国、俄罗斯、英国、法国、日本等世界强国高度重视科技进步对国防建设和经济建设的共同驱动，具体做法和运行绩效各有千秋，但他们的经验教训都告诉我们，必须从实际出发，建设各有特色、适合国情的军民科技创新发展模式[13~17]。

（1）“军民一体”模式。美国、英国、法国以国家科研机构、私营企业和大学为创新主体，依托完善的市场体制机制，在“市场失灵”的基础和前沿领域，以政府投入吸引社会力量开展研发，激发各类科研生产主体的活力，为保持科技创新的领先地位奠定了良好的基础。这一模式深深植根于这些国家所特有的“崇尚创新”“崇尚冒险”的文化传统，以及“市场完善、竞争充分”的经济制度之中，适应了不同发展阶段的时代特点。但仍存在一些不足，如极易被利益集团操纵、社会动员能力和运行绩效不高等，与其基本国情和社会制度密切相关。

（2）“藏军于民”模式。日本以民营企业、民间大学和科研院所为主体，在信息、制造、材料、海洋乃至核能等军民两用科技和产业领域，构建了实力雄厚的科技工业基础，通过国防潜力动员机制，组织民口科研生产力量研制生产军事装备，目前日本仅公开生产军事产品的民间企业就已超过1500家。这一模式源于日本第二次世界大战战败之后，在一段时间内不能公开发展军事科技工业，只能通过暗中扶植两用技术的发展，打着“民间工业”和“国民技术”旗号隐藏军事发展意图。日本模式存在军事需求引导和调节不充分，仍缺乏完整的军事科技工业体系等不足。

（3）“先军后民”模式。俄罗斯、以色列主要推行以国防需求和国家调控为主的“先军后民”科技创新体系，科研生产力量以军工联合体和军火集团为主，国家研发资源主要向这些力量倾斜，以支撑国家安全需求和武器出口收入，军事投入获得的技术和经济效益对国家经济社会发展进行“反哺”。这一模式体现了俄、以“全民动员”“崇尚武力”的特点，符合其国家安全利益面临的严峻形势。但存在科技产业结构有缺陷，支撑经济社会能力不足，经济建设和国防建设有“脱节”风险等不足。

（二）我国军民融合科技创新体系的发展定位

世界主要国家推进军民科技创新体系建设的历程表明，国家科技创新体系发展模式的选择只有与所处的时代特点、阶段特征和使命任务等发展定位相适应，才能有效地推动科技创新，实现国家安全与经济发展统筹协调。我国军民融合科技创新体系建设必须充分借鉴国际先进经验，同时更要与中国的具体国情和国家战略相适应。

一是与国家总体发展战略相适应。面向“两个一百年”战略目标，着眼在强国进程中实现富国与强军相统一、安全与发展相统一，避免出现苏联片面强调“要大炮不要黄油”的深刻教训，军民融合创新体系必须定位于统筹兼顾国民经济与国防建设，实现科技和产业的更多范围、更深层次的军民融合，使国防和军队建设深度融入经济社会发展体系。

二是与时代发展特点相适应。随着世界科技革命、军事革命和产业革命迅猛发展，科技竞争在综合国力竞争和军事领域博弈中的地位举足轻重，适应科技创新节奏加快、研发成本急剧提升、规模经济边界不断扩张的新特点，军民融合创新体系必须定位于持续增强自主创新能力，大幅提升创新体系效率，形成优化的军民协同创新格局。

三是与阶段性特征相适应。我国正进入创新驱动发展的经济新常态，作为发展中国家仍长期面临资源投入的紧张局面[18]，军民融合创新体系必须定位于充分发挥我国集中力量办大事的制度优势，充分发挥市场在配置资源中的决定性作用，通过计划与市场有机结合的资源调配手段，又好又快实现国防和经济建设目标。

四是与建设创新型国家相适应。近年来，我国创新指数一直排名在世界第20位左右，在全球主要国家中位于“第二梯队”，与创新型国家要求比较仍有差距[19,20]。军民融合科技创新体系必须定位于重点开展应用引导的基础研究，基础支撑的系统研制的创新，抓紧利用发展战略机遇期实现创新跨越。

（三）我国军民融合科技创新体系的发展模式

建设中国特色军民融合科技创新体系应充分汲取国外发展模式的成功经验，立足我国当前发展定位，遵循国防经济规律和信息化条件下战斗力建设规律，发挥社会主义制度“集中力量办大事”的优越性，按照“军地协调、开放竞争、资源共享、驱动发展”的原则，建成“科学-技术-工程-产业-市场”五位一体和“创新链、产业链、资金链”三链闭环的中国特色军民融合科技创新体系。

一是国防和军队建设深度融入经济社会发展体系。完善军地统筹的科技投入领导决策机制，实现军口与民口规划计划的无缝衔接，经济布局同国防布局统筹兼顾、有机结合，形成新常态下“既能驰骋市场又能决战沙场”的国家科技工业基础。

二是促进军民科研生产开放竞争的市场机制日趋完善。建立公平开放透明的市场规则，充分发挥市场对科技资源配置的决定性作用，基本消除垄断和封闭，除少数受保护领域外，军民科研生产部门发挥各自优势开展公平竞争，推进协同创新。

三是形成“集中力量办大事”的高效动员机制。构建国家利益和经济利益相统一的价值导向，探索建立面向社会主义市场经济的科技产业动员体制，形成深厚的国防动员潜力，汇聚国家科技研发、产业发展和社会投入力量，围绕国家重大战略需求组织实施重大科技工程。

四是形成紧密衔接、递次支撑的军民融合创新链。按照探索研究、基础研究、应用研究、技术创新、成果转化等环节，整合军民资源投入，消除“碎片化”科技计划引起创新链衔接不紧的问题，加大政府对基础研究、成果转化等的投入，增强军民创新链现有的薄弱环节。

五是孵化形成基于科技创新驱动的高端产业链。完善科研评价机制，解决科研现有“重研发、轻应用”现象，促进科技成果转化应用，加大对科技型中小企业扶持，引导企业加大研发投入，探索军民融合创新联盟和产业发展新模式，促进产学研用深度结合。

六是实现资金链对军民融合科技创新各环节的体系配套。政府投入和社会资金相结合的资金链更加完善，投入机制、方向和结构更为符合基础研究、应用开发、中试、商品化、产业化的特点，通过财税优惠等措施鼓励天使资金、风险投资、创业投资向科技成果转化应用积聚，促进科技创新和产业发展。

三、对策建议

（一）健全完善军民融合科技创新的宏观管理体制

针对军民科技投入缺乏统筹、效益不高等问题，应在国家层面建立军民融合的领导机构，统筹科技投入，集中管理军地科技计划，实施部委级高层会商和协调，彻底解决军民科技投入多头管理、重复投入和效益低下等问题。具体建议如下。

（1）由国家安全委员会负责对军民融合科技创新体系建设的重大问题进行战略决策和宏观管理，统筹协调中央与地方、政府与军队的科技需求、资源配置和建设重点，统一审定军民科技投入计划。赋予国防部推进军民融合发展职能，制定相关规划计划，组织民口和军口科研力量协同开展国防关键技术攻关和武器装备体系建设。

（2）由国家和军队科技管理部门负责民口和军口科技发展战略与规划、科技政策和重大科技计划的制定，按照“基础研究和探索研究、科技重大专项、重点研发计划、技术创新专项（基金）、基地和人才专项”的统一框架，实现民口和军口科技计划的无缝衔接，统筹协调民口和军口科技投入经费预算编报。

（3）国家和军队科技主管部门研究制定促进研发平台和基础设施共享的投入机制、运行机制和补偿机制，把好重大研发平台和基础设施建设计划审批关，避免重复建设。严格控制科研条件建设项目立项审核，禁止购买国内已建设并具备共享条件的仪器设备。将共享使用大型仪器设备及科研平台的经费列入科研成本，直接拨付至设备、平台管理单位，鼓励和引导开放共享。

（二）持续推进军口科研生产体系的开放与竞争

针对我国军民融合科技创新体系建设中“民参军”不足的结构性问题，应通过信息公开、市场准入、促进竞争等，持续推进军口科研生产体系开放竞争力度，鼓励引导更多优质民口科研力量为国防和军队建设做贡献。

（1）军方相关部门应完善科技需求信息公开发布机制，协调国家相关部门联合建立装备采购信息共享公共服务平台，实现军民信息的交互共享。依托该平台建立高新民企产品和技术数据库，军方可根据采购需求，动态查询民用产品和技术的信息，采购部门可通过平台公开或加密发布相关装备采购信息，民企可根据自身权限实施查询，通过平台快捷办理业务申请和质疑投诉，咨询相关政策法规，开展自身产品和技术推介。

（2）军方相关部门应制定军品分类管理机制和准入标准，对于核技术、生化防护、保密芯片等专用性极强、安全保密要求极严的少数关键性特殊装备或产品，实行市场禁入；对于装备总体、关键分系统、核心配套产品及核心元器件、关键原材料等，由具备资质的民企维持适度竞争；对于武器装备的一般分系统及其配套产品，涉密等级低、投资较小、通用性强，调整制定相应的市场准入标准，在兼顾规模经济前提下引导、保护民企参与竞争。

（3）军队相关部门应制定《武器装备采购供应法》《武器装备招标投标管理规定》《竞争性武器装备采购目录》等法规指南，健全公平竞争运行机制，为民企进入军品市场创造完善法制环境；赋予相关部门竞争监督职责，督导相关装备采购部门、承制单位最大限度地开展竞争，受理质疑投诉，保护民企利益和参与竞争的积极性；严格按照法律法规加强装备合同违约处理，规范民企参与竞争的行为，降低装备采购风险。

（三）健全完善军民融合科技成果转化机制

针对当前军民科技成果转化不畅、科技贡献率不高等问题，要加快完善促进科技成果转化的法规和知识产权制度，建立促进技术向军事转化的国防再投入机制，健全培育基础性、长效性的制度氛围，构建军民科技成果顺畅转化的有效渠道。具体建议如下。

（1）完善科技成果转化相关法规，明确军队科研院所开展科技成果转化的法律主体地位，将军队科研院所与地方科研机构同等对待，允许军队科研院所按照国家法律法规允许的方式进行科技成果转化。

（2）完善科技人员薪酬机制和成果奖励机制，适应基础研究公益性特点、尊重和体现职务发明人对科技成果的知识产权，按照国家法律规定确定军队职务发明人获得成果转化收益的比例。

（3）建立军方主导的国防科技再投入机制，设立加速基础前沿技术向应用转化的国防再投入专用经费，支持军队科研单位主动会同民口研究单位，根据实际酌情将国防技术研发中归纳的共性技术和基础问题作为民用项目立项，通过合作研究、原型研制、技术转移、演示验证等方式，将具有军事应用潜力的前沿技术尽早转化应用，加速将前沿技术转化为现实战斗力。

（四）构建支撑军民融合科技创新体系建设的金融财税体系

通过完善“资金链”补强“创新链”中的薄弱环节，为围绕新兴产业部署创新链提供强有力的资金支持，实现“创新链、产业链、资金链”有机结合，从财税、金融、政府采购等方面加强政策支持，具体建议如下。

（1）政府财政投入重点支撑基础研究、社会公益研究和前沿技术中事关国防建设和经济发展的重大共性科技问题，按照公平公正的原则，使参与军民融合科技创新活动的各种主体，平等享受财政投入、税收优惠和政府采购等政策支持，对掌握核心关键技术和拥有自主知识产权的创新主体给予重点支持。

（2）“一行三会”（中国人民银行、中国证监会、中国银监会、中国保监会）制定完善鼓励创新的直接金融和间接金融政策，充分利用投资担保、专项基金、贴息、优惠贷款、风险投资、上市融资等方式，集聚各类社会资金，加快构建服务技术转化、产业孵化的科技金融支撑体系。

（五）发挥成功案例和重大项目的引领示范作用

军民融合科技创新体系建设具有长期性、艰巨性和全局性，要不断总结军民融合创新的成果模式，进一步发挥重大科技计划和重大科技工程的示范作用，有效引领和推动军民融合科技创新体系建设。具体建议如下。

（1）国家和军队有关部门联合设立并加快推进军民融合自主创新示范区，总结推广军民融合科技创新的成功经验与实践模式。从重大科技专项、区域创新体系和产业技术融合等多维视角，系统梳理“载人航天”“北斗”等重大专项，绵阳、中关村等产业园区，以及军地高校和科研院所推进军民融合协同创新的政策措施与成功经验，深化凝练具有示范引领作用的榜样模式，加大宣传引导力度。

（2）军队有关部门会同政府有关部门，围绕新型作战力量和新一代装备体系建设，积极探索军民融合发展路子，在军事航天、战略预警、信息攻防、战略投送、无人作战等领域，部署实施重大科技工程，牵引和带动战略性、前沿性、基础性科技创新能力的快速提升，推动科技成果及时向民用领域转化，引领社会经济发展。

（3）鼓励企业和有关地方政府，按照国家实施创新驱动发展战略和推动经济结构转型升级的要求，以材料、制造、器件和动力等关键基础领域和航天、航空、信息、海洋等战略高技术领域的科技计划为抓手，在发展培育战略性新兴产业中，统筹兼顾市场需求和军事需要，实现从技术研发、产品研制到生产布局全过程的军民融合。

（本文选自 2015 年咨询报告）

主要参考文献

［1］习近平. 以改革创新精神开拓国防和军队建设新局面，为实现党在新形势下的强军目标而努力奋斗. 人民日报，01 版，2014-03-12.

［2］习近平. 加快构建适应履行使命要求的装备体系，为实现强军梦提供强大物质技术支撑. 人民日报，01 版，2014-12-05.

［3］黄朝峰，彭春丽，曾立. 突破重围："民参军"的壁垒与对策——湖南省长株潭地区民口企业参与军工科研生产情况调研报告. 2013，3（26）：86-92.

［4］张舵，陈刚，范玉高. 我国半数科技成果沦为"展品"转化率和产业化低. 经济参考报，2011-01-19.

［5］毕京京，任天佑. 中国军民融合发展报告 2013. 北京：国防大学出版社，2013.

［6］Kausal T，Humily G，Taylor T. A Comparison of the Defense Acquisition Systems of France，Great Britain，Germany and the United States. Britain：Defense System Management College Press，1999.

［7］Terlikowski M. Security of Supply Challenges and European Defence Technological and Industrial Base. Warsaw：Polish Institute of International Affairs，2014.

［8］US OTA. Other Approaches to Civil Military Integration：The Chinese and Japanese Arms Industries. http://ota.fas.org/reports/9505. 1995.

［9］Watt B D. Sustaining the US Defense Industrial Base as A Strategic Asset. US：Center for Strategic and Budgetary Assessments，2013.

［10］侯光明. 国防工业军民融合发展研究. 北京：科学出版社，2009.

［11］科技部. 中国科技统计数据 1998～2013. http://www.sts.org.cn/sjkl/kjtjdt. 2014.

［12］中国科技发展战略研究院. 国家创新指数报告 2013. 北京：科学技术文献出版社，2014.

咨询研究组成员名单

组长

杨学军	中国科学院院士	国防科技大学

成员

包为民	中国科学院院士	中国航天科技集团
褚君浩	中国科学院院士	中国科学院上海技术物理研究所
李树深	中国科学院院士	中国科学院半导体研究所
吴一戎	中国科学院院士	中国科学院电子学研究所
李　天	中国科学院院士	中国航空工业第一集团公司
刘竹生	中国科学院院士	中国航天科技集团
周兴铭	中国科学院院士	国防科技大学
于起峰	中国科学院院士	国防科技大学
刘　波	教　授	国防科技大学

发展轻量化和绿色环保技术，实现塑料加工和模具工业转型升级

申长雨　等

一、背景与意义

塑料加工和模具工业在交通运输、机械电子、化工能源等国家支柱产业，以及国防、航空航天等战略产业中占有重要地位，是我国由制造大国转变成制造强国的关键之一。目前，我国塑料制品规模以上企业超过 1.3 万家，每年塑料消耗量约为 7500 万吨，总产值 1.8 万亿；塑料模具的生产厂家超过 2 万家，总产值超过 1000 亿元。

塑料由于其独特的结构和易改性、易加工等特点，已经成为当今社会最为重要的基础材料之一，在人类社会发展与经济生活中发挥越来越重要的作用。特别是随着轻量化、结构化、可持续化发展的需求，以塑代钢、以塑代木、以塑代玻，越来越多的传统材料逐渐被塑料及其复合材料所代替。

塑料加工业的主要特征：应用是主导，塑料及其复合材料是关键，模具及工艺是保障。塑料加工成型方式主要包括两大类：一是采用型腔式模具的周期性成型，如注射成型、热成型、吹塑成型等，型腔模成型过程是一个周期性的瞬态过程；二是采用贯通式口模的连续成型，如纤维纺丝、薄膜和片材成型，管材和型材成型，以及线条包覆等，口模成型是一个连续的稳态过

程。无论哪种成型方式，塑料一般都要经历熔融、熔体流动、固化等非等温、非平衡过程，并伴随有相变、分子、纤维取向以及结晶等复杂的物理、化学变化。

改革开放以来，我国塑料加工业经历了高速发展，在“十五”“十一五”期间，年增长速率都超过了 20%。特别是，2009 年我国塑料消费超过 6500 万吨，约占世界塑料消费量 2.38 亿吨的 1/4，人均年消费约 46 千克，首次超过 40 千克的世界平均水平（美国人均年消费约 170 千克的塑料，比利时高达 200 千克，其他发达国家也在 120 千克以上）。2013 年，全球的塑料消耗量已经达到 2.99 亿吨，其中，中国占比例最大，为 24.8%，接近 7500 万吨。

中国塑料行业总产值超过 1.8 万亿，占国内生产总值（GDP）的 3.3%左右。目前，我国塑料制品规模以上企业超过 1.3 万多个，从业人数 230 多万人。塑料加工业是美国的第三大制造业，从业人员达到 90 万，企业近 2 万家，2012 年产值近 4000 亿美元。伴随国民经济快速发展，我国塑料加工业实现了历史性跨越，实现了从以消费品为主快速进入生产资料领域的重要转型，成为集新材料、新工艺、新技术、新装备为一体的新型制造业。

但是，进入“十二五”，塑料加工业增长明显放缓，2012 年我国规模以上企业塑料制品产量近 5800 万吨，同比增长 8.99%，比 2011 年同期 22.35%的增长回落了 13.36 个百分点；2013 年我国规模以上企业塑料制品产量近 6600 万吨，同比增长 8.02%。

增幅回落和增速放缓主要是因为国际金融危机导致全球经济需求不足，增长乏力。受此影响，我国出口下降，经济下行压力加大，增速放缓。同时，国内经济增速放缓也是重要因素。除国内外宏观环境影响外，也应看到塑料加工业自身的问题：一是产品结构不合理，中低档产品比例过高；二是部分产品出现结构性、阶段性过剩；三是技术创新能力不强，新增长点尚未形成。因此，对于我国塑料加工业来说，在追赶型高速发展、告别短缺、完成数量主导型发展阶段后，目前正进入上质量、上水平、上档次的转型升级发展新阶段。

与塑料加工业紧密相连的是模具工业，因为塑料制品主要靠模具成型。模具生产过程集精密制造、计算机技术、智能控制和绿色制造为一体，既是高新技术载体，又是高新技术产品。汽车零部件的95%、家电零部件的90%为模具制件，IT 等消费电子、电器、包装品等诸多产业当中的 80%的零部件都是由模具生产出来的。模具工业在我国经济发展、国防现代化和高端技术服务中起到了十分重要的支撑作用。

在我国的模具总量中，金属冲压模具和铸造模具约占37%和9%，塑料模具约占45%，在十大类模具中位居第一。除2011年和2012年的年增长率仅为10.5%～11%外，即使包括发生世界金融危机时期在内，2000～2010年的 10 年间，中国塑料模具总销售额的平均年增长率高达 18.6%，比模具行业总体水平高出3.6个百分点。

目前，我国塑料模具的生产厂家已超过 2 万家。2012 年，中国塑料模具的总销售额已达到610亿元左右，如果包括自产自用的模具在内，中国塑料模具总产值已超过1000亿元。

但是，我国还只能称得上是塑料模具生产大国而非生产强国。尽管我国的模具规模总量已经位居世界前列，部分模具达到了国际先进水平，但在新型模具和精密模具制造技术的研究开发方面，与国外工业发达国家间的差距还很大，大多数高档模具还需依赖进口。另外，模具的产业结构也不合理，如产品结构、进出口结构等都存在不同程度的问题，大多数模具企业主要集中在低端产品加工方面，而在中高端领域有所欠缺。根据荷兰外交部促进发展中国家出口中心（CBI）发表的“模具工业的趋势和细分”数据，中国模具占据了欧盟进口市场的60%份额。但由于缺乏自主创新能力及诚信可靠的市场体系，约有65%的欧洲客户认为中国模具价格虽低，但同时也存在质量问题。

为此，本咨询项目组围绕我国塑料加工业和模具工业结构调整与转型升级中所面临的深层次问题开展调研，分析影响我国我国塑料加工业和模具工业进一步发展的主要原因，并提出相关建议。

二、世界塑料加工业和模具工业的发展趋势

塑料工业真正快速发展始于第二次世界大战后的 20 世纪四五十年代。1945年，塑料的全球产量约为100万吨，而到了1981年，塑料的体积产量已经超过了钢铁，并且这种差距在继续拉大，对一个国家的 GDP 贡献也在

逐年增加。2013 年，全球的塑料消耗量已经达到 2.99 亿吨。

塑料按照性能可以分为三类：通用塑料、工程塑料和特种工程塑料。

通用塑料包括聚乙烯（PE）、聚丙烯（PP）、聚氯乙烯（PVC）、聚苯乙烯（PS）及丙烯腈-丁二烯-苯乙烯共聚合物（ABS）等，大概占到塑料总产量的 88%。

工程塑料主要包括聚酰胺（尼龙，PA）、聚碳酸酯（PC）、聚甲醛（POM）、聚酯（主要是 PBT）及聚苯醚（PPO）等，大概占到塑料总产量 12%左右。工程塑料的使用温度一般在 150℃以下，与通用塑料相比，机械性能高，耐热性好，附加值高。虽然价格是通用塑料的 3～4 倍。但由于相关产业的发展和工程塑料优异性能的不可代替性，工程塑料已成为发展最快的塑料品种，并有着越来越大的市场份额和应用领域。

特种工程塑料是由“冷战”时期军备竞赛需求所推动发展起来的新一代高性能高分子材料，特种工程塑料的使用温度一般在 150℃以上，主要包括耐高温尼龙、聚苯硫醚（PPS）、聚砜（PSF 或 PSU）、聚酰亚胺（PI）、聚醚醚酮（PEEK）、液晶树脂（LCP）等，特种工程塑料具有优良的特性，如耐高温、耐疲劳、耐腐蚀、耐磨损、耐辐照、高强度、高韧性、电性能优异、尺寸稳定性好等，无论是在国防军工、航空、航天、造船等领域，还是在电器、电子/通信、汽车、医疗器械、石化等军民兼顾领域，对于高新技术的发展，都是不可或缺和革命性的材料。

塑料制品的应用领域主要包括包装、建筑、汽车、电子电器、医疗和其他工业和日用品领域。

包装用塑料制品约占塑料制品总量的 35%左右，包括用于饮料包装的主要有聚对苯二甲酸乙二醇酯（PET）瓶，用于食品包装的定向 PP 薄膜、聚偏氯乙烯（PVDC）薄膜等。塑料在建筑领域的应用约占塑料总产量的 27%左右，主要包括 PVC 门窗、各种给排水管材、供气管材等。汽车领域是塑料制品应用的第三大领域，约占整个塑料总产量的 20%左右。

塑料主要靠模具成型，即使是在世界经济危机的背景下，模具行业市场规模仍然保持稳中有升的势头。2010 年，全球模具市场约为 860 亿美元；2014 年，全球的模具市场规模为 1000 亿美元左右，其中塑料模具占 45%左右。

随着全球气候变暖、资源枯竭，可持续发展是全球制造业的共识，塑料加工业和模具工业也正朝着轻量化、结构化和节能减排方向发展。

（一）轻量化与结构化是塑料成型技术发展的主要推动力

轻量化是可持续发展的重要手段，面对全球竞争，轻量化不仅仅是一个绿色制造的话题，也是一个经济话题。例如，根据美国化学会 2014 年 3 月发布的“汽车市场中的塑料及其复合材料的技术路线图”（*Plastics and Polymer Composites for Automotive Markets Technology Roadmap*），到 2025 年，美国的汽车每加仑[①]汽油的里程数必须由现在的 57 千米（35.5 英里[②]）提高到 87.7 千米（54.5 英里），每英里 CO_2 排放量必须由现在的 250 克下降到 163 克，结构化、轻量化是必然选择，高性能塑料及其复合材料结构件亟待开发。

为了与金属竞争，塑料的轻量化必须在保持刚度、强度和耐久性的前提下，通过使塑料部分更薄，密度更低来减轻其重量。概括起来，轻量化主要有两种途径，一是利用超临界 CO_2 微孔发泡技术等中空成型技术；二是应用塑料碳纤维复合材料。

超临界 CO_2 微孔发泡注塑成型，是将超临界 CO_2 气体与塑料混合后形成超临界熔体，注入模具后，由于热力学不稳定性瞬时形成大量气泡核，气泡长大成 5～100 微米大小的微孔，成为微孔发泡注塑制品。与常规注塑制品相比，微孔发泡注塑突破了传统注塑的诸多局限，在保证制品性能不降低的基础上，可以明显减轻制件重量和成型周期。特别是由于微孔尺寸小于材料内部的缺陷，微孔的存在使材料中原有的裂纹尖端钝化，有利于阻止裂纹扩展，从而改善塑料的力学性能。超临界 CO_2 微孔发泡注塑成型是目前世界各大汽车厂商正在重点开发的技术，例如，福特汽车公司计划利用微孔发泡工艺生产安全气囊。

微孔发泡成型最大的问题是表面质量问题，主要是由于成型过程的泉涌流动会把一些气泡带到制件表面，从而形成表面的螺旋纹和银纹。为了解决这一问题，催生了一种新的快速变模温技术，即模具快速加热和快速冷却，

---

① 1 美制加仑≈3.785 升。

② 1 英里≈1.609 千米。

该技术也是高光无痕模具技术的根本。快速变模温技术主要包括模具的整体加热技术［如蒸气式快速加热技术（RHCM）］和模具局部加热技术（如感应加热技术、辐射加热技术等）。目前，相对成熟和被企业广泛使用的仍是RHCM，但其成本高、生产效率低。

结构化与轻量化的另一个手段就是热塑性碳纤维复合材料，目前的短纤维增强塑料主要是玻纤增强，随着低成本碳纤维技术（目前国际价格进入20 美元/千克平台期）的发展，碳纤维与热塑性工程塑料结合，生产三维的热塑性碳纤维增强制品成为热点。例如，尼桑（Nissan）公司即采用帝斯曼尼龙碳纤维复合材料生产汽车车身和底盘零部件。

（二）模内多工艺集成是塑料模具技术发展的一个主要趋势

模内多工艺组合是塑料成型的一个主要趋势，即在一个生产单元中集成多种成型和模具技术。“Do it in the mold”已成为全球塑料加工和模具制造企业共同追求的目标，由此发展了一些新的成型技术如模内转印（in-mold roller，IMR）、模内贴标（in-mold labeling，IML）、模内热压（in-mold forming，IMF），它们统称为模内装饰（in-mold decoration，IMD），就是将印刷完成的薄膜以不同方式放入模具，在塑料充填过程中同时完成成型和装饰两个工序，是将产品的工业设计、模具技术与传统后加工技术集成为一体的工艺技术。

除了模内装饰，就是模内装配（in-mold assembly，IMA）。模内装配的核心是装配。例如，由于金属的回收模式与塑料完全不同，热膨胀系数不同、模量的梯度太大，需要找到一种机械性能与金属相同，但物理性能与塑料近似的嵌件代替金属嵌件。Engel 公司最近完成了一个名为“organomelt”的工艺，将碳纤维复合材料预浸体与注塑成型技术的结合，然后注塑成型。

模内制造的另一个发展趋势是多种成型方式的集成，尽管这种集成工艺和模具更加复杂，但产品整个制造过程的复杂性却降低了，工艺控制和质量检测也会随之减少，最终零件/组装件的质量得到提高。意大利 R. Chling 公司发明了称作“JectBonding”的独有技术，用于大众汽车公司 Tiguan（途观）汽车进气管，将吹塑、注塑和焊接三个工艺集成到一个模具中先后完成，这种单一的生产工艺粘接强度比传统的焊接组装部件提高了 20%。

（三）可持续发展是塑料加工业和模具制造业的全球共识，可持续发展是全球塑料加工业面临的主要课题

第一，从材料上讲，采用生物基可降解塑料替代石化基塑料成为全球塑料工业追求的目标，提出的口号就是“塑料来自于自然”（Plastics made by nature!）。目前，应用最广泛的生物基塑料是聚乳酸（PLA），它来源于玉米淀粉，具有良好的生物可降解性。根据预测，几年内全球生物基塑料 PLA 的消耗量将由现在的 30 多万吨提高到 80 万吨。除此之外，各国都在利用自身的资源开发生物基塑料。例如，巴西石化集团 Braskem 公司一直都在试图提高绿色品级聚乙烯的产能，他们利用甘蔗衍生乙醇，每年生产 20 万吨的生物基聚乙烯；最新的产品是红酒用塑料软木塞和牛奶的无菌包装制品，更大的可持续发展利益是它解决了甘蔗的废弃物问题。

生物基塑料也是我国《新材料产业“十二五”发展规划》中的重点发展领域，规划明确要求“积极开展聚乳酸等生物可降解材料研究，加快实现产业化，推进生物基高分子新材料和生物基绿色化学品产业发展”。

第二，产品的终端市场对可持续发展的重视程度越来越大。例如，从 2008 年开始，沃尔玛公司针对商场中的包装材料，推出可持续性包装打分卡，要求所有供应商提供包装材料的数据，并通过软件进行分析打分，每年淘汰倒数 5%的供应商。因此供应商对包装材料的评估不仅仅关注质量和价格，更关心材料的温室气体排放和碳足迹。

第三，塑料的回收利用成为各国政府大力解决的问题。迄今，许多因素导致各国的塑料回收率都比较低。例如，美国塑料总的回收率仅为 8.2%，是所有可回收商品回收率的最低产品之一。这种低回收率，再加上公众错误地认为塑料不具有可循环性，塑料受到社会舆论的广泛批评。这个情况在中国也一样。导致低回收率的主要原因，一是塑料的多样性，塑料的品种太多，应用太广泛，如塑料袋、塑料瓶、电子产品中的塑料等；二是塑料产品的制造成本与金属相比太低，而回收、分类的成本太高，导致企业不愿意回收。因此，各国政府出台了许多鼓励性和强制性措施，例如，美国启动了电子产品中的工程塑料回收计划。

除此之外，3D 打印技术是近年来在全球先进制造领域一项集光、机、

电、计算机、数控及新材料于一体的先进制造技术。与传统切削加工的“去除法”不同，3D 打印是通过将粉末、液体、片状等离散材料逐层堆积“自然生长”成三维实体，大大降低了制造复杂程度。因此，3D 打印技术特别适合于模具工业这种小批量、小结构、非对称、曲面多及内容结构复杂的零部件的快速制造，能够极大地缩短产品研发周期，提高生产率并降低成本。运用 3D 打印技术加工的随形冷却技术可以显著改善注塑模具冷却效率、缩短成型周期和提高塑料制品品质，使模具的均匀冷却不再是梦想。现在很多的厂商已经开始用 3D 打印加工的模具进行工程验证，快速的打印能力让产品设计与制造间衔接的周期缩短。

但是，3D 打印技术目前还面临打印材料、打印成本等多方面的技术瓶颈，并且在短期内较难解决。一是材料技术亟须突破。一般 3D 打印的材料包括石膏、无机料粉、光敏树脂、塑料等，制造精度、复杂性、强度等难以达到较高要求，工业级应用的金属粉末仅有钛、不锈钢、金、银等寥寥数种材料，种类亟须扩展。我国在材料的开发和应用上与发达国家有至少存在 5 年的差距。二是打印成本高。进口树脂材料高达 2000 元/千克，而用于组织器官培育生物的材料每克在百元左右，高昂的成本限制了我国 3D 打印技术的产业化和相关研究的推进。受价格成本的制约导致设备需求量难有爆发性增长，当前 3D 打印机价格较高，昂贵的设备只能提供有限的价值。即使 3D 打印机成本能够降下来，但单个商品的制造成本高昂的问题依然得不到解决。使用 3D 打印机制造塑料制品，其成本要远高于规模化生产后均摊到每一件塑件的成本，而后者批量生产也比打印产品的制造速度快得多。

三、我国塑料加工业和模具工业发展现状和困境

（一）我国塑料加工业发展现状和困境

中国塑料加工行业在经历了“十五”“十一五”高速增长之后，目前的增速明显放缓，2014 年 1～5 月，同比增长只有 5.4%。主要原因有两方面：一方面欧美经济复苏乏力致使我国塑料制品出口数量减少，加上人民币升值、原材料和劳动力等成本上升，以及国际贸易摩擦频出，特别是发达国家

纷纷出台与塑料有关的安全法律、法规及标准等技术壁垒，导致我国塑料制品出口受阻；另一方面，由于塑料制品产能过剩，低价竞争呈白热化趋势，而生产成本却在不断上升，国内市场内需不振等形势极大地限制了塑料制品行业的深层次发展。

1. 塑料加工业产业规模

据国家统计局统计数据显示，2012 年塑料制品规模以上企业 13 246 个，累计完成工业总产值 16 757.29 亿元，同比增长 15.04%。与 2011 年相比，增长幅度回落了 12.5 个百分点，增长明显放缓。2012 年实现销售产值 16 450.19 亿元，产销率达到 98.17%，比 2011 年月 98.04%的产销率高出 0.13 个百分点，产销率保持较高水平。塑料制品产量 5781.86 万吨，同比增长 8.99%，比 2011 年 1～12 月 22.35%的增长回落了 13.36 个百分点。据中国海关总署统计数据汇总显示，2012 年，中国累计出口塑料制品 1382.16 万吨，出口金额达 491.85 亿美元，同比分别增长 5.79%和 24.55%。

2013 年，规模以上企业 13 699 个完成主营业务收入 18 686.44 亿元，同比增长 14.26%，比上年同期增幅提高了 2.47 个百分点；利润总额 1123.18 亿元，同比增长 16.45%；利税总额 1676.75 亿元，同比增长 17.10%；实现出口交货值 2165.05 亿元，同比增加了 1.1%。

2. 塑料制品的主要应用领域

我国的塑料制品的应用领域包括农业、包装、建筑、汽车、电子电器、医疗和其他工业和日用品领域。

在农业领域，中国是一个发展中的农业大国，又是一个水土资源相对贫乏的国家。近年来，设施农业与节水灌溉方兴未艾，水土资源得到了合理的保护与利用，其中塑料发挥了至关重要的作用。在设施农业中所用的棚膜、地膜、遮阳网、防虫网、周转箱、托盘、育苗器、青贮膜等，在节水灌溉中所用的土工膜、输水管道（低压、中压输水管）微灌管、滴灌管等都是用聚乙烯、聚丙烯、聚氯乙烯、EVA 等材料制作的。

在建筑领域，中国城镇新建住宅面积 30 年间增长超过了 8 倍，中国每年新建房屋面积已占世界每年新建房屋面积总量的 50%。为缓解木材紧缺的矛盾，在建筑领域大发展进程中，塑料功不可没。目前我国塑料门窗年市场需求量为150万吨。

在汽车工业领域，车用塑料涵盖了PP、PVC、ABS、PA、PC、PE等，最大的品种PP，正以每年2.2%～2.8%的速度增长。在国际上，车用塑料用量已成为衡量一个国家汽车发展水平的重要标志，目前欧洲高级轿车塑料使用量达到150～250千克/辆。我国民族品牌轿车的塑料用量虽然仅达到80～100千克/辆，但却在以非常惊人的速度增长。

在医用与食品包装领域，2009年中国医药塑料制品消费额135亿元，具体消耗比例为低密度聚乙烯（LDPE）22%、PVC 20%、PS 20%、高密度聚乙烯（HDPE）12%、PP 10%。可使用超高分子量聚乙烯制造人工髋关节、骨钉等；用PE、PP、无毒PVC等制作注射器、输血袋等。

3. 塑料加工业主要的产业分布区域

我国的塑料加工业主要集中在长江三角洲和珠江三角洲地区，浙江、广东、山东、江苏、辽宁、福建、湖北、河南等8省位居全国累计产量前八名，共累计产量全国占比达65.77%，其中浙江和广东两省就占据了全国32%的产量，产业分布仍不平衡。

浙江省塑料加工主要集中在台州、温州、宁波和绍兴地区，其产量、产值占全省70%左右。浙江省有2万余家塑料制品加工企业，规模企业仅1800余家，占全行业企业总数的10%都不到，剩下的均为小企业。台州地区主要以生产塑料管材及配件、汽车和摩托车配件、日用塑料制品为主，温州地区主要以生产塑料编织制品、人造革、合成革及塑料薄膜为主，宁波地区主要以生产各种塑料注塑件（家用电器配件、办公用品配件等）、滚塑制品及改性塑料为主，绍兴地区主要以生产双向拉伸塑料薄膜为主。

广东省塑料工业企业基本集中在以广州、佛山、深圳、东莞、中山为主的珠江三角洲地区，以及历史上塑料工业比较发达、基础较好的以汕头为主的粤东地区，全省80%规模以上的塑料制品企业在以上地区。珠三角地区工业和企业也代表了广东省甚至我国塑料加工的水平和规模。

4. 塑料制品的进出口情况

据中国海关总署数据，2012年，中国累计出口塑料制品1382.16万吨，同比增长5.79%；出口额491.85亿美元，同比增长24.55%。高出我国2012

年外贸出口额增速（7.9%）16.65 个百分点，出口增长回暖。塑料制品的出口单价平均为 3.56 美元/千克，塑料制品的进口单价平均为 10.27 美元/千克。其进口单价是出口单价的 2.88 倍，说明我国出口的塑料制品仍然是以中低端产品为主。

综上，我国塑料加工业目前面临的形势和困境有以下几方面。

1. 塑料加工业亟须转型升级

已初步建成满足市场需求、门类品种齐全的现代生产体系，已成为世界塑料制品生产大国、出口大国、消费大国。这说明塑料加工业已初步完成了数量主导型发展阶段，发展方向由注重量的增加，转到质的提升和效益的提高上，需要加快转型升级。

2. 产业区域布局结构、企业组织结构、产品结构不合理问题更加凸显

目前部分产品出现结构性和阶段性过剩。低水平重复建设造成中低档产品产能过大，是结构性过剩主要原因。以双向拉伸聚丙烯薄膜（BOPP 膜）为例。BOPP 膜具有无色、无味、无毒、透明度高、拉伸强度高、冲击强度高等特点，广泛应用于食品、服装、医药、化工等领域，是近年来发展很快的一种包装材料。2009 年在国家 4 万亿投资的带动下，各行各业都遇到了宽松的货币环境，BOPP 行业在 2008 年效益颇佳，2009 年引发了投资热潮，年平均增速 20%以上，80%以上的新增产能涌入普通薄膜领域。2008 年 BOPP 的产能是 231 万吨，到 2012 年产能达到 400 万吨，但需求不到 350 万吨，开工严重不足。目前，BOPP 生产企业的平均规模偏小，集中度不高；产品雷同，大部分高端聚丙烯（PP）原料依赖进口；各企业竞相压价，经营困难；新产品研发能力不足，产品附加值低；绝大部分的生产线依赖进口，设备维护保养成本较高。目前一些新的 BOPP 生产线仍在大规模兴建，预计 2016 年新增产能将超过 300 万吨。

3. 生产要素成本不断增加，资源、环境、能源约束日趋增强

塑料加工业发展环境、发展机遇的内涵发生重大变化，利润空间被大大压缩，逐步进入高成本时代。2012 年塑料制品行业实现利税总额 1431.35 亿元，同比增长 17.12%，其中利润总额为 963.27 亿元，同比增长 15.94%。但

各项经济效益指标与 2011 年指标相比都有较大幅度的回落，利税总额和利润总额分别回落了 14.48 个和 16.56 个百分点。造成利润空间缩小的主要原因是成本上升。一是环保成本增加。为了实现节能减排的任务目标，各地都加大了环境污染的治理力度，无形中增加了塑料加工企业的生产成本。二是原材料成本长期高位运行，土地、厂房的租金上涨，劳动力成本上升，这些都使企业的生产经营成本大幅上升。三是产品安全成本提升。随着人民群众产品安全意识的增强，塑料制品的安全标准也在不断提升。四是人民币快速升值，虽然有利于改善进口贸易，但对企业出口签约和利润产生了比较大的负面影响。在较小利润空间下，企业必须把提高全要素劳动率、提高产出水平放在更加突出的位置，全面提高资源利用率、能源利用率、资金利用率、劳动生产率、投入产出率、资本替代人工和人才红利等，提升产业链价值。

4. 国内塑料制品低端同质化严重，高端产品相对匮乏

低水平、同质化引发的“价格战”有越演越烈之势。以浙江台州地区为例，目前，台州塑料生产企业 1 万多家，每年消耗塑料树脂原料近 500 万吨，约占全国总消耗量的 1/10。例如，台州生产的电动自行车主要塑料配件就占国内 80%以上的市场份额。但是，繁荣背后却潜伏着重重危机。台州塑料企业有 1 万多家，但上规模企业仅占 26%，个体加工户的比重达到 78.3%。从业人员 15 万余人，平均每家企业只有 15 人，一台注塑机就是一个厂的现象比比皆是。大多数日用塑料制品在品种、功能、外观等整体产品表现上同质化现象十分明显，造成了供过于求的市场窘境，恶性降价、不正当竞争愈演愈烈，“生产一个盘子只挣一分钱”现象严重，成为整个产业的健康、快速和可持续发展过程中的最大障碍。

同质化现象不仅仅体现在日用塑料制品上，在农用薄膜、塑料管材等领域同样严重。以塑料管道制品为例，2013 年产量为 1210 万吨，但产能已超过 2000 万吨。产能过剩主要集中在同质化严重的普通硬塑料管上，而就中高端管材而言，与国外先进水平相比，在管材专用树脂、生产工艺及产品档次上均存在不小差距。

5. 中国塑料回收产业面临着挑战

目前，中国国内废弃塑料的年度加工和利用能力达到 1200 万吨，进口

废弃塑料的利用能力超过800万吨。但是由于环境保护政策实施不足，加工中产生的废水、废气和垃圾造成了严重的环境问题。

“白色污染”主要危害在于“视觉污染”和“潜在危害”，已经得到公众的充分关注和政府的高度重视，2007年12月31日，中华人民共和国国务院办公厅下发了《国务院办公厅关于限制生产销售使用塑料购物袋的通知》。

目前，需要重点关注的是电子废弃物中的重金属残渣，特别是铬残渣，中国目前是全球最大的电子垃圾倾倒场，全世界每年产生的电子废弃物，有约70%进入中国。而根据联合国的权威说法，中国已成为继美国之后的世界第二大电子废弃物生产国。电子废弃物的回收基本上仍处于“小贩回收→个体户粗暴拆解→环境严重污染”的“死胡同”里，为了节省成本，家庭作坊基本都采用原始的方式拆解，并将有毒有害的废弃物露天堆放，最终露天焚烧处理。回收过程中产生大量的酸液和残渣，直接排放到河流，造成了地表水与地下水的严重污染，最终导致方圆百里之内没有饮用水，重金属中毒已经成了最常见的疾病。在广东汕头贵屿镇这样一个人口还不足20万的小镇，但却遍布着3200多家从事电子垃圾回收的企业和家庭作坊，从业人员多达7.5万人，每年分解的电子垃圾可以达到150万吨，是一个名副其实的“电子垃圾城”，该地区90%的儿童重金属超标。类似的情况，也正在浙江、湖南、江西等各地发生。为此，2012年环保部、国家发展和改革委员会、商务部联合发布了《有关废弃塑料回收污染防治的规定》，该规定为国内废弃塑料回收产业设立了一个门槛，也为当地环境部门提高废弃塑料回收企业提供了政策和法律基础。

6. 技术进步快速跨越发展的步伐将明显放缓

改革开放以来，我国塑料加工业实现超常规快速发展，可以说在短时间内走完了先进国家多年来走过的路，主要是通过引进国外现成的先进技术、装备和管理，发挥后发优势，以推进生产要素的快速提升而实现的。随着追赶型学习阶段的完成，可利用的国外现成的技术空间被压缩，一般水平的技术和装备已不能满足新阶段的需要，而急需的往往涉及先进国家竞争优势的技术，引进技术装备的难度在加大，必须加快提升自主创新能力。

分析塑料加工业进入新的发展阶段所面临的形势，我们可以清醒地认识到：塑料加工业过去长期依靠高投入、高能耗、低成本的增长模式已不可持续。必须尽快从资源消耗型向要素集约型、从依靠扩大投资和规模扩张转向依靠技术进步、创新和要素升级上来。

（二）我国塑料模具工业发展现状和困境

改革开放以来，我国的模具工业经过多年发展，整体实力和综合竞争力显著增强。

20世纪80年代，我国模具行业在国家实行改革开放政策指引和制造业快速发展的拉动下，吸引了民营资本大量进入，民营企业得到蓬勃发展，同时国有企业加快了改革改制。我国的模具制造从“全能模具厂”和产品厂中的模具分厂、车间、班组的生产方式快步走向专业模具厂的道路，专业模具厂由20世纪70年代的不到200家，快速增加到超过10 000家，基本实现了模具的专业化生产，完成了模具制造方式的第一次转型。

20世纪90年代，在国家对模具行业实行加大科研投入和税收优惠等政策支持下，通过引进技术消化吸收再创新，推动了模具行业的技术进步和产业发展。建立起了包括研发体系，模具材料研发、生产和供应体系，标准件生产、供应体系，标准体系和骨干企业队伍在内的较完整的现代模具工业体系。形成了模具门类齐全、技术设备精良的产业基础，基本满足了我国制造业发展对模具的需求，实现了模具由辅助工具向装备制造业的定位转型，完成了模具工业发展关键的一次转型升级。

21世纪的头10年，我国模具工业根据国内外制造业发展所引起的模具市场变化形势，及时进行业务转型和产业升级。不但满足了国内制造业发展对模具的需求，实现了连续10年销售总额年均增长超过15%（2010年模具销售总额达到1120亿元），而且具备了所有品种模具批量进入国际市场的能力，实现了连续10年出口年均增长超过35%的发展速度，我国模具一跃成为世界模具制造大国和模具贸易大国（2010年模具出口首超进口，达22亿美元；进出口总额达43亿美元）。完成了我国模具产业由小到大的历史性转变。

2010年以来，为贯彻落实党中央、国务院关于扩市场、调结构、促平衡，加快转变经济发展方式的总体要求，中国模具工业行业制定并发布了《模具行业“十二五”发展规划》（2011 年由工信部评审发布），我国模具工业进入新一轮转型升级高潮，加快了我国模具产业由大转强的步伐。

目前，塑料模具在中国模具总量中的占比已达到45%左右，在十大类模具中位居第一。我国的塑料模具的生产厂家已超过 2 万家。不包括大量自产自用的模具，2012 年中国塑料模具的总销售额已达到 630 亿元左右；如果包括自产自用的模具在内，中国塑料模具总产值已超过 1000 亿元。2013 年，我国模具出口总额为 44.98 亿美元，比上年增长 20.57%，其中塑料橡胶模具仍居第一位，占了出口总额的 68.06%，突破了 30 亿美元。

近年来，中国塑料模具的主要进步表现在以下三方面。

（1）精密、大型模具发展良好，模具水平及其附加值不断提高。以前，型腔精度达到 5 微米的塑料模具已可称得上是精密模具。现在达到 5 微米的比比皆是，有些已能达到 2 微米，个别的甚至达到了 1 微米的水平。在大型模具的单套重量方面，现在已能制造出重达近 100 吨的超大型塑料模具，这在过去是不可能的。模具寿命也有了很大提高，已出现总使用寿命能达到 1000 万次的长寿命模具。模具生产周期也在不断缩短，许多模具的生产周期现在已缩短了一半左右。一模多腔、多色多物料注塑、高光注塑、低压一体注塑、搪塑发泡、多腔叠层、模内装饰装配等模具都已得到了很好的发展。高效多功能复合模具也已出现。为大屏幕彩电和大容量洗衣机配套的模具过去曾经代表着塑料模具的技术水平，而现在代表塑料模具水平的模具主要是为中高档轿车、精密电子产品和医疗器械配套的模具了。例如，浙江赛豪实业有限公司成功拿到了国际汽车巨头——德国奔驰公司车饰和车灯模具生产订单，总额达 2000 万元，他们所开发的 D312 双色前大灯注塑模具也获得了 2012 年度中国模具行业“精模奖”的一等奖。

（2）模具生产方式进步巨大，信息化水平不断提高。过去以钳工为核心，实施作坊式管理的模具生产方式，正在快速地被以设计为核心、实施工业化管理的模具生产方式所代替。有些先进企业已开始采用模具自动化生产线和大规模定制生产。CAD、CAM、CAE 的应用已日渐普及，CAPP、PDM、PLM、MES、ERP 等数字化信息化技术也正在被越来越多的企业所采用，整个行业信息化水平不断提高，两化融合正在向深度和广度发展。

（3）现代制造服务业受到重视，并将不断发展。制造业要提高竞争力和附加值，必须要有生产性服务业来支撑和配套。这在低成本优势正在不断减弱的现代制造业中尤为重要，并引起越来越多企业和地方的重视。尤其是在模具产业集聚区内，现在已经出现了为广大中小企业服务的多种公共服务平台。例如，浙江余姚专为模具企业建立了的模具创新公共服务平台，平台由政府牵头，企业参与，以大专院校、科研院所为依托组建，下设“五中心一基地”，即信息中心、研发中心、检测中心、培训中心、展示中心和精加工实训基地。该平台以信息中心为纽带，为余姚及周边5000多家塑料加工、模具制造企业提供服务，包括为广大中小企业提供模具产品、采购信息、价格行情、市场分析、人才招聘等服务等。

但是，在回顾取得的成绩的同时，我们应该更加重视困难和问题，也必须认清差距。我国模具工业与世界先进水平相比，仍存在较大差距，国产模具自给率约为88%，与上年基本持平。自给率不足主要反映在以大型、精密、高效、高性能为主的高技术含量模具方面。中低档模具仍旧供过于求，竞争激烈，价格下滑。特别是，2008年国际金融危机后，美国提出“再工业化”，德国出台“重整制造业”，法国出台“汽车产业振兴计划”等战略，目的是把高端制造业重新拉回欧美。面临这样的国际竞争环境，再加上国内“人口红利”的消退，劳动力成本的提高，给我国塑料模具企业发展带来一定的困难。这些困难和问题有一些是长期以来一直存在的，有一些是新形势下产生的，综合起来大致有如下几点。

（1）研发及自主创新能力薄弱。基础差、能力不足、投入少、不够重视、缺乏长期可持续发展观念等都是造成模具产品及其生产工艺、工具（包括软件）、装备的设计、研发（包括二次开发）及自主创新能力薄弱的重要原因。目前，除了海尔模具等少数几家超大型塑料模具企业具有研发中心外，大部分企业都是采用“订单”模式，模具设计总体上仍以跟踪替代应用为主，自主设计应用能力较弱。

（2）企业管理落后于技术的进步。管理落后主要体现在生产组织方式及信息化采用方面。国内虽然已经有不少企业完成了从作坊式和承包方式生产向零件化现代生产方式的过渡，但沿用作坊式生产的小企业还不少。

（3）数字化信息化水平还较低。国内多数企业数字化信息化大都停留在CAD/CAM的应用上，CAE、CAPP尚未普及，许多企业数据库尚未建立或正在建立；企业标准化生产水平和软件应用水平都低，软件应用开发跟不上生产需要。

（4）人才与发展不相适应。人才发展的速度跟不上行业发展速度，目前全行业人才缺乏，尤其是高级人才更加匮乏，数量是一个方面，人才素质与水平更加重要。学校与培训机构不足、培养目标不高是问题的一个方面，企业缺乏培养人才积极性也不可忽视。

（5）企业转型升级缺乏方向。无论是大型企业，还是中小企业都面临着这种困境，如何转型？朝什么方向转？如何消除地域性的"同质化"无序竞争？比如在宁海地区，模具厂大部分都是以"汽车模具"和"家电模具"为主。尽管在当地协会的协调下，模具企业家们非常团结与和谐，但同质化的竞争仍是每个企业面临的问题，而且不正当竞争所导致模具价格和经营利润率的下降的个别情况也仍然存在。

四、相关建议

（一）以"轻量化、结构化、功能化"为方向，发展塑料加工业和模具工业新材料、新工艺和新技术

"轻量化、结构化、功能化"已经成为全球塑料加工业和模具工业技术开发的重点和学术研究的前沿。建议政府和科技管理部门围绕新能源、高端装备制造、新能源汽车、节能环保等领域，重点支持高强、高韧、耐高温、耐磨、耐腐蚀、导电、绝缘、导热等特种工程塑料制品的开发，热塑性碳纤维复合材料、结构微孔发泡的成型和模具技术，高光无痕快速变温模具新技术，多种成型工艺一体化集成成型工艺和模具技术等。

（二）加强面向制品结构性能和使役行为的塑料及其复合材料"成型"、"成性"和"可控制造"的基础研究

要最终实现制品高性能、低缺陷、高成品率，不仅要关注材料的可成型性和尺寸精度，更要关注材料"成性"和"使役性"，最终实现材料的可控

制造。建议国家科技管理部门，重点支持塑料及其复合材料成型过程中多场作用下，不同层次形态结构的演变规律研究，微观结构演化、宏-微观结构与制品性能预测的跨尺度模型和高性能计算研究，材料性能—成型工艺—模具设计—制品性能一体化设计理论和计算模型研究等。利用材料基因组模式加速发展我国的塑料加工业和模具工业，架起塑料加工业和模具工业领域的技术和科学的桥梁。

（三）以自主创新为驱动，以专门化高性能化为手段，解决塑料加工业与模具工业的同质化问题和转型升级问题

从政府层面上，特别是塑料加工业和模具工业集聚区政府，要加大对自主技术创新的投入和支持，由于塑料加工业和模具企业多为中、小企业，政府应该将各企业中的创新力量组织起来，成立共同的创新体，多数企业把技术进步依托在不断引进设备和照搬照抄别人的新产品上。只有通过技术创新才能解决同质化问题，只有产品的高端化才能解决产能过剩问题。

从企业层面上，企业要转变观念，要有持续发展的理念，不能片面追求市场效益，什么都能做，什么都做不好做不精，而应该针对某一类产品做精、做强、做持续、做品牌。企业也只需围绕某一类产品进行持续自主创新。这方面，我们应该借鉴日本塑料加工和模具企业的经验，往往一个企业几十年只做一类产品，从而形成小而精有特色的企业技术创新体系，也引导着世界技术发展的潮流。

从学术和技术层面上，要把技术创新中的理论问题细节和明晰化，学术研究要与具体企业具体产品创新相结合，要从一点一滴解决技术创新中的学术问题，防止学术研究的大而无当。例如，要从技术上解决翘曲问题，学术研究不能是一个笼统的翘曲问题，而应该是针对不同材料体系，不同产品结构形式、不同成型条件等来研究和解决翘曲问题。

（四）强化塑料行业可持续发展的制度建设和监管措施，解决塑料回收和污染问题

从制度层面上，尽管国家已经出台了各种准入制度和监管措施，但监管不力。塑料袋、各种包装塑料、电子垃圾回收、废旧塑料回收、一次性发泡

塑料餐具等长期被非法制造商占据，塑料制品中非法添加重金属、塑化剂等现象仍很普遍，一些与人民日常生活密切相关的塑料制品生产和使用的强制性标准仍然没有建立，有的有标准也不能很好执行。希望政府相关部门尽快出台各种法律和强制性标准，依法真正地加大监管力度，遏制塑料的污染，提高塑料的可回收利用率，推进塑料加工业的可持续发展。

从技术层面上，要重点支持低成本的废旧塑料回收和分离技术，降低回收和分离成本，提高回收塑料的质量，从技术层面上促进废旧塑料的回收和再利用从被动变成主动。

从学术层面上，要重点支持生物基可降解可肥化塑料的基础和应用基础研究，使低成本可降解可肥化塑料尽快进入市场，尤其是农用薄膜领域。

（五）通过组建企业公共服务平台，发挥产业集聚区整体优势

建议各塑料加工业和模具工业集聚区，通过组建公共服务平台发挥地区模具企业整体优势。通过公共服务平台，共享高质量的资源。例如，共同购买先进软件和数据库，共同聘用高端人才等，降低企业研发成本。

（六）加强塑料成型和模具设计制造领域的创新型人才培养

我国高水平塑料成型和模具设计制造领域相关专业人才十分短缺。目前，我国许多工科的本科院校、大量的专科院校、大量的职业学校都设有高分子专业和模具专业。本科院校中大多偏材料合成和制备，专科院校更多地偏模具加工和设计，培养出来的人才要不缺乏学术研究能力，要不缺乏技术开发能力。建议相关高校和科研院所开设高水平的塑料成型和模具技术课程，推动学科和专业发展，加快培养理论与实践能力结合的高端人才。

希望通过采取以上措施，实现转型升级，使我国成为真正的塑料加工和模具强国。

一是在研发和设计上实现从世界“制造中心”到世界“研发和设计”中心的转变，引领国际塑料加工和模具行业的研发潮流，掌握一批具有自主知识产权的核心技术。

二是在产业和品牌上拥有完整且结构合理的塑料加工和模具产业体系，具

备大型、复杂、精密、环保、高性能、长寿命模具的生产能力，拥有若干个具有较强国际竞争力、良好国际声誉和广阔国际市场的塑料制造和模具品牌。

三是在管理和服务上拥有完整的塑料加工和模具管理体系，信息化程度高。能够服务于上下游产业链，贯穿整个制造业的全生命周期。

四是在人才储备上拥有一大批高水平科技人才和管理人才，以及规模宏大的技术工人队伍。

（本文选自2015年咨询报告）

咨询研究组成员名单

申长雨	中国科学院院士	国家知识产权局
李依依	中国科学院院士	中国科学院金属研究所
曹春晓	中国科学院院士	北京航空材料研究院
瞿金平	中国工程院院士	华南理工大学
李仲平	中国工程院院士	中国航天科技集团
刘春太	教　授	郑州大学
杨鸣波	教　授	四川大学
王敏杰	教　授	大连理工大学
周华民	教　授	华中科技大学
欧阳洁	教　授	西北工业大学
王志刚	教　授	中国科技大学
张洪斌	教　授	上海交通大学
高福荣	教　授	香港科技大学
王向东	教　授	全国塑料制品标准化委员会
王　冲	高级工程师	全国模具标准化技术委员会
鲍明飞	高级工程师	宁海第一注塑/宁波市模具行业协会
彭响方	教　授	华南理工大学
曹　伟	教　授	郑州大学
王亚明	教　授	郑州大学

关于我国经济增长（速度）支撑系统的分析与建议

陆大道　等

改革开放以来，我国国民经济保持了长时期的高速和超高速增长，取得了辉煌的成就。2014 年我国国内生产总值（GDP）超过 63 万亿元人民币，不变价 GDP 是 1978 年的 28 倍，同期名义 GDP 则为 174.6 倍，连续几年位居世界第二大经济体。但同时，片面追求 GDP 及其增速的发展模式，导致社会经济及人与自然关系诸多方面出现了严重的不协调。环境和自然资源已经难以支撑如此高速发展的国民经济，国家发展面临的结构性难题日益突出。对此，党中央和国务院已经下决心推进国民经济的战略转型。

如何实现我国国民经济发展的转型？经济转型直接取决于经济结构优化、发展模式转变和发展速度（预期）的调整。多年来的经验教训说明，调整经济增长速度的预期值非常重要。如果持续地谋求高速经济增长，经济结构将难以优化，发展模式也将难以转变。

从“十三五”开始，我们应当谋求多高的经济增长率（预期），在学术界和社会人士中存在着明显的分歧。在这份报告中，我们着重分析了高速经济增长如何导致我国环境污染的加剧及能源和矿产资源的庞大规模消耗，阐述了建立在高消耗、高污染基础上的经济发展模式和城镇化与高速经济增长的关系。在这几方面分析评价基础上进行了综合性的集成，对我国经济增长（速度）的趋势做出判断，并对有关问题提出了建议。

一、长期高速经济增长引起结构性困境

自 1992 年以来，我国国民经济高速发展，但同时通货膨胀逐渐突出。2000～2007 年，在大规模重化工业投资和城镇化投资的推动下，经济增长率连续 8 年处于 8%～14.2%的上升通道。2008 年，美国次贷危机迅猛演变为国际金融危机。为应对这次危机对世界范围内经济发展的冲击，中央政府实施追加投资 4 万亿（实际上包括各地方政府追加的投资在内为 20 多万亿）的经济刺激措施。2009～2011 年，我国经济又一直保持着高速增长，GDP 增长率为 9.2～10.4 个百分点。

大规模经济刺激计划，加强了基础设施建设和能源重化工的大发展，加强了低端产品生产的“世界工厂”和投资拉动经济的发展模式。但在保障了经济高速增长的同时，造成了过剩的产能和大量的投资浪费，透支了增长因素和环境的承载力。中央提出的“经济发展方式转型”和“科学发展观”“平衡发展”“和谐发展”等理念没有得到认真的贯彻执行。

我国在 20 世纪 50～70 年代工业化过程中，曾经出现过重工业“过重”的不协调状况。然而，21 世纪开始，又出现了一次大规模的能源重化工业扩张。这次重化工业的扩张（至 2014 年）使我国经济总量在很大基数之上翻了近两番。引起全国轻重工业结构又一次大幅度重型化。高消耗、高污染的重化工业产品产量的大幅度增长，带来严重的环境污染和空前的自然资源消耗。1990～2013 年，我国主要工业产品产量增长十分迅猛。其中，水泥增长了 105 倍，钢材和粗钢分别增长了 197 倍和 107 倍，塑料（初级形态）增长了 247 倍。

在以往的十多年中，我国快速形成了庞大的国民经济总量，但许多领域竞争力仍然不强。我国高技术产业的规模已经居于世界前列，但存在创新能力弱、经济效益差、“三资”企业比重高等问题。我国成为世界高技术产品的“制造工厂”，但产业核心技术、关键设备以及相当大部分市场需求均在海外，从而受制于人。

我国作为全球第二大经济体，对全球资源和世界市场的依赖程度是非常大的。2013 年我国进出口贸易总值 4.16 万亿美元，占世界各国进出口贸易

总值的11.7%。其中，从210个国家和地区进口总值为1.95万亿美元，向230个国家和地区出口总值为2.21万亿美元，分别占世界各国进口总和与出口总和的10.4%及13.2%。在进口总值中，最主要的是石油、天然气等优质能源以及对工业化极为重要的铁矿、铝土矿、铜、铅、锌、锰、铬等大宗金属矿产资源。在21世纪的头10年中，我国对外贸易年平均增长率超过20%。但2014年我国外贸进出口总值只增长3.4%，连续4年没有完成既定指标。这种情况表明，过高地依赖世界资源将可能造成国家经济发展的不稳定。

政府在经济刺激政策和GDP政绩观的引导下，以高负债的方式，强力推进城市空间扩张，超前建设了大量的新城、新区。与此同时，房地产商在政策鼓励和价格泡沫的刺激下盲目投资房地产项目，造就了大量的“空城”。可以说，在我国许多地区出现了冒进式城镇化。现在，这种冒进式城镇化已无法持续，房地产业增速大幅下降。房地产业关联上下游50余个行业的发展，由此对国民经济持续发展带来重大影响。

20年来，经济发展的结构性问题日益积累，中央政府多次提出要下力气进行结构性调整和转变经济增长方式。然而，虽然强调了要优化结构，但因保增长而又采取财政、金融、税收等一系列措施刺激经济，结果又使经济持续地高速发展，延缓了结构调整的进程。

二、高速经济增长已经超出了环境的承载能力

高速和超高速经济增长，使我国环境、生态系统承受了越来越大的压力。环境污染及其对国民生命健康的威胁已经成为广大民众的关注热点，成为对党和政府执政能力的重大挑战。2013年5月24日，习近平总书记就大力推进生态文明建设主持第六次集体学习时强调，“决不以牺牲环境为代价去换取一时的经济增长”。我们体会到，在一定的区域范围内，经济规模、增长速度和经济结构共同决定环境的状况，经济增长的规模过大、速度过快或者经济结构不合理都会引起环境的恶化乃至破坏；反过来，要免于对环境的破坏，经济增长的规模或速度就应该处于合理区间，或者改变经济结构。在制定经济增长目标和增长速度时，就应该考虑协调并处理好经济发展与环境保

护的关系。

要树立“环境保护是基本国策，经济发展必须与环境保护相适应”的观念，首先需要认真评价我国当前环境状况与经济高速增长关系的严峻态势。

（一）我国生态环境恶化的严峻态势、影响及主要原因

高速和超高速粗放式经济增长造成环境污染严重，特别是 21 世纪头 10 年中，粗放型的高速增长，污染直线上升。

（1）水污染。从局部河段到区域和流域、从单一污染到复合型污染、从地表水到地下水，水污染以很快的速度在全国扩展。淮河、海河、辽河、松花江、珠江、长江、黄河等大河虽经治理，但水质恶化情况仍然令人担忧，而太湖、洞庭湖、鄱阳湖、洪泽湖、滇池、巢湖等大湖在水质恶化的同时，还伴随着相当严重的富营养化。国家审计署发布审计调查结果称，2003～2009 年间，国家投入资金 910 亿元，“三河三湖”水污染防治虽然取得一定成效，但整体水质依然差，像巢湖、太湖、滇池的平均水质仍为Ⅴ类或劣Ⅴ类。随着长三角区域经济的繁荣，太湖水质却“连降三级”，从 20 世纪 80 年代的Ⅱ类水为主下降至Ⅴ类、劣Ⅴ类。当遍布太湖周边的上万家纺织印染、化工制造、食品加工等企业为地方 GDP 增长做贡献时，污染物也在急剧积累。与太湖的命运一样，巢湖、滇池也在当地政府和居民围网养鱼、围湖造田、建厂兴业的大发展之后，湖面萎缩，水质恶化。近年来的总体状况是边治理、边污染，但治理赶不上污染。我国的水污染及影响，比雾霾污染更严重。

（2）大气污染。东部沿海城镇密集区，普遍存在城市群大气复合性污染。2014 年的秋天至 2015 年春天，包括华北中南部、江淮以北、西北东部在内约 150 万千米^{2}范围被雾霾天气所笼罩，没有了金色的秋天。其中，2014 年全年空气污染的天数：北京 175 天，天津 197 天，沈阳 152 天，成都 125 天，石家庄 264 天，兰州 112 天。雾霾的影响范围远远超出了 1952 年的“伦敦雾”。经济、健康等方面的损失和代价有多大，无法得知。

（3）土壤污染。全国 3 亿亩耕地（绝大部分为优质耕地）正在受到重金属的污染，占全国农田总数的 1/6。以广东省为例，未受重金属污染的耕地仅有 11%左右。大量持久性有机污染物（POPs）和重金属污染物等毒性极

大的物质通过种植的农产品进入人的食物链。这些受污染的耕地正在或已经丧失生产农产品的功能。

（4）近海海洋污染。全国海湾大多数污染严重。杭州湾、长江口、辽东湾、珠江口和部分渤海湾的水质为重度污染。其他沿海近海海域，由于长期大规模高密度养殖，海水污染也同样突出。

一些污染河流的沿岸、有色金属矿区、矿业城市和一些中小城市的郊区，甚至在环境污染触目惊心的少数地区仍然居住着普通的老百姓。人们长期饮用被污染毒化的水，食用聚集农药残毒的土壤中生长的农产品。在这些地区，多种铅、镉、砷等污染导致的疾病频发，且随着污染物的扩散而蔓延，形成局部的环境灾难。有些地区（化工企业废弃原址、有毒化学品装运容器清洗地、废旧电子产品回收地等）甚至被称作“死亡地带”。

据统计，2002～2008 年，在全国范围内一些媒体报道的“癌症村”有 120 多次；自 2013 年到 2014 年 3 月底的 15 个月内，媒体报道的“癌症村”和特别严重的污染事件就有 40 次。这些“癌症村”分布于我国中部、南方、西南、川陕甘的许多河流中下游，其中包括长江的若干中小支流及淮河、钱塘江等，有的山区几十公里的小河沿岸出现了多个“癌症村”，甚至在北京、天津、重庆、西安等特大城市的郊区也有“癌症村”。这些情况与“中国个别地区出现了癌症村”的说法有出入。“癌症村”就其涉及的地理范围人口规模，对居民生命和健康的摧残及对社会经济的影响，都远远超过了 20 世纪 50 年代日本的“水俣病”。

导致环境污染如此严重的主要原因是长期粗放式高速经济增长。以河北省为案例，近 10 年来河北省采取了追赶战略，大规模发展能源重化工。自 2005 年，河北省 GDP 的年增长率就超过 10%，2006～2008 年年增长率为 14%，2006～2012 年 GDP 实现了翻一番。这种超高速经济增长主要是依靠能源重化工的大规模扩张实现的。2005～2012 年，河北省的钢和生铁产量都翻了一番，达到 1.8 亿吨的惊人数字。水泥产量增加了 85%，达到 1.4 亿吨。火力发电量翻一番，达到 2400 亿度。全省煤炭消费量达到 2.7 亿吨标准煤。这 7 年间，河北省的电力和煤炭消费的弹性系数分别高达 1.0 和 0.85。规模迅速扩张的钢铁、水泥等原材料生产能力，设备落后的中小企业占到一半以上。由此，河北省成了京津冀地区的主要污染源。

（二）我国环境污染出现了五个特点

（1）在传统的有机污染相当严重的同时，持久性有机污染物（POPs）已经在我国许多地方水体和土壤等环境中被广泛检出。

（2）越来越严重的环境污染，导致一些地区生态系统严重退化，生态灾害事件频繁发生。

（3）由于没有环境污染治理设施的大量中小企业和畜禽养殖业、水产养殖业的大发展，我国许多重要的农业地区正在成为“藏垢纳污”的主要场所，农业和农村环境问题广泛而突出。长江三角洲、珠江三角洲、江汉平原、成都平原等广大的农业区内，人们对环境改善的要求强烈。

（4）我国环境污染已经开始从周边环境进入生态系统并进一步浸入人的食物链和呼吸系统，导致多种疾病包括目前尚不知道确切病因的疾病增多。

（5）环境污染的区域范围遍及全国的城市群和经济密集地区。严重的污染就连人烟稀少的内蒙古毛乌素沙漠腹地也难以幸免。那里发现 10 千米^{2}污水湖（查汉淖尔湖），暗黑色的湖水上漂浮着五颜六色的泡沫，泡沫里时隐时现一些腐烂鸟类的尸体。

（三）环境系统的承载能力已经发生了“过冲”现象

现阶段环境和生态系统已经无法继续承载经济的高速增长和冒进式城镇化，即我国经济与社会活动已经超出了环境和生态系统的承载能力，发生了“过冲”现象。解决我国的环境和生态系统保护问题的“良药”是在加大治理、保护力度的同时，要坚决实行国民经济发展的转型。而这个阶段的经济转型在客观上就无法要求保持经济高速增长。

关于评价我国环境（承载能力）对经济增长的适应状况，我们有以下判断。

（1）基本适应（可承载）：局部区域环境污染，且影响不严重。涉及的污染企业较少，经过治理和对污染企业采取技术改造等措施可基本恢复原来环境本底状况。

（2）基本不适应（承载能力接近极限）：环境重污染的面积大，分布较广，环境事件与生态灾难时有发生，对环境卫生和人体健康造成重大损失，治理能力和效果不能遏制污染的加重。

(3)已经超越了承载能力(负荷已经超越了承载能力的极限，即产生“过冲”现象)：环境重污染遍及广大城乡地区，环境事件与生态灾难频发，对环境卫生、公共健康、社会经济乃至社会稳定造成诸多的损失，在局部范围内对环境本底、自然结构造成了难以逆转的结果。

根据我国大范围环境恶化的状况，环境污染负荷已经超越了环境承载能力的极限。

三、自然资源的过度消耗将可能带来严重的国家安全问题

在全世界已知的有探明储量的170～180种矿种中的关键矿种是煤、铁、石油、天然气4种，对我国国民经济和社会发展的贡献率接近70%。重要矿种有铜、铝、硫、磷、铅、锌、锰、盐等8种，对我国国民经济和社会发展的贡献率约20%，评估中不包括少数对生产尖端技术装备有特殊意义、但耗用量很少的矿种。从发展国民经济、保障国家资源安全角度衡量，主要不在于国民经济耗用量极少的矿种的多寡，而在于意义重大、耗用量很大的矿种在数量和质量上的保障程度。

（一）对自然资源的庞大规模需求

改革开放以来的30多年间，以能源重化工、低端产品“世界工厂”为特色的我国经济持续高速增长，加上快速城镇化、大规模空间扩张和大规模基础设施建设，引起钢铁、化工和石化、有色冶金、建筑材料、电力等工业产能与产品规模迅速扩张。至今，我国的能源和矿产资源消费总量已达到惊人的规模。2013年，我国能源消费总量37.5亿吨标准煤。其中，煤炭37亿吨，原油4.8亿吨。我国2013年GDP占世界12.3%（现价），但能源消费却占到世界的22.4%。我国是世界上一个极其粗放的大经济体。大宗金属矿资源的年消费量：铁矿石（精矿粉）12亿吨以上，氧化铝4000多万吨（合铝土矿8000万～9000万吨），锰矿砂及其精矿、铜矿砂及其精矿、铬矿砂及其精矿都分别在2000万吨以上。还有大量的非金属矿资源、木材、化工原料等。这些重要资源的消耗量都占世界上相当大的份额。

上述消费量的激增发生在 2000 年后的十多年，推动力是高速经济增长。1990～2000 年，GDP 年增速约为 9%，但由于基数较小（1990 年 GDP 为 1.87 万亿元），全国能源消费虽呈现上升趋势，但增量不大。2000～2013 年，我国经济在较大的基数上的持续大幅度增长，（年 GDP 由 9.8 万亿元激增到 56.6 万亿元），使得能源总消费由 14.6 亿吨上升到 37 亿吨标准煤。12 年间年净增达到 27 亿吨标准煤，年均增速达到 7.6%。2013 年全国能源消费总量占全球总消费量的 22%以上。

2001 年以来，我国钢产量从 1.29 亿吨增加到 7.79 亿吨，在全球粗钢总产量中由 17.8%攀升至约 45.1%。电解铜产量从 137.1 万吨增加到 649 万吨，消费量从 230.7 万吨增加到 930.6 万吨，占到全球铜消费量的 45%。氧化铝和电解铝的产能也迅速增长，分别从 2003 的 603.4 万吨和 596.2 万吨增长到 2013 年的 4437.2 万吨和 2205.9 万吨。原铝的消费量从 2000 年的 349.9 万吨增长到 2012 年的 2202 万吨，占到全球铝消费量的 45%。

在近十多年中，我国单位 GDP 的矿产资源消耗不但没有下降，反而攀高。能源消费弹性系数达到 0.8 以上。单位 GDP 粗钢消耗从 1998 年的 1195 吨/亿元增加到 2012 年的 1841 吨/亿元，精铜消耗从 13.61 吨/亿元增加到 23.34 吨/亿元，原铝消耗从 1998 年的 25.97 吨/亿元增加 2012 年的 59.6 吨/亿元，增幅均在 50%以上。这些数据充分表明近年来的高速增长是依靠能源重化工的大规模扩张取得的。

（二）对世界资源的高度依赖将会使国家面临着巨大的地缘政治压力

长期以来国内油气供不应求，缺口不断增大。2013 年，我国原油进口量高达 2.8 亿吨，进口依赖度高达 5.7%。铁矿石进口依赖度由 1998 年的 28.0% 增加到 2013 年的 70.1%。铜按金属量计算的矿石进口依赖度从 1998 年的 41.4%上升到 2013 年的 69.8%。

我国经济和社会的持续发展必须具备庞大的能源和矿产资源的支撑，对外的依赖程度在总体上肯定会愈来愈大，特别是在经济高速发展（设 GDP 年增长速度 7.0%～7.5%）情况下。如果按照能源消费弹性系数 0.5 计，2020 年中国的能源消费规模将达到 48 亿吨标准煤，2025 年、2030 年将分别达到

58 亿吨和 70 亿吨标准煤。如果在经济中速发展（设 GDP 年增长速度 5%左右）情况下，2020 年我国能源消费规模将达到 45 亿吨，2025 年、2030 年将分别达到 51 亿吨和 58 亿吨标准煤。

根据已有的勘探资料，今后十年左右我国油气产量在目前年产量 1.8 亿～2.0 亿吨基础上，很难有大幅度增长。在考虑到缓解环境保护和减排压力情况下，进口油气的比重还可能大幅度提高。在上述中速和高速经济增长下，进口原油将分别达到 4.0 亿吨和 5.0 亿吨左右，进口依赖度将提高到接近 70%和超过 80%；天然气的进口依赖度将达到 40%和 50%左右。进口原油部分大约 60%来自中东，20%来自非洲。约 15%的原油和 60%的天然气来自中亚和俄罗斯。

如果我国持续保持现在的经济高速增长，其对能源与矿产资源的需求规模将快速增加。如果我们考虑减少对国际资源的依赖程度，在一定量能源消费情况下，还可以继续加大对煤炭的开发利用规模，将每年煤炭开采和消费量提高到 50 亿吨甚至 60 亿吨。这就必然面临更严重的环境恶化压力，承受着更加高额的经济成本。

我国高消耗的经济结构和技术状况很难在较短的时期内得到大幅度的扭转。要避免上述几种情况，比较可行的途径是选择中速经济增长，而下大力气进行节能技术的开发和推广应用，提高资源的利用效率。

（三）能源矿产资源对经济增长的严重制约将可能使经济成本过高甚至经济大幅波动

未来我国能源和矿产资源的消耗量将是极其巨大的。这样的资源量，如果不能保障长期稳定的供应，必然会引起经济的大幅波动；即使量的方面能够保障，也因为各种原因，能源和资源价格过高而反过来制约经济发展。这两种情况，都威胁到国家经济的安全。就以铁矿石为例，中国是世界上最大的铁矿石进口国，近年来每年铁精矿进口量都在 7 亿吨以上。但没有价格的定价权（全球四大贸易巨头控制了 70%的铁矿石贸易量）。过去 10 年，铁矿石价格涨了 6 倍，使我国的钢铁业矿石原料超额支出达 2 万亿元。近年来维持巨大的金属矿产资源（精矿）进口，由于价格垄断的原因而使矿产资源的价格攀升，已继续给国内生产企业带来严重的威胁。

多年来，部分地区利用自己的能源和矿产资源“优势”，大规模发展能源重化工业，使 GDP 长期高速增长。这种所谓的“优势”正在发生变化，表现在东北、华北和西北的一些省区，近年来国有企业经济效益下降，利润减少，出现大面积的亏损。国有经济结构偏重于重化工业是这种状况的主要原因之一。

四、高速发展与大规模空间扩张的城镇化：战略方针调整之后

近 20 年的城镇化发展，有力地促进和保障了大规模工业化，推动了我国经济的国际化，综合国力大幅度提高，成为世界上第二大经济体。同时，城镇建设和居民生活也大幅度改善。

高速发展和大规模空间扩张的城镇化，强力地推动了大规模土地开发和大规模投资；城镇化与大约 50 个产业的发展相关。我国的城镇化，是经济高速和超高速增长的最重要的要素和支撑因素。

我国城镇化在“九五”时期就开始了高速发展，有 3 年的城镇化率每年增加 1.7 个百分点。2001 年开始的“十五”计划却又强调“我国推进城镇化的条件已经成熟，要不失时机地实施城镇化战略”，使本来已经高速行驶中的城镇化列车进一步“加速”。“十五”期间年平均增长 1.4%。“十一五”以来年平均增长 1.3 个百分点，即每年城镇新增人口在 1800 万以上。2012 年我国城镇化率达到 52.6%，但是，实际的人口城镇化率只是 35%，即城镇化速度过快，城镇化率虚高。2.6 亿多农民工并没有市民化，是谓“半城市化”。农村空心化加剧，农业生产与粮食安全面临严峻考验。农民工和农村的上述状况说明了我国城镇化存在严重的质量问题。

欧美主要资本主义国家城市化水平（城镇化率）的起步阶段平均每年增加只有 0.16～0.24 个百分点，加速阶段每年增加也仅达 0.30～0.52 个百分点。西方发达国家的城镇化率从 20%发展到 40%用了几十年至上百年，我国只用了 21 年。自 40%的城镇化率到今天的 80%左右的城镇化率他们又经历了 50～100 年。

在城镇化进程高速发展的同时，由于以 GDP 为主导的干部绩效指标和

土地财政的引领，全国范围内持续不断地出现大规模占地和圈地，开发区之风、新区之风、新城之风愈刮愈烈。媒体所称的“鬼城”广泛出现。由此，我国耕地资源消耗过多。近 10 年来每年征地失去耕地的农民平均有 260 万人。全国总计已造成了上亿失去耕地的农民。2009 年至 2013 年全国因城镇化占去耕地约 1500 万亩，平均每年约 300 万亩，基本上都是优质耕地。如果再加上环境污染造成的耕地损失（重金属污染、POPs 污染、其他类型污染），每年因城镇化和环境污染而失去（不能恢复具有农产品、水产品生产功能的）耕地约 1000 万亩。如此惊人的耕地资源消耗速度在整个地球上是没有先例的，对我们中华民族的永续生存是巨大的威胁。

高速发展与大规模空间扩张的城镇化，使国民经济对房地产业的依赖度持续上升，国家经济、金融和地方财政均有突出的房地产化倾向。建筑业，其中主要是房地产建筑业，是十多年来对经济增长率影响很大的领域。房地产投资是固定资产投资的支柱之一。许多省份的经济都高度依赖房地产投资。《第一财经日报》统计各省（自治区、直辖市）的 2014 年上半年固定资产投资中对于地产投资依赖度排名前十位的分别是上海（55%）、北京（52%）、海南（46%）、贵州（33%）、重庆（33%）、广东（32%）、浙江（30%）、福建（26%）、云南（26%）、辽宁（22%）。这种情况表明，我国大规模投资、大规模“造城”带动了建筑业、房地产业的空前繁荣。经济增长和产业支撑与高速城镇化不能相适应，一些地区是基本没有产业支撑的“城镇化”。环境污染代价巨大，一些城市基础设施不堪重负。

上述严重态势的发展，将不可避免地引起城乡对立、城市中人群之间的对立，给我国的现代化伟大事业带来严重的危害。

2013 年 12 月，中央召开了城镇化工作会议。习近平总书记和李克强总理分别作了极为重要的报告。会议提出：解决好人的问题是推进新型城镇化的关键。在进程上要稳中求进。之后，《国家新型城镇化规划（2014—2020 年）》正式出台。我国城镇化的战略方针实现了重大调整，城镇化进程正在转型之中。

城镇化的基本功能在于通过规模效益的提高和新思想、新技术的创造，提高整个国民经济的效率。所以，我国城镇化的未来发展，将要求更加关注城镇化的质量而非速度，重点将是通过“人”的城镇化，提高我国全要素生产率（TFP）。城镇化发展水平应当与水土资源和环境承载能力保持一致，与城镇产业结构转型和新增就业岗位的能力保持一致，与城镇实际吸纳农村人口的能力保持一致。我国城镇化将进入一个平稳发展阶段。由此判断，全国经济增长速度也将进一步趋缓。

五、建立在高消耗高污染基础上的发展模式不可持续

长时期实行的低端产品生产的“世界工厂”和投资拉动的发展模式是我国经济高速增长的重要理念和支撑。现在，是要认真考虑这种发展模式的可持续性了。这两种发展模式的重要支撑仍然是资源和环境，其作用是通过相应的产业发展和产业结构来体现的，即资源、环境-产业结构与产业发展-发展理念与发展模式三方面密切关联。

（一）低端产品生产的“世界工厂”

低端产品生产的“世界工厂”发展模式在以往较长时间内推动了我国经济的高速增长。钢铁、水泥、焦炭、铝及铜铅锌、基本化工产品、皮革、印染、造纸等部门的高污染、高排放、高耗能行业的项目大量上马，能源和基础原材料生产规模迅速扩大。2001～2013 年，我国钢材年产量由 1.29 亿吨增加到 7.79 亿吨，发电量由 1.36 万亿千瓦时增加到 5.4 万亿千瓦时，煤产量从不到 10 亿吨增加到 36.8 亿吨。这种情况使中国成为世界上第二大经济体和世界最大的出口国。2002～2012 年，我国主要高耗能产品铝材、铜材、钢材、水泥、平板玻璃等基础原材料的出口规模都以惊人的速度增长。

这种模式导致国内重要资源在加速消耗，并引起“世界在污染中国”以及经济效益低、国内竞争国际化、加深国民经济结构性困境等问题，到 2007 年左右这种发展模式就已经到了“尽头”。但由于 2008 年始于美国的国际金融危机爆发、中国政府实施大规模经济刺激计划，低端产品生产的“世界工厂”发展模式得以持续。

低端产品生产的“世界工厂”还表现在：“高能耗、高污染、低附加值”的加工类产品占据了我国出口的主要地位，技术含量高的商品较少。2009

年，棉纺服装、金属及其制品、矿产品、化工产品、建材等高能耗产品出口额在我国出口总额中的比重占到 47%。能耗较高的机电类初级产品也是在 2001 年中国加入世界贸易组织后出口大幅度增长，从 2001 年的 2661 亿美元增长到 2013 年的 22 090 亿美元，其在 GDP 中的比例也从 2001 年的 20.1% 增长到 2007 年的 35.2%。这些产品的出口反过来又拉动了石化、钢铁、建材、冶金和电力等高能耗产业的大发展。

（二）经济刺激计划和投资拉动

大规模投资是我国经济高速增长的重要保障因素之一。2000～2013 年，固定资产投资对国内生产总值的贡献率平均达到 50%。其中，2009 年这种贡献率高达 87.6%。2000～2013 年间固定资产投资弹性系数一直居于高位。

通过扩大投资，增加了产能，解决经济发展低迷乃至危机。在保障了经济高速增长的同时，积累了大量的结构性问题，也造成了巨量的投资浪费。

大规模的投资拉动经济增长的模式，到 2012～2013 年实际上也已经走到了“尽头”。其一，引起了巨额的财政支出和货币发放，形成了投资过度、产能过剩、重复建设，以及调控也止不住的房价高涨。其二，地方政府的巨额投资，一方面来源于土地财政，另一方面大量举债。2001 年全国土地出让金 1296 亿元，到 2013 年全国土地出让金总额首次超过 4 万亿元。13 年间增长超过 30 倍，累计达到 19.4 万亿元。这既表明了我们对土地资源的巨大索取，同时也造成了政府资金来源的不可持续性的问题，导致地方政府积聚的债务风险不断升高。如此高速增长的链条已使经济发展不可持续。

六、如何判断我国经济增长的“后发优势”

（一）我国已经充分发挥了“后发优势”

改革开放以来我国实现了 30 多年的高速经济增长。在经济全球化和信息化的大背景下，通过建立特区、开发区、自由贸易区等形式，吸收资本、吸引技术，并在各个行业和层面，进行了管理体制改革，实现了技术追赶。经济增长速度长时期都超过了发达国家相应的历史进程。

但是，“后发优势”也是有限度的。30 多年来的经济增长速度，是发达国家所没有的，就是“后发优势”得到超常规发挥的结果。可以举的案例很多。如我国充分利用国际上先进的技术和设备，在过去的十多年中，通过消化和研制，生产了大批 60 万千瓦及其以上规模的大型火力发电机组，用于国内改造旧设备。如今，我国的燃煤发电总体水平已居世界前列。中国火电装机容量中的 2/3（约 5 亿千瓦）是在 2006～2013 年新安装的，也就是说，再利用引进国外设备和技术的办法提升我国产业技术和效率水平，空间已经不像过去那样大。今后我国火电发电设备制造的更大发展需要在自主创新的基础上，并且主要市场将由国内转到国外。发电设备制造面临的形势反映了我国装备制造业的整体情况。

充分利用“后发优势”是我国经济长时期高速增长的主要因素之一。在我国经济发展达到如此规模和技术水平的情况下，今后的发展将主要依靠创新驱动模式，经济增长速度趋缓是必然的。

（二）关于我国人均 GDP 指标在世界上的排位

国内外一些学者近年来总在强调：中国人均经济指标只是刚刚过世界平均水平的一半。2008 年中国人均经济指标只有美国的 21%，相当于日本 1951 年、新加坡 1967 年、韩国 1977 年与美国的差距。而这些国家和地区在达到我国今天的人均经济指标后都持续地高速发展，现在都达到了当时的人均 GDP 水平的几倍，与美国等最发达国家人均经济指标的差距大为缩小。2014 年我国是进入 GDP 10 万亿美元以上的“俱乐部国家”，但人均 GDP 只有 7575 美元，仅在世界的第 80 位左右。因此，持这种观点的学者认为我国经济增长还具有很大的“追赶空间”，这种“空间”可以保证今后 20 年的高速增长。

现阶段考虑我国人均 GDP 指标，主要目标应该是逐步赶上世界平均水平和进入高收入国家行列（国民人均收入 1.22 万美元以上，2009 年美元）。如果要使我国人均 GDP 达到美国、德国、日本等发达国家的水平（人均在 4 万美元以上），那我国的年经济总量则要求比现在总量增加 4 倍以上。达到如此规模的总量，各主要增长因素的供应能否达到所需的规模，那个时候我国的产业结构和技术水平等情况，现在还很难预见。仅仅强调人均 GDP 指标在世界上的排位，不足以作为我国经济还可以保持高速增长的理由。

（三）创新驱动下的经济增长速度

在 20 世纪 80～90 年代，我国经济发展的主要驱动力来自于廉价的劳动力、土地、矿产等资源，可以归之于要素驱动的发展。近 20 年来，以大规模投资更新设备，扩大规模，增强产品的竞争力，以实现大规模生产来驱动经济增长。现在，我国正在逐步进入创新驱动阶段，这个阶段的特点是以技术创新为经济发展的主要驱动力，竞争优势主要来源于产业中整个价值链的创新，特别是注重和投资高新技术产品的研发，并把科技成果转化为商品作为努力的目标。重要的产业集群开始出现，世界级的具有竞争力的新产业也由相关产业中产生，企业的创造力表现在产品、流程技术、市场营销和其他竞争力方面，已经接近精致化程度。但是，我国经济增长由要素驱动、投资驱动向创新驱动转变的动力不足，主要表现在缺少具有世界竞争力的民族品牌。今后，在实现从"中国制造"向"中国创造"的转变过程中，将是一个渐进式的过程。从低端产品生产、投资拉动等模式，转型到创新驱动为主，推动经济提质增效升级，本身就很难在高速经济增长中实现。

欧美主要发达国家和地区在达到我国目前人均 GDP 水平时，也基本处在创新驱动发展阶段，当时他们经济增长和城镇化发展速度并不高。例如，美国、加拿大在达到我国人均 GDP 规模之前的 12 年（1961～1972 年）基本保持了中速经济发展；其中，美国只有 3 年超过 6%，其余均为 2.3%～5.3%；加拿大有 7 年为 6%～7%，其余年份为 2.9%～5.5%。欧美发达国家在达到我国目前人均 GDP 水平之后约 30 年中，年经济增长率都基本维持在中、低速水平。日本在达到我国人均 GDP 水平之后的 25 年中，除金融危机影响外，经济年增长率处在 4%～7%。英国在近 200 年的时间内经济增长率都比较稳定，除少数特殊年份外，都保持在中、低速增长。在上述国家处在我国人均经济总量和发展阶段时，从能耗、排放、污染等方面考察的三产结构都比我国明显优化。

七、关于经济增长速度与就业、国家影响力及经济转型的关系

（一）经济转型与就业

1. 导致就业增加趋缓的因素

经济增长率下降、技术进步和劳动生产率提高等是使我国就业增加趋缓的主要因素，这也是实现经济发展转型的必然趋势。

我国已经拥有庞大的基础原材料产业。依靠这些产业的继续扩张来扩大吸引农村劳动力、增加就业，空间已经不大。经济结构调整和科学技术发展，必然会使一定量的GDP所需的就业岗位数下降。

能源、原材料和设备制造业的技术进步将使劳动生产率得到提高，产业结构的升级将提高高附加值产业的比重，而高端产业对就业拉动的作用一般是减弱的。根据分析，2008年创造一个就业岗位需要增加值数量：资源密集型部门1.6万元，劳动密集型部门3万元，资本密集型和技术密集型则高达7万元。一般制造业和低端服务业不超过5万元，高新技术产业、高端服务业等高附加值的新兴产业普遍需要10万元以上。

重型大企业劳动生产率提高显著，同规模产出的用工数量大幅度减少。以轻纺产品为主的中小企业劳动力成本的上升驱使用工强度缩减。2010年以来，在我国中小企业集中的珠三角和长三角地区，劳动力成本上涨了20%～25%。以钢铁、合成氨、电力、汽车、水泥为代表的重型大企业的人均产出量逐年上升，意味着劳动生产率显著提高和单位增加值的就业岗位数下降。

改革开放以来，我国就业弹性呈逐年下降趋势。就业弹性的下降预示着产业吸纳劳动力能力降低。

2. 促进社会就业增加的因素

（1）改善企业的规模结构。近年来政府非常重视中小（微）企业的发展。中小企业可以因地制宜充分利用地区的各类资源，满足地方性的多样化需求，可以使地区经济较快增长。最重要的是在一定的经济总量情况下，可以

容纳较多的劳动力。因此，改善企业的规模结构对那些欠发达且近年来经济重型化突出的地区更为重要。

（2）发展社会服务业。服务业是今后就业增加的主要领域。根据摩根大通公司 2013 年 5 月预计：中国当年全国与服务业（零售、旅游和休闲）有关的工作岗位在 GDP 所占的比重首次超过工业领域的工作岗位。在 2008～2012 年，服务业共创造 3700 万个就业岗位，而包括制造业、建筑业和矿业在内的工业领域仅仅创造 2900 万就业岗位。但是，上述的统计数据中，有相当大的部分是不正规的、稳定性差的就业岗位。

（3）发展城乡一体化、建设新农村可以减轻城镇就业压力。根据长江三角洲地区近年来的实践经验，城乡一体化和农村现代化发展有可能增加就业岗位。为此要进行土地制度的改革，实行促进城乡人口的双向流动制度，创造城乡一体的制度环境。以分级门槛、柔性推进人口市民化，构建城乡无差别的聚落体系。以产业链延伸和服务化为路径，构筑城镇化的就业及经济支撑体系。适度保护乡村，积极探索参与式的绿色乡村旅游的发展路径。

（4）改善教育结构。我国教育改革的主要方向之一是加强职业教育。职业教育的发展，一可以提高“中国制造”的水平，提高出口竞争力和增加出口规模；二可以“学以致用”，增加就业岗位。

（二）经济增长速度与国家影响力

人们可能认为：现阶段中国经济增长速度无论如何不能降。速度一下来，中国对周围国家的影响势能就会降低，这无论如何不可以。我国已经是世界大国但是还不是世界强国。我国的经济发展和综合国力的提高无疑是国家崛起的长期重大战略任务。但是，是不是在今天具体情况下只有经济高速增长才能增强国家的影响力？

国家影响力是众多因素相互作用的结果。国家影响力的培育与强化需要一定的经济发展速度做支撑。但国家影响力与经济发展速度之间也不存在正比例关系。在社会发展史上，世界权力中心在转移过程中，退位国家往往具有较低的经济增长速度，承继国家往往具有较高的经济发展速度，多处于经济高速发展状态。但中心地位稳定之后，经济发展则降低为低速或中低速增长。

当今世界上，经济发展速度与国家竞争力之间呈现逆向的对应关系，经济发展速度较高的国家往往有着较低的竞争力，而竞争力较高的国家却保持着较低的经济增长速度。经济发展超高速、高速增长的国家往往是竞争力处于平均水平以下的国家，拥有较低的竞争力。

（三）经济转型与经济增长速度

在我国如此庞大的经济总量条件下，转型和高速增长不可能同时兼得。如果继续谋求高速，就难以实现转型；而要实现国民经济的转型，必须下大力气，将较多的资金、人力、资源以及时间、空间等用于科技创新、技术进步、改善管理等，但这也难以实现高速。

美国、日本、德国等发达国家在发展过程中也都具有经济转型的经历。德国在人均 GDP 约 1 万美元时实现转型，一方面重视社会发展，同时提升“德国制造”上新台阶。在他们的经验中，实现技术含量较高的发展，也往往伴随着经济增速趋缓的过程。所以，在转型过程中经济增长由高速变为中速增长不是走下坡，不是下滑，是转型过程中的必然现象。

在进入创新驱动阶段时，还需要防止出现这样的情况：即很可能在需要坚决实施发展转型时又要谋求经济高速增长，结果使调整和转型不能坚持下去，或转型没有收到大的实效。

八、小结及建议

人们在讨论经济增长目标（速度）时，往往从“需求端”，即投资、消费和出口“三驾马车”方面进行论证。从制约当前经济增长的制度性因素考虑较多，而从制约经济增长的物质性因素考虑较少，解决当前的问题而成为“重中之重”。这份报告更多地从“供给端”考虑，即将资源利用和环境保护作为经济增长的支撑，认为发展模式、城镇化也直接关乎经济发展和增长速度。我国几十年的发展深刻表明：我国的发展模式、城镇化和资源利用、环境保护之间具有强烈的相互作用关系。只分析资源、环境和经济增长的直接关系还是很不全面，必须将经济增长模式及城镇化纳入分析框架之中。通过这些分析，希望能以远近结合的视觉阐明资源（能源）、环境（承载能力）等支撑系统能力的现状和扩大的可能，揭示发展理念和发展模式的转型及对经济增长速度的作用和要求。最后，聚焦到我国经济增长（速度）的基本趋势。

在制定经济增长目标和衡量经济绩效时，我们已经习惯于指数增长。长时期维持较高的指数增长，由于需要增长的支撑系统因素的相应增长和扩大，到一定阶段经济发展的规模将突然变得很大，可能会遇到增长因素供应“极限”的阻碍。指数增长具有诱惑力，也具有欺骗性。

（一）我国经济进入中速增长已是必然趋势

以上分析说明了我国长时期高速经济增长引起了严重的结构性问题，而具有如此结构性问题的国民经济已经超越了环境承载力的极限，空前庞大的资源消耗量将可能给国家安全和经济稳定带来难以承受的威胁，曾经支撑了高速经济增长的发展模式和高速发展及大规模空间扩张的城镇化已经不可持续。

根据我国经济长时期高速增长历程中积累的问题及国内外发展的大环境，我们判断，我国经济发展的客观趋势是较快地进入中速增长（阶段）。在今后一段时间，我们建议在考虑经济和社会可承受能力的前提下，将经济年增长率逐步下调。进入并保持中速或努力激发创新活动，争取中高速增长的合理区间。这既是经济发展规律的客观反映，也符合我国经济、社会可持续发展的客观要求。

我们聚焦一下世界部分发达国家（美国、加拿大、日本、英国、法国、德国、瑞士、荷兰 8 个国家）经济增长速度的变化轨迹：在达到我国目前人均 GDP 水平之前的十余年甚至更长的时间里，除日本保持 10 年左右的高速增长外，其他发达国家发展速度并不高；在达到我国目前人均 GDP 水平之后的 30 年发展中，经济增长率都基本维持在中、低速的发展态势。其中，美国在第二次世界大战后的经济增长率基本保持了中速发展的态势，英国近 200 年的时间内经济增长率都比较稳定，除少数的特殊年份外，都保持在中、低速增长。近 30 年来，这些国家在与经济增长紧密联系的重大领域即城镇化、产业结构、能源消耗、环境状况等并没有出现严重的不协调状态。

我国进入并保持中速或中高速经济增长，将为建设经济强国和实现我国和谐社会提供重要的机遇和空间。创新活动的增长（可能是中速增长）对于我国今后的发展是“精明”增长、“佳好”增长：“通向世界经济强国”的增长，不是“差”的增长，更不是糟糕的增长。

（二）把提高效率放到首位

从“供给端”考虑，经济增长主要靠三种力量推动。一是新增劳动力，二是资源（货币表现为资本）投入，三是效率提高。以往我国经济增长主要是依靠前两个驱动力量。今后主要要靠第三个动力。进入新世纪以来，我国经济的全要素生产率不升反降，这种情况需要引起高度关注。

我们建议，将提高效率作为一切经济工作的首要目标。在增长减速已成定局的情况下，只有实现经济发展方式的转型、结构优化和发展效率的提高，才能确立我们所希望建立的新常态。

（三）充分考虑到GDP指标的局限性，提倡“三维目标”的发展

GDP是国民经济核算的核心指标。多年来对于凝聚我国社会共识、加快国家经济发展以及表现经济增长绩效等方面起了重要的作用。但到了今天的发展水平和发展阶段，则需要充分认识到这个指标的局限性。GDP只反映经济总量及其上升的状态，不能反映产业结构、资源消耗、收入分配等重要方面所付的代价和影响的信息。实践中，过分强调GDP，广大干部被引导到片面追求数字政绩而忽视转变经济增长方式方面。还由于经济增长指标由中央政府下达，各地区各部门极少有完不成的情况，其中难免会有GDP“兑水”现象。过度强调GDP的增速，是导致高投入、高消耗、高排放、高污染和低产出的重要原因。过分强调GDP，还导致我国社会发展、科教发展等领域中的“并发症”。最主要的如：人为地拉动城镇化速度过快发展，导致城镇化率虚高；科教战线上出现SCI论文挂帅，引起学术界相当严重的浮躁和脱离国家需求的倾向等。

我们建议，今后制定国民经济和社会发展年度计划时不以经济增长率作为主要衡量指标，有关部门可以提出GDP（或GNP）的预期值。政府可以通过财政、货币和产业政策等来促进经济发展，但不提出必须完成的经济增长率指标。与此同时，研究和制定包括GDP（或GNP）在内的一组指标来综合衡量国民经济发展的实际绩效。这组指标应该能够科学反映资源消耗、环境代价和生态系统所提供的服务功能的大小。

经济增长、社会发展和生态环境保护，是国家发展的三个主要目标。在工业化的初期，经济增长几乎是唯一目标。之后，社会发展成为国民收入分配的主要方向之一。到了工业化的中期，生态环境保护逐渐成为国民收入分配又一个主要目标。经济增长便在三维目标空间中运行。在三维目标空间中的经济发展，既受到经济利益因素的驱动，同时还受到社会公正和控制生态环境恶化因素的制约。因此，增长速度低于二维空间，更低于一维空间的结构状态。但是，从社会和谐及人与自然关系相互协调的角度衡量，是一种高级的常态化发展。

实现“三维目标”的发展，需要进一步提高社会发展在国民收入分配中的比重。2009～2013 年，全国财政用于教育、社会保障和就业、医疗卫生与计划生育的民生领域支出从 28.9%增长至 31.9%。而主要发达国基本上保持在 60%以上的水平。其中，美国为 59.9%、意大利为 61.6%、荷兰为 66.3%、波兰为 66.4%、英国为 64.6%、澳大利亚为 58.5%。进一步比较发现，我国民生领域的财政支出与发达国家之间的差距主要体现在卫生医疗和社会保障方面。2013 年我国在卫生医疗的支出仅为 5.9%，发达国家是这一水平的 2～3 倍。我国在社会保障方面的支出仅为 10.3%，与发达国家水平相比差距达 3～4 倍：美国为 32.1%、意大利为 48.5%、荷兰为 36.2%、俄罗斯为 38.7%、英国为 35.7%、澳大利亚为 32.1%。

我国大范围环境恶化问题已经成为关系到我国现代化事业全局的大问题。如果不能从经济增长速度、结构和发展模式解决问题，环境污染还可能进一步加剧，就可能引发环境危机，严重影响我们的发展进程。因此，要将环境问题上升到关乎我国能否迈过“中等收入陷阱”、中华民族能否平安崛起的高度来对待。将环境与生态保护作为基本民生问题以及建设小康社会的核心指标，使全社会逐步牢固树立“环境是生存基础”的观念。

在现阶段，正确处理发展与环境之间的关系，需要强调三点。其一，对于现有的污染企业，特别是大中型的污染企业和排放剧毒物质的小企业，要坚决实行综合性的强制措施。遏制污染物排放总量扩张及毒性加剧应该是今后一段时期解决环境问题的头等任务。其二，在国民收入的再分配中持续提高环境治理、环境保护的比重。环境污染治理的投资总额已经由 2001 年的 1166.7 亿元已经增加到 2011 年的 7114 亿元，年均增长速度超过了 GDP 的增长速度。2011 年环境污染治理投资占 GDP 的比重 1.50%。其三，严格进行环评特别是区域发展的战略环评。在决策机制上应该实行环境保护一票否决制。

（四）从国情出发，建立资源节约型社会经济体系和“适度消费”观念

我国庞大规模的资源消耗，不仅仅对今后经济持续发展构成严重制约，也透支了我们子孙后代的生存能力。资源利用的巨大浪费和低效，也成为我国环境污染极端严重性的主要原因之一。所以，节约资源，建立资源节约型社会经济体系应当成为我们的基本国策之一。

根据国情，在人均占有自然资源方面我们永远不能效仿西方国家，特别是美国、加拿大等高消耗的国家。欧洲一些国家、日本已经走成了一条比美国、加拿大较低耗能、较低排放的发展道路，说明发达国家拥有几乎一样的现代化水平，但并不完全付出同样的资源环境代价。对于我国，就更需要走节约资源的道路。1973 年西方世界发生石油危机，推动了其国内产业结构的调整，并促进了产业和资本向外实施大规模转移。当前，我国庞大规模的能源和资源消耗，既是现实的压力、潜在的危机，也是我国进行结构调整和发展对外投资的重要机遇。

要制定切实的政策和措施，落实以节能为中心的“能源革命”方针。节约资源不但要落实到生产领域，更要落实到消费领域。生活方式与消费结构将从根本上决定我国未来的资源、环境状况。西方发达国家自从进入工业化中期之后，就同时出现了高消费社会。应该承认，我国有限的资源、能源和有限承载力的环境已经不能适应今日国民的消费观念。未来，我们要从我国国情出发，选择具有中国特色的生活方式、消费水平与消费结构。中华民族将需要永远过相对节俭的日子，即使到了现代化实现之时。

（五）构建社会科学和自然科学合作平台，加强国家经济与社会可持续发展的综合研究

我国正在向世界强国迈进，巨大规模的社会经济总量和日益复杂而重要的国际关系使国家的可持续发展不断出现新的情况。在跨越“中等收入陷阱”，进入世界先进行列，真正实现中华民族的伟大复兴的伟大事业中，已经并将会继续出现一系列重大的实际问题和理论问题。其中，在涉及中长期经济发展方面有：国家经济发展的影响因素、中长期趋势及区域格局，如何走具有中国特色的城镇化道路，资源节约型的社会经济体系的框架及实施政策，有限的环境容量和生态系统承载力约束下我国经济和社会发展的方略，在复杂的国际地缘政治环境下我国的全球观点和区域观点等。对这些问题的考察分析，大都需要同时具备社会科学和自然科学的知识，需要对我国国情和各阶段国内外发展基本态势做全面的立体分析。

但是，我国自然科学和社会科学的体制处于分割状态，在涉及国家经济和社会发展这些重大的综合性问题时，学者们往往严守自然科学或社会科学的边界，只立足自己领域的研究而得出结论并提出建议。这对于充分发挥决策的咨询作用是很不利的。因此，我们建议，政府有关部门要重视社会科学与自然科学之间的交叉研究，要为这种研究和讨论搭建相应的平台，建立必要的机制。

（本文选自 2015 年咨询报告）

咨询研究组成员名单

顾问

吴敬琏	研究员	国务院发展研究中心
孙鸿烈	中国科学院院士	中国科学院
杜祥琬	中国工程院院士	中国工程院
戴金星	中国科学院院士	中国石油勘探开发研究院
张卓元	研究员	中国社会科学院
刘燕华	研究员	中国科学院

组长

陆大道	中国科学院院士	中国科学院地理科学与资源研究所

成员

叶大年	中国科学院院士	中国科学院
郭华东	中国科学院院士	中国科学院

金之钧	中国科学院院士	中石化石油勘探开发研究院
傅伯杰	中国科学院院士	中国科学院
周成虎	中国科学院院士	中国科学院
葛全胜	研究员	中国科学院
杨桂山	研究员	中国科学院
邓　伟	研究员	中国科学院
李善同	研究员	国务院发展研究中心
陈锡康	研究员	中国科学院
刘纪远	研究员	中国科学院
王安建	研究员	中国地质科学院
樊　杰	研究员	中国科学院
张平宇	研究员	中国科学院
刘卫东	研究员	中国科学院
刘彦随	研究员	中国科学院
方创琳	研究员	中国科学院
曾　刚	教　授	华东师范大学
魏后凯	研究员	中国社会科学院
张玉斌	研究员	哈尔滨经济研究所
张文忠	研究员	中国科学院
陈　雯	研究员	中国科学院
陈明星	副研究员	中国科学院
王成金	副研究员	中国科学院
张晓平	副研究员	中国科学院
马　丽	副研究员	中国科学院
唐志鹏	副研究员	中国科学院
周　侃	助理研究员	中国科学院
宋　涛	助理研究员	中国科学院
孙东琪	博士后	中国科学院

加强我国空间科学发展的若干建议

顾逸东　等

自 1957 年人造卫星进入太空以来，空间技术创造了一个又一个令人瞩目的工程技术奇迹，同时催生发展出一个崭新的科学探索领域——空间科学。空间科学是以空间飞行器为主要平台，研究发生在地球、日地空间、太阳系乃至整个宇宙的物理、化学、地质和生命等自然现象及其规律的科学。空间科学包括空间物理学和太阳物理学、空间天文学、月球与行星科学、空间地球科学、空间生命科学、微重力科学等分支领域。

一、空间科学及其重要战略地位

（一）空间科学是航天领域的重要组成部分，是各航天大国的支持重点

航天领域包括空间科学、空间应用和空间技术三个主要部分。三者的目的和作用不同，但相互之间密切相关，互为支撑。三者的内涵和差异在我国媒体宣传报道甚至科技界内部也经常容易混淆。

空间技术主要建立开展空间活动的工程技术体系，包括火箭等运载器、空间飞行器、测控通信系统等，是开展所有空间活动的基础和保障；空间应用包括通信、导航、遥感，以及侦察、预警等军民应用卫星及地面系统；而空间科学属于基础研究，致力于探索和发现。空间科学不断提出挑战航天能力极限的需求，成为牵引空间技术发展的强大动力。

空间科学在航天活动中占有相当的比重并日趋活跃。50 多年来，各国

发射了约 6000 个空间飞行器，其中科学卫星和深空探测器约 900 个，数量约占 15%，经费约 20%，形成了空间天文、太阳观测、空间物理、月球和深空探测、地球环境等卫星系列，并在空间实验室和空间站等载人航天器上开展了大量科学活动，因此说空间科学是各国政府支持的重点。民用空间应用基本实现了商业化运作（公益性的气象、海洋卫星等除外），军事应用由国防部门负责，各国空间局如美国国家航空航天局（NASA）、欧洲空间局（ESA）、俄罗斯联邦空间局（Roscosmos）、日本宇宙航空研究开发机构（JAXA）、法国国家太空研究中心（CNES）、德国宇航局（DLR）和加拿大空间局（CSA）等，重点是发展空间科学及相关技术，不断推出新的空间科学规划和计划。空间科学是各国空间局经费投入的重点，目前每年全球投入空间科学的经费在 100 亿美元以上。

（二）空间科学取得划时代的巨大成就

在太空开展科学研究冲破了地球大气屏障和引力束缚，直接面对或深入广袤无垠的宇宙，突破了地面研究的局限，极大地拓展了人类的视野和活动疆域，成为具有特殊优势的研究途径。

空间物理和太阳物理深入研究了太阳活动机理和规律，揭示了太阳能量及高能辐射来源，发现了日冕稳定向外膨胀，发现并证实了太阳风是携带磁场的高速等离子体流并充斥于整个太阳系；发现了地球辐射带，揭示了地球和行星际磁层结构，研究了太阳活动和太阳风影响地球磁层、电离层的物理过程；建立了全新的日-地空间和日球空间的物理图像；发展了空间天气学，保障了人类空间活动和地面技术设施的安全。

空间天文开拓了涵盖射电波、红外线/亚毫米、可见光、紫外线、X/γ射线的全电磁波段天文及粒子天文和引力波天文的新时代，100 多颗天文卫星发现了大批的红外线、X/γ射线源和系外行星，发现了辐射 X 射线的黑洞和中子星等致密天体，提供了类星体能源是星系中心超大质量黑洞吸积周围物质的观测证据；发现了巨大能量释放的宇宙γ射线暴及其多样性，确认其来源于超新星爆发和中子星并合过程，提供了宇宙重子物质循环过程的观测证据；精细测定了宇宙微波背景辐射符合（2.726±0.010）开尔文（K）

的黑体辐射谱，支持并推动了宇宙大爆炸理论。空间天文以地面观测无法企及的宽波段和高精度揭示天体和宇宙的物质状态和物理过程的优势，成为现代天文和物理学突破的先锋。

月球和行星科学通过深空探测器开展了对月球、太阳系所有行星及其主要卫星、矮行星、小行星、彗星等的多波段遥感观测、着陆和表面巡视勘查。实现了载人登月和取样返回，对各天体的大气、磁场、重力场、形貌、物质组成、地质构造等进行了大量观测研究，展现了奇妙的地外新世界，发现了火星上的甲烷和水冰，全面更新了对月球、行星及主要卫星的知识，对太阳系及行星的起源与演化有了全新的认识。

空间地球科学发挥空间对地观测具有的全球视野、快速和动态优势，对地球的大气圈、水圈、生物圈（包括人类活动）、岩石圈及其相互作用进行了全球性、定量化研究，获取了全球重力场，全面描述了海洋环流变化，发现了极区大气臭氧洞，研究了地球能量收支平衡、陆/海/气能量交换及其与区域和全球气候变化的关联，推动了地球系统科学的发展，对预测和应对全球变化等关系人类生存和可持续发展的重大问题发挥了重要作用。

空间生命科学对地球生物在空间微重力、空间辐射、节律变化等特殊环境下的应激、生存和适应进行了大量研究，取得了人体和多类生物在空间特殊环境下的反应及变化机制的重要认识，保障了航天员在空间较长时间的生活与工作；研究外太空生命存在和起源演化，获得地外生命可能存在迹象，拓展了对生命存在条件的认识，地外生命探索曙光初现；空间生物技术转化研究取得显著成就，如新型靶向药物已用于乳腺癌临床试验，抗骨质疏松药物实现产业化等。

微重力科学利用空间飞行器的长时间微重力条件开展了约 4000 项实验，揭示了被地面重力掩盖的表面（界面）张力梯度和浓度梯度驱动的特殊对流特性，以及微重力对物质与能量输运与相变等行为的影响和规律；发现了燃烧火焰形态、传播、熄灭、热质输运等新特性和冷焰燃烧现象；在晶体生长动力学、相分离与聚集，过冷与非平衡相变、熔体热物性测量等方面取得了许多重要进展；验证了广义相对论一些重要效应，在超冷条件下新奇量子现象研究获初步结果。

空间科学取得的划时代成就，深刻地改变了人类对宇宙、太阳系、地球和物质运动规律的认知，成为当代基础科学研究前沿之一。

1971 年以来，有五项诺贝尔奖授予空间科学直接相关的科学家。空间科学的巨大成功激发了各国政府和公众持续支持航天事业，极大地推动了航天高技术的发展。

空间科学已取得的成就只是人类探索自然界奥秘的冰山一角，是探索发现、获取新知识的不竭源泉。

（三）空间科学集中研究基础前沿和综合交叉问题，将取得重大突破

当前国际空间科学集中研究最具挑战性的基础前沿问题，包括宇宙中暗物质和暗能量的本质、恒星和星系的演化、黑洞的性质、太阳与太阳系行星及地球的演化、太阳系外行星的搜寻、宇宙中的生命探究、空间特殊环境下基本物理规律等重大前沿和基础科学问题。

研究表明，由粒子物理标准模型描述的普通物质所构成的天体和星际介质仅约占宇宙物质能量密度的 5%，其余约 95%是我们不了解的暗物质和暗能量，这对现代物理学提出重大挑战，引发了科学界的强烈关注；宇宙中有地球上无法模拟的超强引力、超强磁场、超高能量和超高密度等极端条件，宇观（宇宙/天体）和微观（物质深层结构）研究汇合，成为探究物质本源的前沿；生命是最复杂的物质存在形式，地球生命能否在宇宙中生存繁衍，地外有无生命，是什么形态等生命之谜很可能在空间研究中得到解答；月球和行星研究将破解太阳系形成演化之谜，并加深对地球在宇宙环境下变化趋势的认识；微重力科学研究被地面重力掩盖或干扰的流体、燃烧、材料形成等过程的现象和规律，开拓了新的研究途径，将对地面产业和高技术发展做出重要贡献；在空间对引力理论（含广义相对论）、量子力学非定域性、极端低温下新量子物态、描述粒子物理和引力物理的大统一理论等基础理论开展实验验证，寻找可能的破缺，将有力推进“新物理”发展。太空和宇宙已经成为前沿研究独一无二的实验室。

空间科学一直是航天大国空间战略的重要组成部分，特别是美国将包括空间科学在内的基础科学领先地位作为其全球领先地位的根基，在 21 世纪

初就以“超越爱因斯坦”为题提出宏大的空间科学突破目标。近期国际上重要的空间科学规划有美国NASA的《科学计划2014》、ESA的新世纪欧洲空间科学规划《宇宙愿景：欧洲2015—2025年空间科学》和《地平线2020计划》中的空间研究、日本《JAXA愿景》（JAXA 2025）等，还有大量空间科学各领域的详细规划和计划。

据公布的资料，到2020年前后，美、欧、俄、日计划发射约50颗新一代功能强大的天文、太阳、空间物理卫星和月球及深空探测器，包括哈勃太空望远镜的后继者6.5米口径的詹姆斯·韦伯空间望远镜（JWST）、欧几里得卫星（Euclid）、宽视场红外巡天望远镜（WFIRST）、先进高能天体望远镜（ATHENA）、新型引力波天文台（eLISA/NGO）、太阳探针加强号（SP+）、太阳卫星（Solar C）、火星着陆巡视器（Mars 2020）、木星冰月探测器（JUICE）等，其中大型项目经费投入16亿美元以上。还安排了大量高空气球、火箭探测和地面研究计划，不断发展新的科学思想和技术概念；在已建成的国际空间站（运行到2024年）上安排了上千项新的物理科学、生命科学、天文和地球科学任务，争取科学产出最大化。重大科学问题在各国规划中均有突出体现。

展望空间科学的发展趋势，预计21世纪将实现对物理科学、生命科学、宇宙科学和地球系统认识的重大飞跃，可能推动新的科学革命并带动技术革命。

二、发展空间科学是我国科技跨越和提高综合国力的战略选择

（一）我国空间科学现状和主要问题

1. 我国空间科学在国际上的地位

我国空间科学起步于1957年国际地球物理年，通过卫星搭载、载人航天应用计划、探月工程任务和少量科学卫星并参与国际合作，我国的空间科学取得了显著的进步，重要领域具备深厚的学术和技术积累，造就了一批优秀学术带头人和科研队伍。

但整体上看我国空间科学仍相当落后。2000～2011 年的十二年，我国空间科学 SCI 论文总数排在美国、德国、英国、法国、意大利和日本之后，列世界第七，论文影响力评估排第十二位，落后于上述国家和加拿大、荷兰、西班牙、印度。受限于我国主导的空间科学任务的匮乏，围绕我国自主空间科学项目的论文数仅占我国空间科学论文总数的 5.2%。我国至今还没有被国际同行公认的空间科学重大发现和突出成就，水平远远落后于美国和欧洲，也明显落后于日本。印度近年来呈现出后来居上的发展势头。

空间科学活动规模小。迄今我国仅有的以科学问题导向的科学卫星是 2002 年的“地球空间双星探测计划”（2 颗卫星）。据科学家联盟（UCS）网站统计，2014 年初在轨运行的 937 颗卫星中（美国 502 颗，俄罗斯 118 颗，我国 116 颗）有 92 颗科学卫星，约占 10%，但我国目前没有一颗在轨运行的科学卫星。在苏联空间实验室和空间站、美国天空实验室和航天飞机及国际空间站上，美国、苏联（俄罗斯）、日本及欧洲多国等 20 多个国家共完成了 5000 项以上空间科学实验，我国载人航天和卫星开展的科学项目只有几十项。

空间科学经费投入少。粗略估算近 10 年我国用于空间科学的经费年均不到 1 亿美元。而美国 NASA 空间科学预算年均 60.8 亿美元，欧洲 ESA（含空间地球科学）年均 22.7 亿美元，俄罗斯联邦航天局（RFSA）近 7 年年均 8.2 亿美元，日本 JAXA 年均 4 亿美元。国外航天局用于空间科学的预算比例，NASA 为 31.8%，ESA 为 46.1%，RFSA 为 21.7%，JAXA 约为 30%（含地球科学），加拿大 CSA 为 20.8%。我国载人航天和探月工程中空间科学经费比例则低于 5%。

上述情况与我国航天事业发展水平极不协调，与我国的国际地位和宏伟发展目标极不相称。

2. 我国空间科学发展的主要问题

一是我国航天布局不够协调。我国航天发展中对长远性、基础性和战略性的空间科学重视不够。在航天发展初期以军事需求和技术牵引为主有其必然性和必要性，但在发展到一定阶段，特别是在我国空间技术已取得重大突破的基础上，需要及时转变发展理念，全面协调发展空间技术、科学和应用，重视空间科学和应用的牵引作用，使科学与技术相互支撑产生内生动力和活力。

二是全局统筹和顶层规划不够。空间科学是前沿科学与空间技术的高度结合，技术复杂，投入较大，周期较长。高水平的空间科学项目从科学思想提出、技术攻关到工程实施和科学产出，需要艰苦细致的工作过程，大型项目甚至长达十几年，需要国家统筹，长期谋划和强有力的管理。综观世界各空间大国和经济体，均无一例外地建立了国家（地区）级航天局，不断更新其空间科学规划，有稳定的国家财政支持，这些都成为空间科学持续高水平发展的保障。

我国相应机构在空间科学方面的职能不够明确，没有空间科学专门预算，无法制定和执行完整长期的国家空间科学规划。国内有关部门（包括中国科学院）分别制订了空间科学规划或路线图，但没有国家层面的优化整合和决策落实，致使项目立项困难，渠道不畅，科学卫星项目只能向中央领导上书“一事一议”；经费和资源分配渠道分散，缺乏预见性和稳定支持；重大专项中的空间科学任务处于从属地位；预研和地面实验支持不足，条件保障不配套等，影响我国空间科学和航天技术向更高水平发展。

（二）我国发展空间科学的必要性、迫切性和战略机遇

1. 推动我国基础科学的重点突破

空间科学涵盖了广阔深邃的科学内涵，集中了当代基础科学的诸多前沿问题，富于发现突破机遇。基础研究是科学之本、技术之源，是国家和民族文明程度的体现和永续发展的基础，其作用无可替代。基础研究薄弱已经成为我国科研水平提升、高技术创新和经济转型升级的瓶颈。我国当前迫切需要在基础前沿科学领域寻找突破口，实现重点跨越，引领发展。面对空间科学发展的国际态势，根据我国空间科学研究的长期积累、航天技术取得巨大进步等有利因素，我国已经具备在空间科学基础前沿取得突破的条件，有望实现从“跟跑”“并跑”到“领跑”的跨越，使我国在新一轮科技发展中争取主动。

一个多世纪前，以相对论、量子论为标志的第二次科学革命，奠定了当代科学技术的几乎全部基础，推动了新的产业革命，深刻地改变了人类社会的面貌。我国已经失去了在近代科技革命中有所作为的机会。努力实现伟大

复兴事业的中华民族，面对空间科学的重大发现和突破前景，不应再错失机遇。我国应将空间科学作为基础研究的重点突破口，迎接未来可能的科学革命，做出无愧于中华民族的伟大贡献。

2. 为我国经济、军事和高技术发展提供强有力支撑

空间科学与经济社会发展和高技术创新密切相关。太阳物理和空间天气研究直接为保障军民空间活动和地面设施安全服务；空间地球科学着眼于全球变化，将为解决资源环境等重大科技问题、制定外交和经济社会发展政策提供技术手段和科学依据；空间生命科学将获得创新的生物材料、药物、医疗技术和农业技术；微重力流体、燃烧和材料研究将取得新的规律性认识，为改进空间流体管理与应用，改善地面加工过程，升级传统产业，实现低碳燃烧、节能减排，构建新材料和工艺体系，提升陆海空天动力技术做出贡献；空间基础物理将推动量子信息技术发展和极高精度时间频率等高技术的广泛应用。

空间科学发展的尖端探测技术如极高灵敏度红外、超大口径光学、微波、光谱、宇宙辐射探测、量子、激光干涉、超导、引力测量和时频等技术已在军事、科技、产业和社会领域的扩展应用中产生了重大效益；空间科学研究成果如地球辐射背景和重力场，空间、大气和海洋环境要素等成为军事活动保障和空间预警、导航定位、精确打击等先进军事技术的基础。

发展空间科学将有力推动空间技术进步和催生新的空间应用，为我国军民航天事业注入强大活力，促进我国从航天大国到航天强国的跨越。

发展空间科学，加强军民融合，做好科技成果推广转化，将成为我国实施创新驱动发展的重要途径。

3. 全面提升我国的软实力

中华民族应当为人类文明进步做出重要贡献。我国发展空间科学并取得重大成就，将提高民族凝聚力和自信心，并产生深远的国际影响；通过吸引海外华人科学家和国际同行参加我国空间科学计划，有助于提高我国国际地位和全球影响力；空间科学探索将激发公众特别是青少年对科学和工程的浓厚兴趣，有利于培育创新氛围，提高全民科学素养，对提高我国软实力有重要作用。

4. 我国发展空间科学已具备较坚实的基础，正面临难得的战略机遇

我国空间科学已经具备较坚实的学术基础和研究积累，空间科学探测技术和有效载荷初步形成了研制体系；已建成了一批具有较高水平的重点实验室和地基研究装备；从事和参与空间科学的规模达上百个单位、数千名科技人员，其中包括约 40 多位院士，上百名高水平学术带头人。我国空间科学 SCI 论文数量从 2000 年排名世界第十二，到 2011 年已上升到第六位，被引频次排名也在上升，在自主空间项目较少的情况下获得了不俗的成绩，具备较强的研究实力和发展前景。

中央已批准实施的载人空间站工程，将成为 21 世纪 30 年代后国际上唯一的空间站，可开展广泛和持续的空间科学研究，已有若干国际前沿水平的计划安排；已批准的探月三期工程和酝酿的深空探测计划为月球和行星科学研究提供了重要机遇；中国科学院空间科学先导专项正在研发四颗高水平科学卫星，为后续发展打下基础。我国空间技术取得巨大成就，为空间科学提供了强大的技术支撑。只要国家重视，我国在空间科学领域将有巨大突破的机会。

近年来，受国际经济大环境影响，国际主要空间大国普遍存在空间预算紧张问题，而我国科技投入包括空间领域投入则增长较快，且还将持续稳定增长，此外，在一段时期内我国科技工作尚具有成本优势。今后 20 年将是我国空间科学发展的重要战略机遇期，可以大有作为。

发展空间科学对我国航天事业和科技发展具有全局性意义，对提高我国科技水平和综合国力，彰显国家的硬实力和软实力具有重要作用，是我国科技跨越发展和国家整体发展的重要战略选择。

三、发展我国空间科学的具体建议

在我国实施科技驱动发展战略、加强科技体制改革的形势下，我国航天和空间科学更加需要加强顶层谋划，全面部署，协调发展。

（一）制定国家空间科学规划

（1）调整航天发展布局，重视空间科学。更新发展理念，优化发展布局，

加大空间科学在航天领域的比重，将振兴空间科学作为实施创新驱动发展，建设创新型国家的重点内容之一。

（2）制定国家空间科学发展规划。规划应包括空间科学各重要科学领域和先进科学有效载荷的中长期规划和近期实施计划。通过发动科技界广泛参与，科学论证，长远谋划，适时公布，定期滚动，指导和协调我国空间科学发展。

建议明确将发展和振兴我国空间科学作为我国航天和基础科学研究的主要突破口之一，突出重点，全面统筹，并加强成果的转化应用。

建议我国空间科学发展目标是：经过 20～30 年的努力，使我国空间科学整体跨上新台阶，进入世界先进行列；努力在若干重点领域取得有重大影响的突出成就和国际领先的科学发现，取得引领性或革命性的科学成果，使我国成为国际上有重要影响的空间科学大国。

（二）完善空间科学领导管理体制和研究体系

（1）健全国家空间科学领导管理体制。成立国务院直属的国家航天局，全面领导和管理我国民用航天和空间科学，安排专门的空间科学预算，负责政策、规划、立项、经费安排和任务管理等全面工作，制定公平公正的立项规则；重视调集空间科学方面的管理专家，建立具有权威性的科学委员会和必要的空间科学专家咨询队伍。

（2）完善空间科学研究体系和学科布局。建立并完善国家空间科学核心研究机构和各领域重点实验室，可在现有机构的基础上加强，管理上可采用原有主管部门和国家航天局双重领导体制，其设施应向全国科技界开放。发挥中国科学院作为国家战略科技力量和实际上的空间科学主力军作用，发动高校和其他科研院所的优势力量参与，形成国内各方力量结合的空间科学集群创新体系。

（三）建立稳定合理的空间科学投入机制

（1）保障空间科学的经费投入规模。在空间科学规划指导下，单列空间科学经费并保持长期稳定；增加空间科学的投入比例，民用空间领域中空间科学经费比例应为 15%～20%；在载人航天和探月工程专项中，空间科学投入比例应增加到15%以上，并配套支持除科学载荷外的地面研究和科学数据分析等科研经费。

（2）建立持续稳定的经费投入机制。各有关科技主管部门（新成立的国家航天局、科技部、基金委等）在国家空间科学规划指导下，统筹分工支持从科学概念到理论方法，从项目预研、试验验证、技术攻关、工程研制到条件保障，从数据分析到成果产出和转化的全过程科研活动，形成完整的空间科学经费（项目）支持体系。

地面研究和试验在完善科学思想、发展创新实验技术、打造空间精品项目，凝聚培养队伍等方面的作用无可替代。需要切实加强空间科学的预先研究，使空间研究持续发展并获得重大成果。

（四）采取具体措施推动空间科学发展

（1）发挥重大专项作用。充分利用我国空间站（运行寿命长达10年）开展高水平的生命科学、微重力科学研究，以及适合在近地轨道开展的空间天文、地球科学、空间物理、宇宙科学等研究，将空间站建成国家级太空科学实验室，争取获得重大成果；充分利用我国探月和深空探测工程开展国际前沿的月球与行星科学研究。空间科学目标应作为载人航天和月球探测工程主要目标之一，保障资源和研制条件，确保科学目标实现。

（2）建立科学卫星系列。科学卫星是为科学目标服务的专用卫星，是开展空间科学探索的主要平台，建立科学卫星系列势在必行。建议今后15年规划约30颗科学卫星（约占我国卫星总数的1/10），其中含约10个里程碑性质的大型项目。科学卫星分为太阳和空间物理、空间天文、深空探测和探索试验等系列，并酌情调整。制定政策鼓励科研院所、高校、民企发展先进有效载荷技术、低成本创新科学载荷和微小卫星，活跃繁荣空间科学。

（3）重视各种研究手段。加强高空科学气球、探空火箭、抛物线飞机、自由落体设施、地面台站等研究设施建设，充分利用其各自特点开展空间科学实验和探测，扩大地面和亚轨道实验规模，验证科学思想，发展先进有效载荷，锻炼队伍，夯实空间任务基础。

（4）发挥科学家作用。空间科学项目（含科学卫星）是以科学探索为目标的航天任务，可试行“科学业主”制度，建立科学、技术、工程密切配合的团队；建立首席科学家制度，发挥科学家在空间科学项目中的主导作用。

（五）加强国际合作、人才培养和科学教育

（1）实施开放战略，提升国际合作层次。空间科学的国际合作是普遍通例，是开拓我国航天国际合作局面的突破口，对提升我国空间科学和技术水平具有战略意义。建议公布我国载人航天、探月工程中的科学计划和科学卫星计划，发展以我为主的国际合作；积极参加重要的国际空间科学计划和双边及多边合作项目；打通科学家、专业机构和国家航天机构间各层次国际合作渠道。

（2）加强学科建设和人才培养。我国亟须加强空间科学相关学科建设和人才培养。应在有关科研院所和大学加强空间科学相关学科和交叉性学科布局；增设空间科学硕、博士学位授予点，加大研究生培养力度，培养各类专业人才和科学与工程复合型人才；大力引进国际杰出人才。

（3）大力开展科学教育和科学传播。空间科学集知识性、趣味性和前沿性于一体，是传播科学思想、科学精神和科学文化的重要载体。应在大中学教材中增加空间科学最新内容，规定空间科学项目包含一定比例经费用于科普和青少年教育，征集和资助青少年空间科学实验项目。

（本文选自2015年咨询报告）

咨询研究组成员名单

专家组

顾逸东	中国科学院院士	中国科学院空间应用工程与技术中心
胡文瑞	中国科学院院士	中国科学院力学研究所
徐建中	中国科学院院士	中国科学院工程热物理研究所
叶培建	中国科学院院士	中国空间技术研究院
祝世宁	中国科学院院士	南京大学
李依依	中国科学院院士	中国科学院金属研究所

余梦伦	中国科学院院士	中国运载火箭研究院
刘竹生	中国科学院院士	中国运载火箭研究院
魏炳波	中国科学院院士	西北工业大学
陈建生	中国科学院院士	中国科学院国家天文台
李惕碚	中国科学院院士	中国科学院高能物理研究所
吴岳良	中国科学院院士	中国科学院大学
罗俊男	中国科学院院士	中山大学
欧阳自远	中国科学院院士	中国科学院地理化学研究所
涂传诒	中国科学院院士	北京大学
吕达仁	中国科学院院士	中国科学院大气物理研究所
万卫星	中国科学院院士	中国科学院地质与地球物理研究所
赵玉芬	中国科学院院士	厦门大学
饶子和	中国科学院院士	南开大学
赵国屏	中国科学院院士	中国科学院上海生命科学院

工作组及秘书组

刘迎春	研究员	中国科学院空间应用工程与技术中心
冷伏海	研究员	中国科学院文献情报中心
杨　帆	副研究员	中国科学院文献情报中心
蔡伟明	研究员	中国科学院上海生命科学院
商澎男	教　授	西北工业大学
李艳梅	教　授	清华大学
陈国强	教　授	清华大学
邓玉林	教　授	北京理工大学
康　琦	研究员	中国科学院力学研究所
张元仲	研究员	中国科学院理论物理研究所
陈徐宗	研究员	北京大学
戎利建	研究员	中国科学院金属研究所
潘明祥	研究员	中国科学院物理研究所

曹则贤	研究员	中国科学院物理研究所
罗兴宏	研究员	中国科学院金属研究所
张双南	研究员	中国科学院高能物理研究所
胡景耀	研究员	中国科学院国家天文台
刘富坤	教　授	北京大学
詹　虎	研究员	中国科学院国家天文台
丁明德	教　授	南京大学
宗秋刚	教　授	北京大学
王　赤	研究员	中国科学院空间科学与研究中心
曹晋滨	教　授	北京航空航天大学
易　帆	教　授	武汉大学
李春来	研究员	中国科学院国家天文台
任丽文	副研究员	中国科学院空间科学与研究中心
郑永春	研究员	中国科学院国家天文台
张　璐	副研究员	中国科学院空间应用工程与技术中心
李　亮	博　士	中国科学院空间应用工程与技术中心

关于推进“资源节约型、环境友好型”农业生产体系建设的建议

张启发　等

我国是一个古老的农业大国。在几千年的文明发展中，我国农业一直以其精耕细作的特点而著称于世。近年来，农业发展在充分利用各种惠农、强农政策，把握好机遇的情况下，更是取得了前所未有的粮食丰收、农产品增产、农民收入增加等农业与农村经济发展的好成效，确保了对国民经济健康持续发展的重要支撑。

但与此同时，几十年来以产量增长为导向的农业发展模式也面临着日益严峻的资源危机、环境危机和农产品保障能力弱化的风险，遭遇到前所未有的资源环境供给能力弱化的挑战和科技支撑能力提升缓慢的掣肘，并由此构成了对我国国民经济与社会发展建设的严重制约。为此，党的十七届三中全会将“资源节约型、环境友好型农业生产体系基本形成”作为全国农村改革发展 2020 年的基本目标之一，党的十八大则围绕生态文明建设问题，将“节约资源和保护环境”上升到基本国策的高度，着力强调要“推动资源利用方式的根本转变”。这对破解我国现代农业发展困境，确立现代农业发展方向意义重大。

一、我国农业发展成效及资源环境现状分析

改革开放以来，尤其是进入 21 世纪以来，在各种惠农强农政策的驱动下，我国农业和农村经济发展成效显著。一是粮食产出数量持续增长，自

2004 年开始，粮食总产量止跌回升，实现了连续 11 年的产量增长，2014 年达到了 60 709 万吨，有效保障了社会稳定，度过了国际金融危机所衍发的经济震荡期，支撑了国民经济的持续稳步发展。二是农副产品供给达到较高水平，肉蛋奶和果瓜菜较以前均有显著增长，2013 年，我国肉类、禽蛋和牛奶的总产量分别比 2000 年增长了 41.92%、31.81%和 326.79%，达到了 8535.02 万吨、2876.06 万吨和 3531.42 万吨，水果、瓜类和蔬菜产量分别为 1.57 亿吨、0.87 亿吨和 7.35 亿吨，人均占有水平显著增加，有力保障了城乡居民“菜篮子”的产品供应。三是农产品质量不断提高，自 2001 年起启动农产品质量安全例行监测制度，近年来的监测结果表明，我国主要农产品合格率保持高位，农产品质量安全水平明显提高，2013 年的蔬菜、畜禽产品和水产品的监测合格率均超过 94%，其中禽畜产品质量合格率最高达 99.7%，极大程度的保障了居民食品安全。四是农业生产条件持续改善，尤其是近年来的农田水利投资和土地整理，使基本农田生产条件得到较大改善，2013 年年底，全国有效灌溉面积达到了 9.52 亿亩，其中工程化措施下的节水灌溉面积达到了 4.07 亿亩，约占有效灌溉面积的 43%。五是农业生态功能不断增强，通过对农业功能认识的转换和更加重视农业生态功能，使农业生态环境的恢复与重建工作得到关注，启动和实施了生态示范县、乡（镇）和生态村等美丽家园建设计划，大大促进了农业与农村环境改善。

然而，在取得上述巨大成就的同时，农业发展所付出的代价也十分惊人。主要表现在以下几个方面。

一是过度的资源消耗。在作物品种长期未能跨越产量平台期和惠农政策效应递减的情况下，要保障农产品总量的有效供给，不得不采取了“高投入、高产出”的措施，并演变成了“路径依赖”。我国农药化肥消耗多年维持占世界总量 35%的水平。2013 年，全国农用化肥单位农作物播种面积平均施用量达到了 359.1 千克/公顷，是安全上限的 1.6 倍，是主要发达国家的 2～8 倍。过量施用而肥效较低，对增产的贡献率持续衰减，还形成了大量的面源污染和土传病害，导致土壤环境自我修复能力下降，使农作物重大病虫害的多发、重发和频发态势日益明显。

二是过大的环境损耗。据《第一次全国污染源普查公报》显示，农业已成为环境污染的大户，40%以上的水污染物排放量来自于农业污染源。据统计，2013年，我国农业源化学需氧量排放量为1125.8万吨，占废水化学需氧量排放总量47.9%。此外，农业源也成为氨氮排放的主要来源，其排放量为77.9万吨，占废水氨氮排放总量的31.7%。同时，全国土壤重金属污染态势严峻，2014年的《全国土壤污染状况调查公报》显示，我国耕地土壤中的镉、镍、铜、砷等重金属点位超标率达到了19.4%，严重威胁农产品质量安全和人体健康。

三是较低的资源效率。由于盲目过量施肥，忽略土壤环境养分，以及未能挖掘作物产量潜力等，使粮食作物的化肥利用率相当低。据农业部门监测，我国水稻、小麦、玉米三大粮食作物的氮肥、磷肥和钾肥当季平均利用率分别为33%、24%、42%。其中，小麦氮肥、磷肥、钾肥利用率分别为32%、19%、44%，水稻氮肥、磷肥、钾肥利用率分别为35%、25%、41%，玉米氮肥、磷肥、钾肥利用率分别为32%、25%、43%，远低于国际平均水平，且与20世纪80年代相比均呈现下降趋势。与此同时，农业耗水占总用水量的比例长期高达70%左右，而利用效率很低，全国农田灌溉水有效利用系数目前仅为0.52，与先进国家的0.7～0.8相差甚远。

四是仍然严峻的农产品质量安全。在当前我国社会高度关注的六大问题中，食品安全问题以70.4%的认同率高居榜首。其产生的缘由是不合理、不科学的施用化肥、农药，以及污水灌溉等。如2010年出现的海南"毒豆角""毒节瓜"事件，2013年发生的山东"毒生姜"及湖南"镉大米"事件等，均给消费者造成心理恐慌。尽管近年来政府监管力度加大，但滥用药物、非法添加、残留超标等问题在一些地区、一些时段、一些品种上依然较为突出。农产品质量安全风险隐患依然不容乐观。

为此，从政策与制度环境完善，科技资源调配与整合的角度出发，构建"两型农业"生产体系，推进"两型农业"生产方式，有利于强化农业持续健康发展能力，增强农业对国民经济与社会发展的支撑力和进一步稳固农业基础地位。

二、发展"两型农业"生产体系是破解我国农业永续发展遭遇资源环境困局的重要举措

"两型农业"生产体系是以发展高产、优质、高效、生态、安全的现代

农业为目标，依靠技术创新和政策创新转变农业生产方式，大力发展循环农业、生态农业、集约农业，提高资源利用效率和保护农业生态环境，满足粮食安全和农产品有效供给，保障农业持续健康发展的综合生产体系。

（一）建设“两型农业”生产体系有利于提升资源利用效率，缓解农业资源短缺压力

面对当前乃至今后我国农业发展与资源环境之间日益严峻的矛盾与冲突，构建“两型农业”生产体系，积极发展节地、节水、节肥、节药、节种的资源节约型农业，对缓解农业发展的资源环境瓶颈约束，具有重大的意义与作用。通过提高资源利用效率和优化资源投入方式可以降低资源投入强度，减少进入农业生产系统的物质流与能量流，实现农业生产投入减量化和边际生产效应最大化，并能够实现农业资源尤其是土地资源的休养生息和自然肥力恢复，提升和改善资源环境质量，确立以质量产出换取以数量投入的狭窄资源利用路径依赖，充分缓解资源短缺的发展压力。

（二）建设“两型农业”生产体系有利于弱化或消减农业环境损害，增强农业可持续发展能力

提高资源利用效率和实现资源节约是减少资源投入的重要方面。在资源环境容量范围之内，少施化肥、少打农药、节水灌溉等措施实施可带来较少的资源和能量投入。当化肥、农药、农膜、农机等农用工业生产资料过量或者不当投入，以及大水漫灌、污水或中水灌溉所耗费的电力、燃油等煤电能源，不仅增加了农业生产成本，还加大了农业环境负荷，形成了环境损害。因此，“资源节约型与环境友好型”农业生产体系的提倡与推行，对环境压力减轻和消减农业环境损害必然形成积极影响，对农业可持续发展能力增强也会形成长期效应。

（三）建设“两型农业”生产体系有利于推进农业增效与农民增收目标实现

“资源节约型与环境友好型”农业的直接效果是降低农业生产成本和提高农产品品质。在市场经济条件下，成本减少与品质提升是实现农产品价值提升和增加农业比较效益的基本手段。在等量投入换来多量产出，或者减量投入换来产出不减乃至有所增加，均意味着单位产品成本的下降和农业生产效益的增加。而农业化学品的减量投入，则无疑有利于农业生态环境改善，对提升农产品品质亦具有积极影响。这在当今居民消费“吃讲营养，吃讲安全”和具有消费能力的情况下，以“优质、生态、安全”的农产品生产导向的“两型农业”生产目标就成为实现农业增效和农民增收的重要前提。

（四）建设“两型农业”生产体系有利于彻底转变农业发展方式，加快推进现代农业建设进程

我国目前普遍存在的以“投入粗放、管理低效、产出低下”为特征的农业发展方式，形成了较大的资源浪费和环境破坏。“两型农业”生产体系所追求的社会、经济与生态效益最大化，是现代农业发展的主导方向和目标追求。通过运用现代科技手段和科学管理理念，实现资源转化率和投入产出率的不断提高及农业生态环境的持续改善，既是促使传统农业发展方式转换的具体措施，也是推进现代农业建设的实践体现，是自然再生产与经济再生产的系统整合及市场导向下的生产经营方式转换。这种高产优质高效生态安全和具有抗风险能力、国际竞争能力与可持续发展能力的“整体提升效果”的现代农业，唯有在“两型农业”生产体系的框架下才能得到较好实现。

三、世界发达国家“两型农业”发展的实践做法与经验借鉴

围绕“资源节约与环境友好”这一主题，国外尤其是世界发达国家在生态农业、循环农业、有机农业等具有可持续发展特征的现代农业建设方面进行了全方位探索，在农业制度创新、新技术研发和应用、财政支持等方面积累了许多成功经验，对我国“两型农业”生产体系建设具有十分重要的学习与借鉴价值。

一是从产业系统出发，十分重视资源节约与环境保护的紧密结合。启示我们必须树立系统理念，突破产中环节认知局限，将农业产业系统的产前、产中和产后等各个环节整合起来，形成并强化资源节约与环境友好的意识，构建起全过程的“两型农业”生产体系。

二是从科技系统出发，构建强大的农业科研投入和良好的技术支撑体系。启示我们在建立“两型农业”生产体系的过程中，必须着力于资源节约型、环境友好型农业生产技术的协同攻关，不断开发和采用各种有利于资源循环和高效利用及对环境负面影响较小的高新技术及其相关技术规程，这是实现“两型农业”发展的重要保障。

三是从制度系统出发，确立完善农业法律法规及制度规范的约束机制。启示我们必须从不同角度、不同层次或者以不同方式，出台或制定相关有利于资源节约和环境友好的法律法规，在制度保障层面为“两型农业”生产体系建设与发展创造良好的制度条件与环境氛围。

四是从激励机制出发，强化了政府对“两型农业”生产经营主体的补贴政策。启示我们必须紧紧围绕 WTO 的“绿箱”和“黄箱”政策，启动和实施各种有利于“两型农业”发展的政府农业资源节约利用和环境友好的财政补助与补贴计划，构建各类生产经营主体积极参与“两型农业”发展的激励机制，这是“两型农业”生产体系建设与实践得以落地的重要保证。

四、推进我国“两型农业”生产体系建设的几点建议

（一）构建和完善与“两型农业”发展相匹配的政策与制度体系

建立农业资源投入的约束机制。以提高农业生产效率、保护环境为目标，按生态区、作物种类、土地生产力，确定化肥、农药、农膜、农业灌溉用水等生产资料的单位面积投入总量，类似当年粮、油票的办法实行配额供给制度。尽快制定日程表和线路图，力争到 2020 年，实现农药、化肥、农膜、农业灌溉用水投入的零增长，并逐步向负增长转变。与之相匹配，通过推进土地流转，实现规模经营，使经营者追求效益，减少投入；大力推广转基因棉花、水稻、玉米等农作物新品种，减少农业生产对农药、化肥和水资源投入的依赖性；建立“两型农业”发展的财政补贴补偿机制，对有利于资源节约、保护环境的农业生产技术给予推广补贴；加大对农户的知识与技能培育，提升农业经营者对“两型农业”的认知水平和技术的运用能力，强化“两型农业”发展的人力资本。

（二）制定与“两型农业”发展要求相适应的作物品种评价与审定制度

修改《农作物品种审定办法》，建立基于“两型农业”的作物品种评价与审定制度。在现有的区域试验制度下，充分考虑“两型农业”的发展，以资源节约、环境友好为指导思想，围绕“优质、高产、高效、生态、安全”，设置区域试验方案，评价农作物新品种。

（1）在降低投入的前提下评价新品种的增产能力。应大幅度降低目前农作物品种区域试验中的化肥和农药的施用量，以此为导向，引导育种者改变“耐肥抗倒夺高产”的育种目标，加大营养元素高效利用和抗病虫种质的筛选与创新，大幅度提高新品种对化肥的利用效率和病虫害抗性。

（2）合理评价新品种的节水抗旱能力。在所有区域试验中增设节水抗旱组，在科学的水分控制条件下，评价品种的抗旱能力。

（3）充分考虑我国约 1/3 的农田为中低产田的基本国情，在中低产田增加区域试验点，合理评价品种在中低产田中的表现，保证审定的品种对中低产田的适应性。

（4）在区域试验中增设免耕或粗放栽培组，筛选适合于免耕和粗放栽培的新品种，有利于推广保护型耕作，改善生态环境。

（5）建立针对特色品种的审定制度，评价审定特色品种。

从长远看，随着种业的发展，我国最终应取消品种审定制度，实行国际上通行的品种登记制度。实行品种登记注册制度的好处在于：一是加强了育种目标与生产实际的联系，育种家根据市场需求选育品种，由育种者确定品种的适应区域；二是有利于品种尽快推广应用，大大缩短品种评价的时间，尽快将科技成果转化为生产力；三是使育种家自始至终对自己的品种负责，不需要政府大包大揽，从根本上杜绝由于种子制度问题对农民产生的危害。

（三）加强以“两型农业”发展为导向的技术研发

发展“两型农业”从本质上讲是农业发展在技术范式上的革命，必须紧紧依靠科学技术进步。一方面，应加大以资源节约、环境友好为目标的动植物品种遗传改良的研发力度，如培育具有抗逆性强、养分和水分利用效率高，有利于少施化肥、少打农药和的新型高产优质作物品种，有利于资源转化效率提升的动物品种等。另一方面，应加大对生物资源循环利用技术的研发，将产业链与生态链整合起来，运用系统论的思想，从全链条的角度，对一级利用、二级利用乃至多级利用技术体系进行系统优化与组织整合，在最大程度减少对外部投入依赖的同时，促使各个链条环节的能量损失最小化。同时，对于能够节肥节药节水的定向育种、精准育种等高端前沿技术，如转基因技术、基因组育种技术等，建立高层次协调机制和产业组织体系，形成由政府、企业、科研机构和大学构成的联合研发体系，确立对新技术研发和产业发展多元化的投入机制。

（四）建立健全“两型农业”发展的技术推广体系

“两型农业”技术，在较大程度上具有公益性特征，在农业经营规模狭小、农业经营者素质偏弱情况下，唯有构建职能完善和运行顺畅的农业技术推广体系，才能将“两型农业”的相关技术及规程运用于实际生产过程之中。应尽快恢复和建立基层农业技术示范推广体系，建立建设面向农业生产经营者的技术推广队伍，解决依据地块土壤肥力、不同农作物生长期和不同化肥、农药品种的怎样施肥和如何用药的技术问题。引导并鼓励发展私有性质的农业技术成果转化与咨询服务机构。对于知识产权清晰和具有较大资源节约与环境友好效应的农业技术成果，可以通过政府补助、定向引导和对职务发明成果采取下放科技成果使用、处置与收益权等方式，鼓励和激励私人机构参与技术示范及推广服务工作。

（本文选自2015年咨询报告）

咨询研究组成员名单

（以姓氏汉语拼音为序）

陈温福	中国工程院院士	沈阳农业大学
陈瑶生	教　授	中山大学
程式华	研究员	中国水稻研究所
邓秀新	中国工程院院士	华中农业大学

傅廷栋	中国工程院院士	华中农业大学
关桓达	研究员	华中农业大学
韩　斌	中国科学院院士	中国科学院上海生命科学院
何建国	教　授	中山大学
何予卿	教　授	华中农业大学
胡银根	副教授	华中农业大学
黄　倢	研究员	中国水产科学研究院
黄季焜	研究员	中国科学院农业政策研究中心
贾继增	研究员	中国农业科学院
蒋思文	教　授	华中农业大学
蒋宗勇	研究员	广东省农业科学院
黎志康	研究员	中国农业科学院
李崇光	教　授	华中农业大学
李谷成	副教授	华中农业大学
李家洋	中国科学院院士	中国科学院遗传与发育生物学研究所
李振声	中国科学院院士	中国科学院遗传与发育生物学研究所
梁旭方	教　授	中农业大学
罗利军	研究员	上海市农业生物基因中心
牟同敏	教　授	华中农业大学
潘国君	研究员	黑龙江省农业科学院
彭化贤	研究员	四川省农业科学院
彭少兵	教　授	华中农业大学
齐振宏	教　授	华中农业大学
祁春节	教　授	华中农业大学
任光俊	研究员	四川省农业科学院
施卫明	研究员	中国科学院南京土壤研究所
陶建平	教　授	华中农业大学
田冰川	副总经理	中国种子集团
王雅鹏	教　授	华中农业大学

吴孔明	中国工程院院士	中国农业科学院
武维华	中国科学院院士	中国农业大学
谢华安	中国科学院院士	福建省农业科学院
解绶启	研究员	中国科学院水生生物研究所
张福锁	教　授	华中农业大学
张吉斌	教　授	华中农业大学
张俊飚	教　授	华中农业大学学
张林秀	研究员	中国科学院农业政策研究中心
张启发	中国科学院院士	华中农业大学
赵炳然	研究员	湖南杂交水稻研究中心
邹应斌	教　授	湖南农业大学

我国大气 $PM_{2.5}$ 污染现状及控制对策建议

安芷生 等

自 2011 年年底以来，$PM_{2.5}$ 污染成为全国人民共同关心的环境问题，受到海内外广泛关注。频发的雾霾事件更是牵动全国人民的神经，大气污染问题受到前所未有的关注。我国政府已把防治空气污染作为最大的民生问题，列入政府工作重点，如制订新环境质量标准、出台大气污染控制的“国十条”、修订大气污染防治法等。习近平总书记高度重视 $PM_{2.5}$ 污染，他在谈环境治理时认为“大气污染防治问题最突出”“应对雾霾污染首要任务是控制 $PM_{2.5}$”“$PM_{2.5}$ 直接关系幸福感”等[①]，李克强总理指出“向雾霾等污染宣战是向粗放的生产和生活方式宣战”“出重拳防治污染，以 $PM_{2.5}$ 为突破口”等[②]。

大气污染是能源病、结构病、城市病和体制机制病的综合反映，需要瞄准主要矛盾、同时从多方面着手，深层次系统解决当前面临的大气污染难题。过去十多年来，我国对大气污染控制持续加大力度，火电、钢铁、冶金等行业在降尘、脱硫方面取得显著成效，多数城市大气烟尘与二氧化硫浓度增长态势得到遏制，部分地区已开始缓慢下降。然而，一方面由于经济规模庞大和生产生活方式粗放，我国大气污染物排放基数高；另一方面其他典型大气

---

① 人民网. 习近平谈环境治理：大气污染防治问题最突出. http://ah.people.com/n/n/2014/0227/c358314-20658427.html［2014-02-27］.

② 人民网. 李克强：向雾霾等污染宣战是向粗放的生产和生活方式宣战. http://finance.people.com.cn/n/2014/0313/c70846-24627013.html［2014-03-13］.

污染物（如氮氧化物、半挥发性有机物等）尚未得到有效控制，大气环境质量恶化趋势没有得到根本扭转。

尽管大气污染防治的需求十分紧迫，但当前人们仍存在诸多认识上的不足和误区，以致在治污实践中走弯路，治污效果往往达不到预期目标。本咨询项目自 2012 年 9 月中国科学院学部立项以来，由安芷生院士牵头，组织 12 名院士及 30 多个单位的 70 余名专家，经过 2 年多的工作，完成本调研报告。本报告通过充分调研和广泛讨论，试图从全局角度对当前我国大气污染现状作一系统阐述，从而揭示我国 $PM_{2.5}$ 污染的成因。报告就如何正确处理以 $PM_{2.5}$ 代表的大气污染治理与能源结构调整、经济发展、近期治理与长期战略、生态文明建设等方面之间的关键关系，并针对科技治污、体制、法律和经济等管理制度，以及分区、分城市针对不同污染源有序治理等提出了国家应对策略。我们坚信：通过长期与短期相结合，治标与治本相结合，重点治理与区域联动相结合，我国大气 $PM_{2.5}$ 污染治理不仅能在短期内见效，也能为环境质量的长期改善奠定基础，实现我国经济发展与环境保护的协调发展。

一、$PM_{2.5}$ 的基本知识与污染和治理历史

大气中悬浮的固态、液态物质称为颗粒物（particulate matter，PM），其粒径自几个纳米到 100 微米不等，颗粒物按粒径大小可以分为总悬浮颗粒物（total suspended particles，TSP），PM_{10}（粒径小于 10 微米），$PM_{2.5}$（粒径小于 2.5 微米，又称细颗粒物）和 PM_1（粒径小于 1 微米）。通过人体呼吸，粗颗粒物可沉积在主气管和支气管，而细颗粒物可沉积在肺泡等部位，更小的颗粒物（如 PM_1）可穿透肺泡进入血液循环，因而空气中高浓度颗粒物特别是细颗粒物对人体健康有显著损害。

大气颗粒物还具有显著的气候与环境效应，它可以吸收和散射太阳光，降低能见度，形成霾（也叫灰霾）。霾污染的本质是 $PM_{2.5}$ 浓度过高，大量极细微的干气溶胶粒子悬浮在空气中，使水平能见度小于 10 千米的空气普遍混浊现象。当空气中水气较多时，这些致霾粒子会吸水、长大成为雾滴，在地面形成雾，使能见度进一步降低，若相对湿度＞90%时，则被定义为雾。当今我国许多地区特别是中东部地区不论是霾还是雾，已经不是一种完全的

自然现象，其背后都有人类活动排放的污染物所形成的大量细粒子（特别是 $PM_{2.5}$）的参与。

我国历来重视大气环境质量和污染问题，《中华人民共和国宪法》中有针对大气环境保护的概括性条款。早在 1956 年，为减少厂矿企业生产中粉尘对工人的危害，国家就制定了“关于防止厂、矿企业中矽尘危害的决定”。我国真正意义上的环境保护起始于第一次全国环境大会（1973 年）。我国最初环境问题主要表现为水污染。20 世纪 80 年代由于工业和居民燃煤的急剧增多，北方许多城市出现煤烟型的大气污染。1983 年，国家将环境保护定为一项基本国策，并于 1987 年由全国人大审议并通过了我国首部《大气污染防治法》，2000 年和 2014 年分别进行了修订和完善。20 世纪 80 年代以前少有大气污染问题，80 年代出现的城市煤烟型污染主要以 TSP 为代表，90 年代主要表现为 PM_{10} 污染。2006 年第六次全国环境大会后，国家重视“两控区”建设，$PM_{10}/PM_{2.5}$ 浓度均有所下降，但 2009 年以后由于不再有北京奥运会等环境要求，全国很多城市经济社会快速发展导致 $PM_{2.5}$ 和灰霾污染问题较为突出。

二、我国 $PM_{2.5}$ 污染现状与主要成因

我国是全球 $PM_{2.5}$ 污染高值区之一，约有 80%的城市不能达到环境空气质量新标准（GB 3095—2012）。观测结果表明，2013 年全国 74 个重点监测城市 $PM_{2.5}$ 年均浓度为 72 微克/米^3，仅拉萨、海口、舟山 3 个城市达标，达标比例为 4.1%。2014 年 74 个城市 $PM_{2.5}$ 年均浓度较 2013 年下降 11.1%，但仍仅 8 个城市空气质量达标，有近 90%城市未达标。东部地区 $PM_{2.5}$ 污染形势尤为严峻，京津冀是 $PM_{2.5}$ 污染严重区域。根据本咨询项目组在全国 14 个城市 2003 年和 2013 年的观测对比表明，我国城市 $PM_{2.5}$ 空气质量要达到新标准，约需要 19 年，即 2034 年达到新国标。

我国的 $PM_{2.5}$ 在组成上，以硫酸盐、硝酸盐和铵盐构成的无机盐类（sulfate，nitrate and ammonium salt，SNA）与有机物（organic matter，OM），以及粉尘为主要成分。最新研究表明，北京、上海、广州和西安 $PM_{2.5}$ 中有机物占到 30%～48%，二氧化硫（SO_2）、氮氧化物（NO_x）和挥发性有机物

（VOCs）经过化学转化形成的二次组分是 $PM_{2.5}$ 的主要组成。受降水、季风和采暖排放的影响，我国不同地区 $PM_{2.5}$ 几乎均呈现冬季高夏季低的季节变化特征。在秋冬季特别是采暖期，一旦出现如静风、低温、高湿度等气象条件，$PM_{2.5}$ 浓度就会急剧攀升，形成严重灰霾，并往往表现为全国大范围区域性污染特征。局地污染物累积与区域输送是我国“三区十群”灰霾的共同成因。我国冬季大气重灰霾主要由二次污染物造成，二次有机气溶胶对 $PM_{2.5}$ 的贡献达到 27%，这与燃煤、工业排放和生物质燃烧产生的大量 VOCs 密切相关。

燃煤、工业（钢铁、重化工、建材和冶金等）、机动车及其他移动源、生物质燃烧和扬尘等污染源的高强度排放，是当前我国大气污染五类主要来源，其共性特征如下。

（一）煤炭为主的能源结构是高浓度 $PM_{2.5}$ 的直接原因

2012 年，我国能源消费结构中，煤炭占 68.5%、石油占 17.7%、水能占 7.1%，天然气占 4.7%……。以煤炭为主的能源消耗排放烟尘、SO_2、NO_x、CO、VOCs 等多种污染物，给我国带来了严重的大气污染问题。以 $PM_{2.5}$ 为代表的各类空气污染物，其主要来源是煤炭、石油等化石燃料燃烧的直接排放物及其在大气中的化学转化。排放清单显示，煤炭是我国一次 $PM_{2.5}$ 及其二次前体物的重要排放源，占一次 $PM_{2.5}$ 颗粒物排放的 53%，对我国 SO_2、NO_x、VOCs 总排放量的贡献分别为 91%、68%和 16%。模拟估算表明，煤炭消费对中国一些地区 $PM_{2.5}$ 污染的贡献可达到 50%。因此，调整能源结构、控制煤炭消费总量对于改善我国空气质量是至关重要的。

（二）粗放型经济发展模式是雾霾频发的主要原因

改革开放以来，我国经济持续高速增长，消耗了大量能源。2012 年，我国经济总量占世界的比重为 11.6%，但消耗了全世界 21.3%的能源、54%的水泥、45%的钢。单位 GDP 能耗是世界平均水平的 2.5 倍，美国的 3.3 倍，日本的 7 倍，同时高于巴西、墨西哥等发展中国家。整体来看，我国经济总量大，单位 GDP 能耗高，表明我国经济发展方式仍相对粗放，依靠增加生产要素量的投入来扩大生产规模，实现经济增长。在这种情况下，我国大气污染物排放量接近甚至超过环境的可承受能力，再加上不利的气象条件，导致大范围、多区域的空气污染事件频发。

（三）污染物的跨界传输形成区域性污染

$PM_{2.5}$ 污染已经不是我国单个城市和地区的独立问题，从目前我国 $PM_{2.5}$ 污染的现状来看，特别是在冬季，京津冀、山东和河南基本为同一污染区，严重时可以和长三角连成一片，甚至被冬季风环流输送到三亚市，形成整个东部大范围区域性污染，霾区面积占到我国国土面积的近 1/3。因此应对目前 $PM_{2.5}$ 污染问题，亟须建立区域大气污染联防联控机制。

三、$PM_{2.5}$ 污染个性特征决定其防治的复杂性和长期性

由于我国地域辽阔，各地发展阶段不一致，$PM_{2.5}$ 污染也呈现明显不同的个性特征。结合 74 个城市 $PM_{2.5}$ 浓度和 2013 年 1 月和 7 月我们对全国 20 个城市 $PM_{2.5}$ 的观测可以看出，我国 $PM_{2.5}$ 及其组分存在明显的区域差异，沿海低、内陆高，所以进行 $PM_{2.5}$ 污染治理时，不能一刀切，要因地制宜，执行区域化差别管理。我国 $PM_{2.5}$ 主要个性特征表现如下。

（一）区域排放源差异明显

不同区域存在自然背景和人为活动差异，导致 $PM_{2.5}$ 在来源上及不同来源污染物之间的反应机制和过程上均存在显著差异。这种差异从 $PM_{2.5}$ 化学组成可直观判断。根据我国 20 个城市 $PM_{2.5}$ 化学组成计算结果，可以将 20 个城市分为三大类：第一类为我国西部城市（金昌、榆林、乌鲁木齐和西宁），特征为地质尘组分比重较高，平均为 16%，远高于其他城市 5%的平均值。该类城市主要分布在我国西部经济发展相对滞后、降水较少的地区。第二类城市有机物组分比例较高，平均为 36%，远高于其他城市 25%的平均值。根据污染来源的不同，该类又可以分为两个亚类：Ⅰ类有机物主要来自于工业生产和生物质燃烧的一次排放，该类区域主要包括东北地区和华北地区城市。Ⅱ类有机物主要为来自 VOCs 在大气中经过化学反生成的二次有机物，以珠三角和海峡西岸地区的广州、厦门和香港等城市为代表。第三类为长江

流域和四川盆地，以杭州、青岛、天津、南京、上海、武汉和成都为代表，其 $PM_{2.5}$ 中硫酸盐、硝酸盐和铵盐组分比例较高，平均值为48%，同样远高于其他城市33%的平均值。

（二）能源结构与经济发展水平不同

能源结构不同，从源头上直接决定排放到空气中污染物的种类和数量不同；经济发展水平不均衡同样会在源头上导致各种污染源类型的组配存在差异。根据部分城市 2013 年能源结构与经济发展水平的关系，可以把我国城市大致分为两大类：北京、上海和广州等为我国经济发展水平最高的城市，属于另一类别：第三与第二产业比例大于 1.5；同时在能源结构上，它们的煤与油气消费比例小于 1.5，表明其燃煤排放较低；值得注意的是乌鲁木齐也在该类别里面，这与乌鲁木齐推行煤改气，能源结构改变有关。其余城市所代表的区域为第二类别，在能源结构方面，煤与油气消费比例高于 1.5，煤炭仍处于主导地位；经济发展水平方面，第三产业低于或者与第二产业基本持平，说明它们仍有相当规模的工业生产。

（三）地形与气象条件不同

$PM_{2.5}$ 浓度最高的区域出现在京津冀、华北平原和关中盆地。除经济活动强度因素外，地形条件也是造成 $PM_{2.5}$ 浓度高的重要原因。京津冀地区，西靠太行山脉，为我国第二阶梯与第三阶梯的分界处，山系阻挡了京津冀与太行山脉以西地区的气团交换，有助于静稳天气的形成，不利于空气污染物的扩散，导致污染物易于累积。关中平原为盆地地形，同样不利于污染物的扩散。四川盆地、兰州、乌鲁木齐等地区也同样出现较高的 $PM_{2.5}$ 浓度，均与它们所处的盆地和河谷地形条件有关。

$PM_{2.5}$ 浓度分布及重灰霾事件的强度、频率除了受排放影响外，还与当地气象因素有密切关系。影响 $PM_{2.5}$ 主要气象因素包括混合层高度、风（风速和风向）、相对湿度、温度、降水，它们会直接影响 $PM_{2.5}$ 的排放、化学反应速率、传输及气溶胶的干湿沉降等。混合层高度低会导致大气扩散能力减弱，使污染物停滞、积累在近地面，加剧污染的程度；风速越大，越有利于 $PM_{2.5}$ 的扩散，其浓度越小，但我国东部人口密集区风速较小，不利于污染物扩散；相对湿度可以影响颗粒物的化学组成、混合状态、粒径分布、光学特性等；温度越高，对具有挥发性或半挥发性的硝酸盐或多环芳烃等的形成不利，但有利于二次转化过程；降水对 $PM_{2.5}$ 具有较强的清除作用，尤其是其中的水溶性成分。19 个东部沿海城市 $PM_{2.5}$ 平均为 52 微克/米^3，小于 74 个城市的 72 微克/米^3 平均值。这与沿海地区受来自海洋清洁空气的稀释作用，以及降水较多有关。另外，我国重污染天气多发生在北方的冬季和秋末，这与同期降水少有关。

总之，$PM_{2.5}$ 污染受人为污染物排放和自然条件的共同影响，来源复杂，影响因素较多。包括京津冀、山东和河南在内的华北平原及关中盆地春季受沙尘影响，夏秋受秸秆燃烧影响，冬季受集中供暖影响，同时地形条件在一些地区不利于污染物的扩散，是我国污染严重的区域；以长三角为代表的长江流域地区，工业生产发达，同时夏季受秸秆燃烧影响；以珠三角和海峡西岸为代表的华南沿海地区，第三产业发达，但受其全年温度相对较高，太阳辐射的影响较强，$PM_{2.5}$ 与臭氧（O_3）的复合污染已经呈现。同时，上述区域是我国经济发展最为活跃的区域，在未来经济持续高速或中速发展的背景下，$PM_{2.5}$ 污染防治将是一个长期和持续的过程。

四、防治 $PM_{2.5}$ 应考虑的五个关系及控制战略建议

解决好大气污染问题是我国当前面临的一个严峻挑战，既与国家的能源布局、经济结构等长远发展的大政方针相关，也与人民生产生活方式调整有关，涉及方方面面的问题。我国在当前污染治理实践中应充分考虑到如下五个关键的关系，做好顶层设计，以更好更快推动大气环境质量的持续有效改善。

（一）$PM_{2.5}$ 防治与能源管理的关系

能源结构在相当程度上决定了 $PM_{2.5}$ 污染的状况，而 $PM_{2.5}$ 治理有利于促进能源结构调整和升级。根据国外先进经验，煤炭在能源消费中占 20%～25% 是较合理的结构比例，其造成的 $PM_{2.5}$ 污染在可接受范围内。例如，美国 2013 年煤炭仅占能源消费总量的 18.6%，与 20 世纪五六十年代超过 30%的能源消费比率相比，煤炭利用的比重大幅下降。英国 1956 年煤炭占能源消费总量的

80%以上，之后开始急剧下降，目前维持在17%左右，石油和天然气各占1/3左右，预计到2020年煤炭占能源消费总量的比重为12%，到2030年将缩减为仅占5.5%。德国煤炭消费占比从2000年的25.5%微降至2013年的25.0%。

我国能源生产和消费均是以煤炭为主，从1952年的97%下降到1995年的76%。到2014年，尽管有所改善，但煤炭仍占能源消费总量的66%。目前，我国城市$PM_{2.5}$污染与当前能源结构密切相关。2010年燃煤$PM_{2.5}$排放对全国人为源$PM_{2.5}$总排放贡献是31%。

建议国家主要从能源消费总量控制、压减煤炭使用、煤炭的清洁化利用和提高能效、加大可再生／清洁能源等方面减少各类污染物的产生。例如，对于燃煤，应提高煤的集中燃烧与清洁利用，采用超临界煤粉电站或整体煤气化联合循环电站等，尽量减少居民民用散烧，提高燃煤的使用效率。

（二）$PM_{2.5}$防治与工业发展和经济增长的关系

工业化进程会造成空气污染。最近研究表明，2011年年底京津冀和华北大范围灰霾污染主要与2008年底启动的4万亿经济刺激计划有很大关系。河北和山东的钢铁、水泥、建材、玻璃、电解铝等行业在2010～2011年的爆发式增长使京津冀$PM_{2.5}$和灰霾污染程度与频次显著升高。从不同行业对$PM_{2.5}$污染的贡献分析，2010年我国工业总产值主要来自于制造业（44%）、建筑业（20%）及服务业（30%），制造业和建筑业的各类污染物排放强度非常接近，均高于全国平均值（特别是一次$PM_{2.5}$），是服务业排放强度的2～3倍。建筑业发展带动了上游非金属矿物制品、金属制品等高耗能行业的生产排放，成为消费视角下污染物排放的主要贡献部门，这与当时的房地产发展密不可分。

空气污染治理可以倒逼产业升级。严格治理$PM_{2.5}$与保持未来GDP年增长6%左右的目标是可以统一的。中国人民银行研究局首席经济学家马俊等采用CGE（computable general equilibrium，可计算一般均衡）政策分析模型分析了中国135个部门投入产出数据及其他中国宏观和产业数据，结果表明，在一些行业（如常规煤炭、重工业）减速或下降的同时，其他一些新兴行业（如清洁能源、公共交通、其他服务业等）将会加速增长，因此经济将面临的是结构转变，而非总量增长的减速，与政策不变的基准情景相比，

GDP 累计仅下降 0.12%，如果实施阶段为 3～5 年或更长，则年均对 GDP 的影响是十分有限的。

迅速发展的空气污染治理行业已成为经济发展的一个新增长点。例如，2001 年美国空气污染控制产业带来 270 亿美元的税收，并提供了约 18 万个就业机会。同时，空气污染治理相对于其他污染治理投入产出比是最高的。例如，1997 年美国环保署估算 1970～1990 年空气污染治理投入约 5000 亿美元，而同期因减排获得的收益超过 50 万亿美元，投入产出比超过 100∶1。

建议当前应以大气污染防治需求压减钢铁、普通玻璃等落后和过剩产能，推动低污染、低能耗、高附加值的新型、绿色产业快速发展，通过创新驱动，让 $PM_{2.5}$ 防治成为新的经济增长点，带动环境保护与 GDP 增长的双赢。

（三）$PM_{2.5}$ 的长期和近期防治关系

近期治理与长期防治是统一的。长期防治是战略性的、根本的，短期治理是阶段性的，短期治理要在长期战略治理的框架下进行，仍要坚持煤和化石燃料的治理。工业化与城镇化的快速发展阶段决定了未来我国空气污染防治的长期性。基于 $PM_{2.5}$ 实测资料及气象数据反演资料发现，30 多年以来西安的 $PM_{2.5}$ 年均值变化与经济发展速度和国家控制政策紧密相关，波动明显，在长期尺度上并无明显下降趋势。如果不能从长期的战略的能源结构改革出发进行 $PM_{2.5}$ 污染治理，短期的“运动式”污染治理措施的效果也不尽人意。例如，京津冀地区 2013 年和 2014 年冬夏季排放数值模拟结果表明，冬季减排效果比较显著，$PM_{2.5}$ 的浓度大约下降 12%，而夏季减排不明显，2013 年和 2014 年夏季 $PM_{2.5}$ 浓度甚至约增加 10%。出现上述现象的可能原因在于冬季减排措施较为严格，而夏季污染产业重新活跃。这说明坚持能源结构改革的重要性，同时也表明在科技治污中数值模拟是一个不可或缺的重要环节。

（四）$PM_{2.5}$ 防治与社会进步和生态文明的关系

$PM_{2.5}$ 治理促进社会进步，社会进步推动 $PM_{2.5}$ 治理。我国是农业大国，秸秆为目前农村炊事和取暖的重要燃料，如何寻找有效的方式减少污染排放，同时保证农民供暖和炊事活动使用清洁燃料，就需要从农村的特点和燃料使用方式进行探索。此外，$PM_{2.5}$ 污染具有显著的健康危害。大量流行病学研究表明：在颗粒物中短期或长期的暴露均会对人体产生危害，引发心血管疾病和呼吸道疾病甚至癌症等。在我国，$PM_{2.5}$是排名第4位的健康危险因素（前3位分别是高血压、不良饮食习惯和吸烟）。$PM_{2.5}$每增加5微克/米^3，肺癌的患病风险增加18%。据估算，我国因空气污染导致的健康损失高达GDP的3.8%，如以2014年全国GDP换算，当前的健康年损失可高达万亿元以上。

$PM_{2.5}$治理是生态文明建设的重要组成部分，生态文明建设过程及其紧迫性将推动$PM_{2.5}$污染的协同控制。$PM_{2.5}$污染具有来源多样性、种类复杂性及其危害广泛的特点，需从多方面协同控制，这将有助于我国环境质量的整体提高，从而促进生态文明建设；生态文明建设需全面推进环境综合整治，加快产业结构调整，切实加强环境执法工作，这都有利于$PM_{2.5}$污染的治理。加大$PM_{2.5}$等空气污染的防治力度，将十分有益于提高居民的生活环境质量，促进生态文明建设，推动我国小康社会建设，减少因污染原因导致的雾霾移民，应对气候变化，并有利于提高我国的国际形象。

建议：加强秸秆气化技术等生物质综合利用方式在农村地区的应用，这对于治理秸秆取暖污染、改善农民生产生活、建设社会主义新农村具有重要的意义；推出“$PM_{2.5}$健康指数”，加强环境与健康立法，完善国家环境与健康工作管理。加强$PM_{2.5}$及各类大气污染物的协同控制，促进生态文明建设。

（五）$PM_{2.5}$防治与政府和公众的关系

环境问题是政府发挥中心作用的重要领域，只有政府进行强有力的管理和领导，特别是做好将$PM_{2.5}$下降作为约束性指标的工作，做好就大气污染防治效果对地方政府主要负责人实施问责的工作，才能保证空气污染治理的效果和公众福利，公众治理的意识将推动政府的管理行为。环境质量是一种公共产品，必须依靠政府领导来保证提供，没有领导就没有一切，因此各级政府的领导作用十分重要。例如，近几年兰州的治污经验表明：领导责任制体制对大力推进兰州市$PM_{2.5}$污染防治起到重要作用，进而也使得兰州退出了十大污染城市之列。西方的治污经验表明，公众的监督作用也很重要，民间环保团体是污染治理的生力军，对推动政府立法和改善空气质量起着重要作用。

建议协调好各级政府领导与公众的良性互动关系，促进$PM_{2.5}$信息的公开与透明，形成畅通的参与渠道与监督机制，发挥全社会的作用。

五、国家应对的关键策略

基于以上五个方面关系的梳理与认识，建议在国家层面规划与开展 $PM_{2.5}$ 防治工作时，坚持“政府主导、科技治污和公众推动”的基本方针，以科技为核心建立新型的 $PM_{2.5}$ 防治体系，基于 $PM_{2.5}$ 变化规律理顺大气污染管理体制，发挥法律、经济两个抓手的重要作用，分区、分城市针对不同污染源有序开展污染防治。

（一）以科技为核心构建新型的 $PM_{2.5}$ 防治体系，实现科技治污

我国现行的治理途径为粗放型增长背景下制定的，并不符合未来产业调整和升级的新形势。健全的宏观防治体系是 $PM_{2.5}$ 防治的根本因素，科技治污为宏观防治提供科学支持。科学家在总结近百年空气污染控制经验基础上构想出理想空气质量管理概念简图：根据环境空气质量标准和污染控制目标，遵照 $PM_{2.5}$ 污染形成的自身规律，以科学的监测、分析、研究和技术开发等成果为基础，制订国家和地方的执行计划开展污染物削减与控制，并对减排效果进行追踪和科学评估，确保达到初始标准和目标；然后，进一步提高标准和目标，动态调整，通过多轮循环的持续努力，始终坚持将空气污染危害降至最低。简言之，就是坚持以科技支撑治污实践为核心，避免走弯路、做无用功，起到事半功倍的效果。建议尽快构建我国 $PM_{2.5}$ 防治新体系，以科学指导我国大气治污实践。

在构建 $PM_{2.5}$ 新型管理体系过程中，建议重点加强如下科技工作。

（1）加强环境部门监测、分析和研究等能力建设，组建 $PM_{2.5}$ 化学成分的国家观测网，加强源解析、重霾事件过程、二次污染物及其环境效应的定量研究；增强计算机数值模拟能力，加强天气过程与空气污染物相互作用的研究，提高空气污染预警预报水平。

（2）推动 $PM_{2.5}$ 及各类前体物监测、分析和研究等的标准化及设备与材料的国产化；面对复杂多变的污染形势，加大高技术、新技术在污染治理中的应用，如开发纳米净化技术等新治理途径、开放大型太阳能控制新技术、新型空气净化器的研发、利用移动互联网技术提供实时环境监管能力、利用车联网和智能汽车技术缓解尾气污染难题等。

（3）定期综述并公开最新研究成果，加强科学普及，提高各级管理部门环境决策的科学水平，正确引导社会媒体与公众的舆论导向。

（二）改革体制、法律和经济等管理制度，保障科技治污综合效益

以新型 $PM_{2.5}$ 管理体系建设为引导，促进体制、法律和经济等管理制度改革，保障各项科技措施落到实处、达到污染治理的理想效果。

1. 体制建设

我国当前空气污染的来源复杂、成因多样，诸多管理问题分属于不同的行政部门，尽管是环境问题，但远不是环保部门一家能够解决的。相比于水体污染、土壤污染，大气污染的问题更为复杂且多变。目前单靠环保部门已经无法单独解决现有的空气污染问题，对此应下大力气专门治理“九龙治水、多头管理”的分散局面。建议国务院成立空气污染防治实施的领导小组和办公室，超越目前空气污染治理的各个部门，统一领导，从体制上解决当前多部门管理、效率欠高等问题。

建议该机构下设专门的咨询委员会，包括科技、经济、法律、区域管理、宣传等方面全国顶尖专家和管理干部，共同参与国家层面的政策制订、标准讨论、科技规划制定、管理体系建设等问题，做好顶层设计，有效指导全国的治污实践工作。委员会职责在于加强政界、产业界、学术界、公众、民间社团等的有效沟通与交流，形成一个全社会共同治污的交流与咨询平台，为政府有效决策、经费高效使用、资源配置等提供咨询建议。

2. 法律保障

尽管 2014 年国家修订了《大气污染防治法》，但囿于已有的管理框架与治理思路，对 $PM_{2.5}$、O_3 等新出现的空气污染问题的关注仍显不足。例如，各省市如何根据国家法律制订更有针对性的地方法律法规？科技工作如何支撑法律的落实？未达标区域怎么办？等等，缺乏精细化的管理条款。建议严格执行《大气污染防治法》，强化监管企业治污措施的正常运行，铁腕治污。尽快统一不同地区的污染排放标准和污染处罚标准，完善法律体系，以应对区域污染防治和中长期污染控制之需，保证法律有效执行。

3. 经济手段

推动 $PM_{2.5}$ 防治所需的经济、财税和金融政策改革，特别关注重污染、经济发展较落后区域，发挥市场调控手段的作用，释放企业主动治污的潜力，

构建绿色金融政策框架，促进绿色产业发展。

（三）分区、分城市针对不同污染源有序治理 $PM_{2.5}$ 污染

区域污染防治应尽快统一标准进行管理。例如，京津冀在考虑环境容量的同时，应加快实行统一的防治标准对各类污染源严格管理和有序治理，以京津冀生态环境协调机构建设为契机，探索改革区域联防联控管理制度。

北京、上海、广州等特大城市机动车污染治理应置于优先位置，但不应忽视城郊和城乡接合部散煤和小工业源的排污，以及还没完成的“压煤”任务。从天然气供应安全的角度，北京还应重视煤炭的清洁化利用问题，不宜所有燃煤均用天然气替代。其他城市污染治理防治仍要坚持以燃煤、工业源、扬尘源的防治为主。考虑到国际大城市治污经验，机动车污染在可控范围内，大多数城市机动车数量似不应严格限制。

防治各类源时应分门别类，针对不同来源分别制订控制对策与措施，协调好产业和能源结构调整与重要污染源治理的关系。以煤为代表的化石燃料仍然是 $PM_{2.5}$ 的主要元凶，重视机动车油品污染对部分大城市城区的重要影响。同时着力加强重霾事件中二次污染前体物尤其是工业源 NO_x、VOCs 和农业源 NH_3 的防治，关注相对容易解决的扬尘和生物质燃烧的控制，以及特大城市已显现的 O_3 超标问题。

六、展望

纵观近百年世界环境保护历史，空气污染伴随着工业化发展而出现，其治理过程的紧迫性、长期性和复杂性需要引起高度重视。预测报告显示，伴随我国经济的持续发展，$PM_{2.5}$ 污染将长期存在，不能排除可能出现的局部恶化趋势。因此，仅仅中央政府重视是远远不够的，各省（自治区、直辖市）、市和县级政府都应当高度重视，并与业绩挂钩，不能“嘴上讲环保，心想 GDP”，而要将空气污染防治贯彻到实际行动中。空气质量是环境治理的“晴雨表”，不靠天、不等待、练好内功、扎实工作推动大气环境质量的持续改善。

我们坚信，在中央的领导之下，各级政府转变“GDP 至上”的政绩观，坚持“政府主导、科技治污和公众推动”方针，坚持一把手直接抓，发挥我

国社会主义制度集中力量办大事的优越性，调动全社会资源，瞄准主要矛盾，一定能够解决大气污染问题，实现真正意义上的经济发展与环境保护双赢，为我国小康社会建设和实现中国梦提供保障。

（本文选自 2015 年咨询报告）

主要参考文献

［1］曹军骥，等. $PM_{2.5}$ 与环境. 北京：科学出版社，2014：1-427.

［2］马骏，李治国，等. $PM_{2.5}$ 减排的经济政策. 北京：中国经济出版社，2014：1-267.

［3］Bachmann J. Will the circle be unbroken：A history of the US national ambient air quality standards. Journal of the Air&waste Management Association.，2007，57（6）：652-697.

［4］Cao J J，Lee S C，Chow J C，et al. Spatial and seasonal distributions of carbonaceous aerosols over China. Journal of Geophysical Research，2007，112：D22S11.

［5］Chow J C，曹军骥，李顺诚，等. $PM_{2.5}$ 及其测量与影响研究简史. 地球环境学报，2012，3（5）： 1021-1029.

［6］EIA. Annual Energy Outlook 2014 with Projections to 2040. Washington D C，2014.

［7］Huang R J，Zhang Y L，Bozzetti C，et al. High secondary aerosol contribution to particulate pollution during haze events in China. Nature，2014，514：218-222.

［8］Mu Q，Liao H. Simulation of the inter-annual variations of aerosols in China：Role of variations in meteorological parameters. Atomspheric Chemistry and Physics，2014. 14：11177-11219.

［9］NRC. Air quality management in the United States. Washington D C：The National Academies Press，2004.

［10］Pui D Y H，Chen S C，Zuo Z L. $PM_{2.5}$ in China：Measurements，sources，visibility and health effects，and mitigation. Particuology，2014，13：1-26.

［11］Zhang X Y，Wang Y Q，Niu T，et al. Atmospheric aerosol compositions in China：Spatial/temporal variability，chemical signature，regional haze distribution and comparisons with global aerosols. Atomspheric Chemistry and Physics，2012，12：779-799.

咨询研究组成员名单

专家组组长

安芷生　中国科学院院士　　中国科学院地球环境研究所

专家组成员

秦大河　中国科学院院士　　中国科学院寒区旱区环境与工程研究所
丁仲礼　中国科学院院士　　中国科学院
傅家谟　中国科学院院士　　中国科学院广州地球化学研究所
黄荣辉　中国科学院院士　　中国科学院大气物理研究所
符淙斌　中国科学院院士　　中国科学院大气物理研究所
周卫健　中国科学院院士　　中国科学院地球环境研究所
陶　澍　中国科学院院士　　北京大学
江桂斌　中国科学院院士　　中国科学院生态环境研究中心
石广玉　中国科学院院士　　中国科学院大气物理研究所
唐孝炎　中国科学院院士　　北京大学
郝吉明　中国科学院院士　　清华大学
王文兴　中国科学院院士　　中国环境科学研究院

工作组成员

曹军骥　研究员　　中国科学院地球环境研究所
张小曳　研究员　　中国气象科学研究院
朱　彤　教　授　　北京大学
贺　泓　研究员　　中国科学院生态环境研究中心
张仁健　研究员　　中国科学院大气物理研究所
陈建民　教　授　　复旦大学
王体健　教　授　　南京大学
铁学熙　研究员　　中国科学院地球环境研究所
张庆竹　教　授　　山东大学

加强关键信息基础设施建设，保障网络安全

郑建华　等

党中央指出“网络安全和信息化是事关国家安全和国家发展、事关广大人民群众工作生活的重大战略问题”，“没有网络安全，就没有国家安全”，强调要“把我国建设成战略清晰、技术先进、产业领先、攻防兼备的网络强国”。网络的自主权或制约权是网络强国的重要基础，关键信息基础设施安全关系国家政治、经济安全和社会稳定，应当予以高度重视，进行整体布局、科学规划和综合施策，为建设网络强国提供有力安全保障。

本咨询报告从国家安全的角度研究我国信息网络及关键信息基础设施的安全问题。

一、我国网络建设发展面临的形势与挑战

随着国家信息化建设全面加速，信息技术与党政军各项事业和人民生活结合越来越紧密，信息技术与工业和传统产业深度融合，信息网络产业迅猛发展，我国现代化事业发展对网络依赖程度日益加深。网络带来的安全问题具有基础性、全局性特征，网络建设发展既面临历史机遇，又面临严峻挑战。

（一）国家建设发展对网络依赖程度不断加深

1969 年，世界上第一个计算机网络——美国国防部高级研究计划局的“ARPANET”网络诞生，至 20 世纪 80 年代，该网络迅速扩张，将大量教育

研究机构连接起来，逐步发展成为面向大众服务的全球性互联网。1994 年，我国正式接入国际互联网，1995 年中国公众互联网建成，标志着我国互联网进入社会化应用阶段。历经 20 多年跨越式发展，我国互联网覆盖全国所有地区和大部分乡镇，信息和网络产业已成为国民经济重要新兴产业。据统计，截至 2014 年 12 月，中国网民规模已达 6.49 亿人，手机网民规模达到 5.57 亿人，互联网普及率达到 47.9%；国家 IPv4 地址数量为 3.32 亿个，拥有 IPv6 地址数量达 18 797 块/32，域名总数达到 2060 万个，网站总数 335 万个；全国企业使用计算机办公的比例为 90.4%，使用互联网比例为 78.7%；同时，企业开展在线销售、在线采购的比例分别为 24.7%和 22.8%，利用互联网开展营销推广活动的比例为 24.2%。网络的影响在下述三个方面集中体现。

1. 网络在推进我国社会主义民主政治进程中发挥了重要作用

网络大大加强了党和政府与人民群众之间的联系。党和政府的决策意向可以迅捷地通过网络传播，普通公民的信息知情权得到了最广泛体现；群众可以通过网络对党和政府的决策、社会事件等直接发表意见，民情民意能够更好地为高层所了解。网络大大加速了我国电子政务的发展，提高了政府工作效率、服务水平和处理公共事务能力，降低了管理成本，促进了政府管理向开放式、交互式转变，推动了社会主义民主政治的实施。

2. 网络为经济创新发展提供了新的增长点

作为当代科技发展的革命性成果，信息网络将全球带入网络经济时代。网络经济扩张速度达到传统产业成熟阶段增长速度的 6 倍，一批新型互联网企业在我国兴起壮大，激活了风险投资市场，推动财富向新兴产业转移，网络从以前的经济活动平台，演变为能够直接创造价值和利润的产业主体。2014 年，全国电子信息产业主营业务收入 14 万亿元。网络经济以指数增长的价值和线性增加的成本，得到国家和社会的高度青睐，蕴含着极大的经济创新发展空间。

3. 网络深度融入工业和传统产业

目前，各行业普遍大力发展信息化网络化能力，以加快生产效率提升。依据国家信息化工程建设的大型专网近百个，重要行业部门在公安机关备案的信息系统有 10 万多个。其中，安全等级保护三级以上的重要信息系统有 1.3 万个，80%以上集中在电信、电力、银行、铁路、海关、税务、民航、证券、新闻出版、广电、公安、国防工业、社会保障等重要行业领域，支撑着国民经济和社会发展的正常运行。近年来，基于 IPv6 的下一代互联网、物联网、云计算、大数据、移动互联网等新技术，正在加快应用到电力、电信、石油、交通等重要行业。

（二）网络安全面临的威胁日益加剧

因特网控制权对我国网络安全是潜在的重大威胁。我国的互联网是以接入因特网为基础建设的。无论是从体系结构设计还是从建设实践看，美国都掌握着因特网的实际控制权。特别是核心网络设备、地址分配、域名解析服务大都由美国掌控，这不仅使得我国网络资源受限，在网络管理中缺少话语权，还存在深层次的安全风险。我国网络面临的威胁主要有以下五方面。

（1）危机时刻分割乃至切断我国网络连接。国际关口的大部分光网络传输设备、骨干路由器和所有的域名解析系统都由以美国为首的西方国家控制。当发生严重冲突时，他们可能通过关闭根域名解析服务使我们不能正常以域名方式访问互联网资源，或是将我国互联网分割为十几块自治域；或者通过关闭骨干路由器和光传输设备，彻底切断我国与外界的联系。

（2）对抗中通过损害网络性能打击民众信心。利用对路由器和光传输设备的控制，以美国为首的西方国家可以在我国民众使用网络服务时，依靠在通过国际关口的流量中增加数据包延迟、插入错误数据、转发到无效地址等方法，降低正常网络使用效能，干扰、影响我国信息基础设施的正常运行，打击民众信心。

（3）全时监控我国网络使用情况和窃取情报数据。利用对路由器、光传输设备和域名解析系统的控制，以美国为首的西方国家可以将通过国际关口的流量转发到其情报部门的分析系统，对我国的网络使用情况和传输的内容数据进行大数据分析和全时监视，搜集掌控各类情报。

（4）和平时期进行网络战略预置。通过在国际关口网络传输的数据中插入恶意代码，以美国为首的西方国家可以依靠对我国网络设备、计算设备、操作系统、应用软件和其他设施的脆弱性的了解，在我国关键基础设施和信息系统中预设后门，战时进行远程触发。

（5）提供破网服务为敌对势力提供便利。我国关防系统虽发挥了积极作用，但目前对 VPN 类的破网软件进行高效的对抗还有一定困难，以美国为首的西方国家利用对网络的掌控权，公开提供针对我国关防系统的破网服务，为国内恐怖活动和民族分裂势力提供勾连手段，为进行社会舆论颠覆活动创造条件。

美国等西方国家不断强化网络霸权。以美国为核心，欧盟、日本、加拿大和澳大利亚等西方国家和地区组织参加，针对我国的信息网络战略包围圈已基本形成。美国等西方国家一致强调网络空间的战略地位，加大对网络空间战略资源的争夺和控制，极力围堵和遏制我国在这一新兴领域的发展，对我网络空间安全利益构成严重威胁。特别是，美国围绕网络空间采取一系列战略动作，旨在扩大先手优势，强力维护其霸权地位。

美国一是加快战略布局，强夺网络空间制高点。2011 年，美国出台“网络空间国际战略”“网络空间行动战略”，意在全面提升对网络空间的控制力和行动力。2015 年 4 月 1 日时代美国总统奥巴马签署行政命令，授权对网络攻击美国者进行精准经济制裁。2015 年 4 月 23 日，美国发布“网络新战略”，称美国国防部“应该具备使用网络操作破坏敌人指挥及控制的网络、军事相关重要基础设施和武器的能力”，进一步暴露美国对网络军事价值的高度重视。二是加强网络空间军事力量建设。美国于 2010 年成立网络空间司令部，实现了国家和军队网络空间行动的统一指挥，新增“国家任务部队”“战斗任务部队”“网络安全部队”三类网络空间军事力量，加强网络攻击武器研发，研制出 2000 多种网络武器。三是抢占网络空间国际规则制定主导权，通过联合国等国际组织，极力兜售其政治主张，极力主导相关国际规则和技术标准的制定。

网络攻击窃密、渗透破坏行为严重威胁我政治安全和社会稳定。美国凭借国际互联网核心资源，利用“八大金刚”技术和市场优势，使用漏洞攻击、劫持攻击、信令攻击、数据监听、路由转发、特种攻击等方法，针对我政府部门内外网、三大电信骨干网、国企民企信息网络、科研院所及重点大学信息系统，大肆进行探测、攻击、窃密活动。在西方反华势力支持下，境内外暴力恐怖、民族分裂和宗教极端分子，利用互联网进行勾连、渗透，传播宗教极端思想，传播暴恐音像视频，宣传反动言论，组织暴恐活动，直接威胁到国家主权安全和社会稳定。

网络违法犯罪活动给社会公共安全带来重大影响。网络攻击、网上窃密、网上盗窃等违法犯罪活动日益猖獗，构成利益链条，形成强大的地下网络黑色产业链。据统计，1998 年公安机关查处的网络犯罪案件仅有 142 起，到 2008 年增长到 3.5 万起，2012 年达 9.8 万起，2014 年达 25 万起。不法分子实施网络攻击的目标涵盖了各行各业，包括政府、金融机构、互联网企业网站及官方社交账号等，利用各种手段窃取、贩卖公民个人信息，从事各种违法犯罪活动，被窃取贩卖或泄漏的信息涉及金融、电信、公安、交通、教育、医疗、国土、工商、房产、物业、保险、快递等重要部门和行业。

（三）网络安全成为国家总体安全薄弱环节

网络安全关乎国家安全稳定，攸关经济社会发展，是新形势下国家总体安全的重大因素。建设发展信息网络，应当着眼最复杂、最困难、最严峻的情况，无论是在和平建设时期还是在战争期间，都能够确保国家网络的安全可靠，支撑和保障国家的总体安全。从国家体系对抗角度而言，我国在网络安全基础建设方面还存在很多不利因素，总体上处于受制于人的被动局面。

首先，支撑我国网络运作的核心资源受制于人。我国在进入互联网伊始，就面临极其不利的安全环境。域名资源、解析规则和基础设施等互联网核心资源，一直由美国牢牢把控。根服务器主要用来管理互联网的主目录，全世界只有 13 台。1 个为主根服务器，放置在美国。其余 12 个均为辅根服务器，其中 9 个放置在美国，欧洲 2 个（位于英国和瑞典），亚洲 1 个（位于日本）。美国保持着对域名资源的监控权和收回权，主导 IP 地址的分配权，可随时将一个国家从互联网上抹去，对于互联网使用者来说，就如同头顶上时时刻刻悬了一柄利剑。美国《网络安全法 2009》第十八条规定，美国总统“有权宣布网络安全紧急状态，当危及联邦政府和美国重要基础设施信息系统和网络安全时，命令限制互联网流量，甚至关闭互联网”。

其次，构建我信息网络的核心技术与产品受制于人。美国占据了技术和市场先天优势，英特尔公司垄断着全球电脑芯片，IBM公司推行着“智慧地球”，微软公司掌控着电脑操作系统，互联网名称与数字地址分配机构掌控着全球域名地址，苹果公司主导着平板电脑。“八大金刚”[①]的产品深度渗透至我国电信、金融、能源等关键信息基础设施。统计数据显示，我国有近86%的重要信息系统选用国外操作系统、数据库、服务器、核心路由器等关键信息产品，有60%重要信息系统运行维护依赖国外厂商，这些产品中的后门和漏洞实际上是境外对我国窃密和攻击的重要通道。

最后，国家信息网络数据大部分受控于人。据报道美国不仅能够利用固有优势，对全球绝大部分网络通信数据进行全面监控，而且还可通过信息产品市场优势，利用谷歌、脸谱等网络服务，收集全球用户的海量数据资料。此外，我国的许多网络企业的主导权在外国人手中，这些企业在美国上市的过程中，必须根据美国政策和金融条款提供自己的企业数据，造成我国相关信息无密可保。

（四）IPv6网络是对IPv4的渐进性改良，有其积极意义，但不是自主可控网络

我国将IPv6转型作为信息技术领域发展的国家战略，从国家层面全方位稳步推进。根据2012年3月国家颁布的《关于下一代互联网“十二五”发展建设的意见》，明确2015年前将开展IPv6网络大规模部署，计划分现网商用试点和全面商用部署两大阶段实施，最终建成IPv6支持下的国家互联网骨干网络。国家已投入80亿元专项资金，实施“下一代互联网信息安全专项”和“下一代互联网技术研发、产业化和规模商用专项”。目前，由教育部负责运行的第二代中国教育和科研计算机网是世界上规模最大的纯IPv6主干网络。

作为互联网协议的最新版本，IPv6在设计原理上继承了分组路由和尽力传输的思想，在扩充地址空间和规避网络层安全风险方面提出了一些新

① 特指美国IT业“八大金刚”企业，包括思科（Cisco）、IBM、谷歌（Google）、高通（Qualcomm）、英特尔（Intel）、苹果（Apple）、甲骨文（Oracle）、微软（Microsoft）。

的思路。在 IPv4 的地址资源几近耗尽的情况下可解燃眉之急，有其积极意义。

但从长远看，IPv6 在设计上无法彻底解决第一代因特网结构性缺陷，对网络核心资源控制权、网络政策标准制定权、根域名服务器等网络顶层设施主导权等关键问题，难以实现根本性改变。因此，IPv6 在未来网络建成之前作为过渡的网络，可以发挥积极作用，但是不可能给国家信息基础设施网络安全带来自主权和自控权的根本性改善，难以满足国家网络安全的根本需求。

（五）世界各国已经竞相开展未来网络研究

互联网的发展已经遇到本质性困难，在 IP 协议上修修补补已经解决不了互联网的可扩展性、安全扩展和质量保证等问题，新型网络结构体系的研究已经成为各国关注的焦点。

美国最早开展未来网络的研究探索，试图用全新框架思路研发新的网络体系，以解决现有架构网络的安全问题。欧洲各国对未来网络的研究探索也很活跃，主张打破美国垄断，打造以欧洲为主导的第三代网络体系。当前，未来网络研究有以下特点：一是按照“空杯设计”理论，摆脱现有网络支撑技术，从无到有研发一套新的体系；二是建设一套独立的、自成体系的保障运行机制，具备自循环系统和自我保护机制，能够独立运转、独立生存；三是通过全新的网络框架设计和实现，打破目前因特网由少数国家占据主导权的现状，充分尊重国家网络主权，实现网络资源、管理、利益的公平分配。

与世界主流研究相同步，我国从 20 世纪 90 年代中期，就开始了对新一代未来网络的研究探索，在命名与寻址技术、源地址认证技术上取得了一定突破。同时，我国积极参与未来网络国际合作研究和国际标准组织专项研究。近年来，国家积极推动新一代未来网络技术研发，国家科技部、自然科学基金委先后组织开展了未来互联网架构、创新环境和关键技术等一批理论研究项目，有力推进了我国在未来网络方面的研究，研究水平明显提高。

我国未来网络的研究工作存在的主要问题是：对未来网络的自主可控性

于我国安全的重要性认识不足。主要从产业发展的角度认识问题，而没有真正认识到“我们是在租别人的台子唱戏”，一旦别人“拆台”，我们将无所适从。从而对未来网络内涵认识不统一，发展方向未达成一致，研究工作的组织还存在一些薄弱环节，重视程度、投入力度、研究深度还远远不够，迫切需要加强组织领导，集中各方力量，实施联合攻研，力争取得实质性突破，为我国未来网络建设发展找到一个明确的方向。

综上所述，国家建设发展对网络依赖程度不断加深，但同时我国网络的基础受制于人，存在重大安全风险，需要国家高度关注、认真考虑自主可控未来网络的建设问题。

二、国家关键信息基础设施网络安全现状和存在的问题

随着我国信息化建设的全面加快，信息技术与工业和传统产业深度融合，关键信息基础设施的基础性、全局性作用在国家发展进程中日益凸显，其所承载业务的重要性及其与国家政治、国防、经济、文化发展和社会进步的关联性，使得相关信息网络、控制系统、业务系统、应用系统、大数据等基础设施的安全，以及相关信息安全问题成为国家信息安全保障的核心。关键信息系统的安全及关键基础设施的信息安全，统称为关键信息基础设施安全。关键信息基础设施（critical information infrastructure，CII）是指涉及国家安全、经济命脉、社会稳定的基础信息网络和重要信息系统，一旦遭到破坏或功能丧失，就会危及国防安全、国家经济安全、公众生命财产安全和社会稳定。

依据我国当前网络安全领域相关法令制度和关联文件，结合当前国家信息安全等级保护工作的开展，我国关键信息基础设施主要包括：①电信网络、广电网、互联网、卫星系统等网络与通信基础设施；②能源、金融、交通、税务、海关、卫生等重点行业的信息网络和重要信息系统；③全国地市以上的政府部门、企事业网站；④为社会提供服务的大型商业网站、新闻网站。此外，当前在我国关键基础设施领域应用较多的新型信息应用及控制系统或工业控制系统是关键信息基础设施的重要组成部分，如工业控制系统、云服务中心基础设施、物联网、大数据中心基础设施等。

（一）我国为保障网络安全所采取的主要措施

近年来，国家全力开展网络安全保障工作，着眼加强基础信息网络和重要信息系统安全保护，积极推进网络信息安全立法，加大网络信息安全保障基础性工作和建设，有力提升了国家关键信息基础设施的网络安全保障能力。采取的主要措施有以下几方面。

（1）建立健全国家信息安全等级保护制度。制定出台国家信息安全等级保护政策文件和相关技术标准，形成信息安全等级保护政策、法规和标准体系。公安部会同重要行业部门梳理确立了 500 个国家级重要信息系统，涉及 47 个行业、276 个单位，并会同国家发展和改革委员会、财政部出台了加强国家级重要信息系统安全保护的指导意见。全国重要行业的等级保护测评体系已经建立，安全测评督导和指导力度加大，等级保护制度在重要行业部门内得以贯彻落实。

（2）重要行业和部门得到重点保护。国家税务总局、国家发展和改革委员会等部门，以及国家电网、中石油、中石化等中央企业，组织开展了等级保护、安全监测、容灾备份、应急演练、通报预警等重要工作，全面提升了网络安全综合防范能力；三大电信企业加强了网络安全规划和顶层设计，积极完善安全管理模式，健全安全防护体系，建立考核评价体系，优化运维和应急响应机制，有力维护了国家基础电信网络的安全。

（3）健全完善信息通报预警机制。国家信息网络安全通报机制逐步完善，成员单位扩大至 102 家；国税、交通、水利、人民银行等部门，建立完善了行业通报机制和技术平台，加强了行业通报预警工作；各省市基本建立了本地信息通报机制。近 10 年来，国家网络与信息安全信息通报中心共通报 1150 起网络安全事件，预警处置了 160 起重大网络安全威胁与事件，并定期发布国家信息安全保障工作年度报告。

（4）开展常态化安全检查和执法。公安部、工业和信息化部等职能部门，认真履行相关职责，组织开展对国家重要信息系统和政府网站安全的专项检查，专门对三大电信企业通信网络安全防护情况进行检查，通过发送隐患告知书、明确安全隐患整改措施等，督促有关部门和行业信息网络安全防护工作的落实。国家公安机关严厉打击和整治网络违法犯罪活动，对重点网站和应用服务实施严密监管，有力维护了网络安全和公共秩序。

（5）信息网络安全基础性建设得到加强。统筹国家关键信息基础设施网络安全保障体系建设，以安全信任体系、应急容灾体系、监控审计体系和检测防护体系等为核心内容的国家网络安全保障体系不断完善；网络安全产业化发展步伐加快，专项技术和产品的研发、生产、应用和推广力度进一步加大，为构建安全可靠的信息网络安全保障体系提供了坚实基础和有力支撑。

（二）我国关键信息基础设施安全保障工作存在的突出问题和困难

在看到上述好的方面的同时，还要充分认清我国关键信息基础设施安全保障工作存在的突出问题和困难。

（1）建设初期安全意识差、安全隐患多。长期以来，建设中重效率、轻安全，对涉及国计民生的关键信息基础设施的安全性重视不够。大量使用国外软硬件设备，办公服务和运维不分离，工控系统、运维系统更是缺乏防护。调研显示，我国多数重要信息系统采用国外操作系统、数据库、服务器、核心路由器等关键信息产品，重要信息系统运行维护依赖国外厂商。这些国外产品很多都被情报机构预置了后门或植入了木马，这些产品中的后门、漏洞在客观上成为敌对势力的窃密渠道和网络攻击通道。2010 年“震网”（Stuxnet）病毒破坏伊朗核设施事件表明，网络攻击已经从“软杀伤”升级为对能源、交通、金融等设施的“硬摧毁”。从“斯诺登”事件可以看出，针对关键信息基础设施开展攻击已经成为窃取我国政治、经济情报和数据的重要途径。

（2）网上对抗能力偏弱。对主要对手在网络空间实施的渗透、攻击、控制、窃密等活动，我们掌握不够、底数不清、情况不明；同时，关键信息基础设施中的国外产品存在各种漏洞和后门，未知多于已知，我们面临重大安全风险。网络防御反制能力不强，专业网络防御力量捉襟见肘，情报信息共享机制不够健全，安全分析技术和反制手段相对落后，不能完全适应网上激烈复杂的对抗较量。

（3）综合安全防护不强。重要行业部门安全隐患主动发现能力偏弱，尚未建立综合监控、重大事件预警处置机制，重要信息系统虽然部署了许多 IT 资源及其安全防御设施，但由于受到人员水平、监控手段、技术方法的制约，还难以实现自主发现、准确分析和有效诊断。一些重要信息系统存在多个层面的漏洞，实际上处于长期被黑客控制的状态，加之网络架构存在设计缺陷，设备部署不合理，信息系统配置不当，增大了安全隐患；同时，约42%的单位缺乏入侵检测、网络审计等必要的防护手段，约70%的单位尚未建立与通信、电力、公安等部门的应急协调处置机制，导致应对重大网络安全事件的能力处于较低水平。一些单位缺少信息系统应急处置预案，一些单位即使有预案也没有进行技术更新，缺少应急演练，严重影响到安全防护措施的落实。

（4）网络安全管理不完善。信息网络安全保障工作和建设协调统筹不够，在职责分工、力量、资源、资金使用等方面还没有完全统一起来，造成资源浪费和交叉重复，制约了能力建设。监管力度还需要进一步加大，对重大网络安全事件问责追责不够，已有法律、政策、战略、标准、规范缺乏有效落实。一些重点部门、大型服务网站和互联网服务商，没有落实安全管理措施和技术保护措施，导致网络与信息安全防护薄弱，为网络破坏活动提供了可乘之机。信息安全法律法规不够健全，缺少针对网络安全和关键信息基础设施保护的专项法律，各种网络安全专业法规和行业规章虽有一定规模，但总体上处于分散状态，衔接性、配套性和可操作性较低，甚至严重滞后于建设发展的需要。

（5）缺少专门的国家关键信息基础设施网络安全防护队伍。建议在中央新的网络安全领导体制下，建立分工明确、各司其职、资源共享、密切配合的工作格局。中共中央网络安全和信息化委员会办公室主责统筹协调、顶层设计、网上舆论阵地控制，协调开展法律、战略、规划、标准、人才、经费、技术等基础保障工作，协调军地配合工作；公安部按照法律规定，开展网上情报侦察、打击网络恐怖和违法犯罪、网上有害信息监控、互联网安全监管、重要信息系统安全监管、网络安全信息通报预警和应急处置；工信部按照法律规定，开展通信网络行业管理、互联网行业管理、网络安全技术支持、国家关防建设管理；外交部牵头网络外交机制；国家发展和改革委员会、财政部、科技部、商务部、国家保密局、国家密码管理局等部门按照法定职责开展相关工作。但我们认为，目前国家缺少职能任务明确、掌握先进网络攻防技能、规模合理的国家关键信息基础设施的防御队伍。陆、海、空、天、网是国家的五大疆域，网络作为国家五大疆域之一，应该有国家级的专门的防御力量。

三、对策建议

我们认为，目前应当按照“国家主导、体系筹划、自主可控、跨越发展”的方针，加快构建自主可控未来网络，大力推进网络安全防护体系建设，健全完善网络安全管理与法规体系，建设巩固的网络国防，为实现网络强国建设目标打下坚实基础。

（一）加快构建自主可控未来网络

从长远看，我国网络建设彻底摆脱受制于人被动局面的根本出路，就是敢于破旧立新，跳出传统互联网络思维模式，创造一个全新的自主可控的未来网络。网络的自主可控的标志是：全新架构、有自主知识产权、有充足网络资源、掌握核心技术和关键软硬件设备、以我为主进行管理。通过构建自主可控的未来网络，对重要网络应用进行迁移，掌握战略主动和战略制衡，并逐步实现全球范围内的平等互联，应该是我们信息网络发展的目标。

自主可控也可以实现与世界各国的真正意义上的平等的互联互通。在技术领域，依靠别人是不行的。必须要依靠自己的力量。自主可控并不是要在网络空间闭关锁国，可以通过形成国际标准的方式，来取得国际普遍认可，推动与世界上其他国家实现真正意义上的平等互联互通。将我国关键信息系统逐步迁移到自主可控网络，构建新的国家信息基础设施，将彻底扭转网络空间受制于人的局面，极大提升国家网络空间的治理能力，为国家发展提供更大的网络空间，符合国家的根本利益。

具体举措建议有以下三方面。

第一，要以国家意志推动实施未来网络发展战略。未来网络为我国网络安全和信息化建设发展勾画出新的长远图景，为解决信息网络安全基础性问题带来了重大历史性机遇。对此，我们应当积极应对国际未来网络研发激烈竞争的严峻挑战，把未来网络领域的自主创新作为国家创新的战略性任务，统一思想认识，汇聚科研优势，加快提升国家在未来网络方面的自主创新能力，争取战略主动。

第二，建立科学的评价体系。未来网络安全评估体系，由安全评估规则体系和安全评估指标体系构成，主要用于未来网络体系设计、架构方案、安全性能、安全效益等方面的评估。应当站在国家安全和发展利益的战略高度，科学构建未来网络安全评估体系，进而对未来网络的基本特征、构建要求、发展思路和技术方案等，进行全面系统的科学评估，以确保国家未来网络研究探索和体系构建，始终置于自主可控的安全状态。

第三，通过实施科技专项等措施，蹄疾步稳有序推进。加强基础理论建设，排查现有网络存在的架构、安全等各种问题，梳理未来网络应用需求，研究自主可控的未来网络框架；攻研核心技术，推进地址分配、路由寻址和域名解析等技术研究；研发关键设备，开发具有自主知识产权的未来网络路由器、网关、服务器；开辟应用市场，研究在新的网络框架体系下物联网、云计算、大数据、移动互联网等领域的应用问题。通过实施国家主导的自主可控未来网络的科技专项，有力推动这个方向的科学研究和技术攻关，为尽早实现我国自主可控未来网络的建设奠定基础。

期望着手建造一个旨在实现自主可控网络的独立实验性骨干网络，用于未来网络实际验证，证明未来网络的应用价值，为研究探索未来网络建设方法和途径创造科研环境。

（二）强化关键信息基础设施网络安全

保障国家关键信息基础设施安全，是当前网络空间安全的重中之重，也是必须面对的重大而紧迫的现实课题。应当以确保关键信息基础设施可信、可管、可控为目标，综合运用管理和技术手段，构建关键信息基础设施安全保障体系，提升综合安全防控能力，应对新威胁、新风险、新挑战。针对我国的关键信息基础设施保护，具体建议有以下五个方面。

第一，切实落实已经建立的基本制度。按照国家信息安全等级保护制度要求，全面梳理确立国家关键信息基础设施，依据国家相关标准，深入开展安全测评、安全建设整改，全力提高重要网络设施和网络数据的安全保护能力和水平。

第二，加强全局性排查检测。认真组织开展风险评估、安全监测、容灾备份、应急处置、安全检查等工作，全面梳理网络信息安全工作和关键信息基础设施安全保护中存在的突出问题，发现安全隐患，逐个进行分析，找出问题的根源和解决办法。

第三，加强安全管理。采取科学的安全管理策略和保护策略，发挥人防、物防、技防、制防的共同作用，实行安全分区、网络专用、横向隔离、纵向认证的保护策略，落实网络安全与信息化建设“同步规划、同步设计、同步实施”的要求，提高网络安全综合防护能力。

第四，加强技术保护措施。在监测攻击方面，建设监测系统，对攻击进行实时监测。在系统安全层面，对操作系统、服务器进行安全加固，保证主机安全。利用密码技术，对设备数据传输进行加密，确保数据传输安全。在国家信息安全长期规划实施的同时，当前，特别要针对重要网络和信息系统采取有针对性的隔离、加固等临时措施。

第五，加强网络攻击发现、取证、溯源技术的技术创新。加强对网络攻击的情报侦察和追踪溯源，提高侦测和反制能力。大力支持关键信息基础设施安全保障领域的技术创新，加大该领域科技创新和人才的培养力度。加速创新成果转化，优先支持核心信息技术领域的技术创新，以重大基础攻关和产业化相结合的方式，对关键信息基础设施领域相关的工业控制核心技术、新型攻击策略与方法、态势感知与追踪溯源、脆弱性分析与验证、网络攻防靶场建设、网络应急恢复建设等，进行重点突破和创新转化。改进这个领域科研的评价机制，以国家需求为主要牵引。通过政策优惠等手段，引导更多有实力的国内企业进入信息安全服务领域。加强产品创新，加大国产化改造力度，构建企业创新激励体系，加大核心软硬件产业化支持力度，鼓励安全保障领域的创新型产品研制，提高信息应用领域的核心竞争力。

（三）健全网络安全法规体系和管理体制

全面推行依法治网，建设平安网络，有效维护网络空间国家主权和国家安全。第一，在中央网络安全与信息化领导体制下，建立完善跨部门、跨军地的协调机制，明确分工，各司其职，资源共享，密切配合。第二，加快出台信息网络法律法规政策标准，制定网络安全法。统筹解决重要信息系统安全保护、互联网安全管理和公民个人信息保护等突出问题。第三，建立“侦攻防管控”一体化的综合防控体系。加强情报侦察、安全监测、通报预警、打击整治、严密防范，加强对社会网络资源、数据资源的掌控，积极发挥网络安全职能部门、重要行业部门、企业、专家等各层面的作用，建立密切配合、协调联动、政企合作、互相支撑的防控体系。第四，严格落实网络安全审查制度。严格控制不可信、不可靠的技术、产品和服务进入关键信息网络，建立事前审查、事中监督机制，对技术、产品和服务进行安全审查。第五，加强国家层面监管，落实重大网络事件问责制和追责制。加强国家层面对关键信息网络安全保障工作落实情况的监管，建立监督考核与评价机制，完善问责与追责制度，对造成重大安全事故的相关责任部门和人员，要严厉追究其责任。

（四）建设国家级的网络防御与反制力量

网络空间与陆海空等空间一样，都存在着边界和相关安全问题，网络空间边防涉及领域更宽，利害关系更大，安全形势更严峻。当前，我国网络空间边防薄弱，还没有像海防、空防、陆地边防一样形成体系，也没有组建专门的网络空间边防力量，这是影响网络空间安全、制约建设网络强国的一个重大因素。需要国家尽快通过立法、立制，建设职能任务明确、技术优良、规模合理的专门的防御队伍，快速打造与维护国家安全和发展利益相适应的网络空间边防体系，承担起维护国家网络空间安全的神圣职责，切实维护好国家网络空间边疆安全，为我国建成网络强国提供坚强的力量支撑和安全保障。

（本文选自 2015 年咨询报告）

咨询研究组成员名单

郑建华	中国科学院院士	中国人民解放军保密委员会技术安全研究所
朱中梁	中国科学院院士	中国人民解放军总参谋部
黄民强	中国科学院院士	中国人民解放军总参谋部

郭世泽	研究员	中国人民解放军总参谋部
杨　林	研究员	中国人民解放军总参谋部
晋　钢	工程师	中国人民解放军总参谋部
朱鲁华	研究员	中国人民解放军总参谋部
谢建平	总　工	上海通用化工技术研究所
张庆松	战略顾问	工业和信息化部
杜跃进	研究员	国家网络信息安全技术研究所
郭启全	总工程师	公安部
杨义先	教　授	北京邮电大学
孟　丹	研究员	中国科学院信息工程研究所
林东岱	研究员	中国科学院信息工程研究所
薛　锐	研究员	中国科学院信息工程研究所
李　婧	副研究员	中国信息安全测评中心
王　军	总　工	中国信息安全测评中心
丁益民	总　工	中国人民解放军总装备部
王清贤	教　授	中国人民解放军信息工程大学
王振兴	教　授	中国人民解放军信息工程大学
魏　强	副教授	中国人民解放军信息工程大学
曹　琰	讲　师	中国人民解放军信息工程大学
杨学海	高级工程师	中国人民解放军×××部队
龙昭华	教　授	重庆邮电大学
阮　伟	高级工程师	浙江大学
冯冬芹	教　授	浙江大学
章　睿	助理研究员	中国科学院信息工程研究所

关于新时期战略性地推进我国科技外交的建议

陈运泰　等

中国正在成为崛起中的大国，在世界和国际舞台上发挥着日益重要的作用。根据党的十八大报告，中国将继续高举和平、发展、合作、共赢的旗帜，将坚定不移地走和平发展道路，将以更加积极的姿态参与国际事务，发挥负责任大国的作用，将始终坚持与邻为善、以邻为伴，巩固睦邻友好。科学技术在中国的和平崛起和发展中将发挥日益重要的作用。在当今时代，一个国家面临的许多挑战和难题往往是全球性和国际性的，无论是应对气候变化还是抵御传染疾病，都需要国际合作来解决这些难题。国际秩序转变带来的许多经济、社会和安全等问题也需要科学技术来解决，许多外交政策都体现着科学技术的内容，与科技有关的事务已经开始走到国际事务的最前台，有关全球气候变化、环保、知识产权、海洋、水资源等含有重要科技因素的议题越来越频繁地成为多边、双边外交场合的重要议题。今天的外交政策必须面对科学技术带来的新问题、新发展。同时，国际科技合作越来越成为国家间合作关系的重要内容，成为促进外交关系的一个重要途径。科学技术与外交日益结合在一起，形成科技促进外交、外交服务于科技的局面，科技外交正在发挥越来越重要的作用，成为许多国家采取的促进国家外交事业和科学技术发展的重要手段。

在这种形势下，中国要实现国家和平发展和民族复兴的伟大目标，需要把科学技术与外交紧密结合起来，从国家的发展需求出发，把科技外交放在国家发展的战略位置上考虑，长远规划，统筹协调，稳步推进。

一、科技外交的意义及国际经验

(一)科技外交的含义及作用

1. 科技外交的含义及特点

科学技术不仅是国家经济和社会发展的源泉和动力，而且也是影响国际关系的重要因素，是国家外交事业的重要支撑。在现代发展形势下，科学技术与外交日益紧密地结合在一起，科技外交正在发挥越来越重要的作用。

科技外交是指把科学技术与外交结合起来，以实现国家的利益和外交目标，同时促进科学技术的发展，包括两方面相互联系的内容。一方面，以科学技术促进外交，通过科学技术的交流合作，促进国家关系的发展；通过科学证据和咨询，为解决外交议题提供支撑。另一方面，以外交促进科学技术的发展，通过外交政策和外交手段，为本国的科技发展创造良好的国际环境，促进国际科技合作、从而促进本国科学技术的发展。前者如中美建交之前两国科学家的交流合作为两国正常外交关系的建立起到了重要的先行作用，以及近几年科学家为全球气候变化谈判提供支撑等；后者如双边政府签订政府间关于联合资助和促进科技合作的协议，为促进国际科技合作提供保障。在实际中，这两方面常常是密切联系在一起的。

科技外交是继经济外交和环境外交之后，又一个外交理念的重大突破，反映了科学技术深刻影响当今世界发展和国际格局的时代特征。在当今时代，科学技术与外交日益紧密地联系在一起，相互促进，以多种多样的方式支持国家的发展，科技外交成为国家强盛和提高国际地位的一个重要影响因素。

科技外交表现在三个层面：政府层面、机构层面（科研机构、学术团体、企业）、科学家层面。政府与政府之间的科技外交，是代表国家的外交，一般包括合作协议、外交谈判、外交对话等。机构之间的合作是国际科技合作的主要载体，一般是以半官方、半民间或者全民间的形式进行，是国际合作关系的一个重要纽带，是国外了解国内的一个重要渠道。机构间国际科技合作的主要目标不是为了外交，但它可以发挥科技外交的功能，在外交政策的指导下，为国家外交服务。科学家层面的科技外交，是科学家以个人身份参与对外科技合作与交流，可以看作是当今日益活跃的一种科技外交形式。当前，世界各主要国家不仅重视政府层面的科技外交，也重视科技机构和科学家个人等非政府层面的科技外交。

发展科技外交有两个基本原因：第一，自然科学是认识自然现象规律的活动，具有普遍性和中立性的特点，自然科学发展具有跨国界的性质，交流与合作是其本质特征。像文化、体育等活动，自然科学被认为是促进国家间广泛文化交流合作的一种有效机制，并有助于实现政治、经济和军事等领域的合作。第二，科学和技术现已成为影响国家经济和国防实力的重要因素，涉及国家关系的许多方面，成为外交关系的一个重要影响因素。

科技外交具有独特的特点，具有其他外交手段不能实现的功能：①普遍性。由于科学具有客观性和普遍性，可以超越种族、政治和国界的限制，科学交流与合作为人们交流建立一个思想自由交流的环境和联系，而不用考虑人们的文化、民族和宗教背景，即使在国家联系脆弱和政治敏感时期，科学交流也不会中断，并有助于各国建立互信。例如，在“冷战”的一些时期，科学技术交流成为美国与苏联保持常规联系的唯一形式。②先导性。科技外交具有前瞻性和先导性，可以走在前面，促进国家之间关系的建立，打开国与国之间外交的局面，带动经济合作等全面的合作。在中日建交、中美建交、中以建交等重要外交关系的建立中，科技外交发挥了重要的作用。科技外交在促进经济合作方面也发挥重要的作用。美国、日本、欧洲等发达国家和地区非常重视科技外交的先导性。美国历来重视以科技手段发展与其他国家的关系，近来又利用科技手段修复与伊斯兰国家的关系。日本在经济发展腾飞时期，十分重视以科技外交的形式建造和发展与亚洲国家之间的关系。③灵活性。科技外交具有相对的弹性，有一定的回旋余地，可以在双边和多边关系中起到调节作用。科技外交在国际事务中逐渐成为打破政治僵局、促进高层对话、开拓合作范围的有效手段。20 世纪 90 年代，科技外交成为我国外交的突破口，对打破与西方国家关系的僵局起到了重要的作用，推动我国与西方国家的关系走出低谷。④跨领域性。科技外交不仅涉及科技领域，而且涉及经济、环境、教育、安全等领域，通过科技外交可以影响和带动到其他领域的合作。

近年来，我国十分重视文化外交。科技外交具有比文化外交更为优越之处：文化外交毕竟比较强调民族的价值观，容易与其他国家的文化产生一定的冲突，会带来文化渗透、文化侵略等负面指责，但科技外交没有这样的弱点，值得大力推进。

2. 科技外交的作用

科技外交是国家软实力的一种表现，是外交的一种新形式，是传统外交的一种补充，是国家总体外交必要的组成部分，同样具有实现外交目标的作用。其作用主要有以下方面：①促进和改善国家间的关系。发展科学技术是各国的共同利益，同时科学技术合作又是经贸等领域合作的先导，因此科学技术成为改善和巩固双边关系的一个有力工具。②支持国家的外交政策和解决外交难题。通过特定的科技合作行动，支持国家的外交政策；通过科学证据，为国际谈判提供支撑。③参与多边合作，解决全球性问题。在多边合作解决全球性问题的议程和行动中，科技外交代表国家利益，参与多边合作，为解决全球性问题做出自己的贡献。④促进科学技术的发展。通过外交政策和外交手段，促进国际科技合作，从而促进科学技术的发展。⑤塑造国家形象，提升国家地位。通过“请进来”和“走出去”的方式，科技外交有助于塑造国家形象，提升国家的地位。

我们可以把科技外交的作用形象地比喻为“推进器”、“稳定剂”和“润滑剂”。把科技外交放在适当的位置，并与其他外交手段有效地相结合，充分发挥它的作用，不仅有助于国家总体外交目标的实现，而且还能起到其他外交手段不能起到的独特作用。

（二）科技外交发展的国际经验和趋势

1. 国际上科技外交的实践经验

从国际上来看，科技外交有很长的历史。自第二次世界大战以后，随着科学技术在国家实力和经济社会中的作用增强，科技外交成为美欧日等发达国家实现国家利益和外交目标的一种重要手段。概括地说，科技外交发挥以下五方面的作用。第一，利用科技合作构造和促进同盟关系和双边关系。第二次世界大战后欧洲的科技合作即是典型的例子。1954 年，由欧洲 12 个国家（比利时、丹麦、法国、西德、希腊、意大利、荷兰、挪威、瑞典、瑞士、英国和南斯拉夫）合作建立的欧洲核子研究中心（CERN），不仅促进了这些国家的科技合作，也促进了欧洲国家在更多领域的合作，对三年后欧洲经济共同体的成立做出了很大的贡献。又如，在冷战期间，技术合作在美日同盟中发挥了重要的作用，大大提升了日本的技术能力。第二，输出自己的利益，扩大自己的影响。美国是这方面典型的例子。20 世纪 90 年代东欧剧变，美国与俄罗斯等国家建立各种各样的合作计划，输出美国的价值观，谋求自身科技和经济的利益。第三，稳定双边关系，改善双边关系。在冷战期间，美苏科学家之间的交流合作是双方保持关系最稳定的渠道，并且被认为为两国政治高层最终对话奠定了基础。美国和古巴也长期保持着科学合作关系，为今天两国关系的改善做出了贡献。第四，利用科技提高国家地位。日本在 20 世纪 80 年代提出“政治大国”的口号，科技即作为支持外交政策的工具。1987 年，日本首相中曾根在西方七国首脑会议上提出设立“人类前沿科学计划”，吸引西方国家参与。如今，“人类前沿科学计划”已经成为生命科学领域最重要的国际科学计划，主要发达国家都加入了该计划。第五，在多边合作中，代表国家利益。典型例子是美国、俄罗斯、欧盟、日本、加拿大建造、运行和使用国际空间站。

科技外交是与外交政策联系在一起的，具有很强的国别政策的特点。

2. 科技外交发展的趋势

近年来，从国际上看，科技外交出现一种新的趋势和特点，越来越多的国家重视科技外交，不仅传统的科技强国，发展中国家（如印度）也开始重视科技外交，不仅大国，小国也开始重视外交关系。概括起来，科技外交发展有以下四个趋势。

（1）把科技外交战略纳入国家整体战略和外交战略

美国历来把科技外交放在国家战略和外交政策的重要位置。奥巴马执政后，美国政府就把科技外交作为实现国家外交战略的一个重要手段。2009 年 6 月 4 日，奥巴马总统在埃及开罗大学发表了旨在修复美国与伊斯兰世界关系的演讲。他在演讲中表示，美国愿与伊斯兰国家建立“伙伴关系”，“携手解决”共同面对的问题。他把科学技术领域的合作与交流当作修复和发展美国与伊斯兰国家关系的一个重要领域。

英国政府在21世纪初就强调科技外交，2005年成立了多个政府部门和科学团体共同参与的“全球科学创新论坛”（GSIF）。GSIF于2006年10月发布《英国研究与发展国际合作战略》，首次提出英国国际科技合作的完整的战略框架，包括四大领域（研究卓越、创新卓越、提高英国的国际影响、实现国际发展目标）和七大战略建议，其中第三个领域——利用国际科技合作支持对外政策和作为促进双边伙伴关系的手段，明确了英国科技外交的战略目标。

日本在第三期“科学技术基本计划”（2006～2010年）中提出科技外交的战略思想。2008年5月，日本出台了《加强科技外交战略》的报告，提出日本推动科技外交的基本方针、推进战略和具体措施，包括四个重要的目标：①促进日本科学家参与国际研究计划；②为国际科技政策提供咨询；③帮助发展中国家建立科学能力；④运用科学能力在国际舞台发挥影响。2011年日本发布的第四期“科学技术基本计划”，明确提出发展新的科技外交。

印度十分重视科技外交。2013年印度政府出台的“科技创新政策”首次提出了科学外交的政策要点，明确提出国际科技合作政策中可以灵活使用科学外交、技术合作和技术引进三个政策手段，指出印度实施科技外交的目的是充分利用自身科学技术的优势和实力，在与各国建立和维持伙伴关系中发挥作用。

纵观这些国家的科技外交战略，都基于外交政策与科技政策的结合，都包括明确地利用科学技术促进外交和利用外交促进科技合作的思路和措施。英国、日本、德国等国家都把吸引国际资本、人才和技术到本国作为科技外交的一个重要目标。

（2）制定实施计划并采取重要的行动措施

美国于2009年开始设立“科学特使计划”（Science Envoy Program），派遣著名的科学家去伊斯兰国家，进行访问，探求与这些国家科技合作的机会和前景。2009～2012年，美国共派遣3批9名科学家访问19个伊斯兰国家。科学特使的新举措，是新时期美国为加强科技外交迈出的实质性的第一步，取得了很好的效果，获得了很大的好评。美国国内纷纷建议把科学特使推广，不仅限于伊斯兰国家。

英国外交部于 2001 年创立“科学与创新网络”（SIN），目的是通过在国外驻外使馆和使团中设立科学专家，了解其所在国家科技发展的政策、优先领域和人员状况，促进英国科学家与国际伙伴在一些重要的议题上开展合作，为英国制订相应的政策提供咨询，吸引海外的资本和技术到英国。截至 2007 年 4 月，英国已在世界上 24 个国家或地区的 39 个外交使团中设有 96 位科学专家。

日本自 2008 年发布《加强科技外交战略》报告后，文部科学省和外务省即推出在全球性问题上与发展中国家开展科技合作的计划。这个新计划有两个子计划，分别为“派遣科学技术专家计划”和“科技研究的可持续发展伙伴关系计划”（SATREPS）。这两个计划分别由日本国际协力机构（JICA）和由日本科学技术振兴机构（JST）与 JICA 合作实施。2008 年 4 月开始以来，共有 68 个 SATREPS 项目在 35 个国家和地区开展。

印度科技部在其第十二个五年规划（2012～2017 年）中，明确提出了实施科技外交的方针和制定具体的政策：①对国际科技合作的形势要做到知己知彼，尽快提出系统研究有关国家科学、技术和创新能力的国别政策报告；②建立一个由科学家、技术人员、外交官、政策决策者组成的智囊机制，定期就有关国家的情况开展咨询，以便更有效地实施科技外交；③与外交部协商，确认将在印度驻外使团增派科技参赞。

（3）科学界推动科技外交

美国科学促进会（AAAS）于 2008 年 7 月成立了科学外交中心（Centre for Science Diplomacy），目的是通过运用科学和科学合作促进国际理解和繁荣，促进和支持科学与科学家发挥桥梁建设者的作用，建立科学界与外交界长期和全面的关系。中心出版专业刊物《科技外交》，并开展各种学术活动与国际交流活动。AAAS 还与发展中国家科学院（TWAS）合作，设立科学与外交计划，帮助和支持发展中国的科技发展。

英国皇家学会把科学外交作为新成立的科学政策中心的核心工作，支持皇家学会会员和其他专家从事科学外交工作。近几年，关于科技外交的学术探讨成为政策界与科技界的热点。

（4）国际组织提倡科技外交

联合国自成立以来，一直设立支持国际科学合作的科学咨询系统。2001

年，联合国贸易和发展会议（UNCTAD）组织科学技术外交项目，研究科学技术咨询在多边谈判及在国际和国家层次上的谈判中所起的作用，培训相关领域科学家、外交家和新闻记者，以帮助发展中国家提高应对相关谈判议题的能力。2013 年 10 月，联合国秘书长潘基文宣布成立联合国科学顾问委员会，为联合国秘书长及各机构负责人提供科学、技术和创新等方面的咨询建议，以促进全球可持续发展。

从近几年发展来看，与传统的科技外交相比，当前科技外交的领域从与军事技术相关的少数领域转向更为广阔的科学技术相关领域，科技外交的目标从主要在于发展军事技术的硬实力向发展国家的软实力转变，科学技术成为促进、改善和巩固国家关系的一种宝贵资产。同时，日益紧迫的全球性议题（如气候变化、能源、环境等）含有重要科技内容，使得科学技术在多边外交和合作中的作用日益增强。科技外交也成为公众外交一个重要的部分，民间的科技外交发挥着日益重要的作用。

二、我国科技外交的发展状况

“科技外交”一词在我国使用的虽然还不普遍，但实际上，我国有关部门和科学界一直从事科技外交的实践活动，科技外交对我国的外交事业和科学技术发展都起到十分重要的作用，我国也积累了很多经验，特别在通过科技合作促进外交和科技援助等方面。

（一）我国科技外交发展的成绩

1. 新中国前 30 年的科技外交

新中国成立之初，作为国家对外关系的组成部分，我国的国际科技交流与合作对国家外交事业的发展起到了十分重要的作用，对沟通、改善和加强国家间的关系起到了十分重要的作用。

在 20 世纪 50 年代，国际科技合作成为我国与苏联、东欧社会主义国家友好合作关系的重要部分，为促进国家发展做出了重要贡献。并且，我国与亚非民族主义国家的科技交流与科技援助，为建立新型平等互利的合作关系做出了榜样，例如，向非洲派遣医疗队的成功做法到今天还有着很好的影响。

同时，在当时主要伙伴是苏联和东欧社会主义国家的情况下，我国同西方国家（英国、法国、加拿大、奥地利、澳大利亚、新西兰等）和日本的民间科技交流已有少量地开展，从科技方面疏通着与这些西方国家的联系，为发展我国同西方国家之间的关系起到了很好的作用。20 世纪 60 年代初，由于面临中苏关系破裂的形势，我国开始认真调整与西方国家开展民间交流的方针，并采取措施。在这个时期，虽然同中国有外交关系的西方国家只有 8 个，但是同中国建立民间科技交流关系的西方国家共有 15 个，国家在增多，交流在活跃。

特别值得提到的是，当时日本物理学家坂田昌一提出物质无限可分的理论引起了毛泽东主席的关注，毛主席关于一分为二的思想与坂田昌一的思想是不谋而合的。毛主席在 1964 年接见了参加科学讨论会的日本代表团团长坂田昌一。坂田昌一为中国与日本的友好关系做出了重要的贡献：坂田昌一父子成立了中日科技界的友好团体协会，影响了日本科技界几十年；在当时中日外交关系还处于对立的情况下，他们率两批代表团到兰州、北京和上海举行了三场学术研讨会。中日建交前，民间科技外交推动了两国关系的友好发展，为两国正式建交做出了突出的贡献。

从 1970 年起，中国同西方国家间的民间交流开始恢复，发展势头较好。1972 年美国总统尼克松访华后，两国民间科技交流开始蓬勃发展。在那一年，美国和中国两个高级科技代表团先后互访，分别受到周恩来总理和尼克松总统的接见，进一步促进了两国间科技交流的广泛进行。1972 年《中美上海联合公报》发布后到中美正式建交的六年间，在两国政府的支持下，中美民间科技交流蓬勃发展，特别是杨振宁、李政道、丁肇中等美籍华裔科学家的来访，扩大了中美民间科技交流，也推动了中国科学家走向世界。中美民间的科技交流不仅为两国建立政府间科技合作关系奠定了基础，也为加强两国间的外交关系做出了一份重要贡献。

2. 改革开放以来中国的科技外交

改革开放以来，科学技术在国家外交事业发展中不断地发挥着重要作用。

（1）科技合作促进国家关系的建立和改善

改革开放以来，中国向世界开放，科技交流与合作在促进国家关系的建立和发展中起到了重要的作用。例如，在中国与以色列建立外交关系中，科学交流是两国建立关系的“前哨”和主要通道，在两国正式建立关系中扮演了重要的角色。

1989 年，我国同西方国家关系十分紧张，而最先“化冰”是从科技交流与合作领域开始的。《中国 21 世纪议程——中国 21 世纪人口、环境与发展白皮书》就是在那个时候提出来的。当时，虽然一些国家和国际组织对中国政府持不友好的态度，但对中国的环境与发展问题开展研究仍持支持的态度。我国通过科技合作逐步改善了我国整体的外交环境。1992 年，我国全面恢复与除美国之外的所有西方国家的科技合作关系。1996 年 4 月 24～26 日“中美可持续发展、能源与环境论坛”在华盛顿举行，并取得了成功，为改善中美关系起到了促进作用。

（2）科技合作扩大和加深国家间的关系

科技合作已成为大国关系的重要组成部分，成为中美建设性合作关系，中欧、中俄建立全面战略合作伙伴关系，以及我国与德国、意大利、日本等合作的重要组成部分，并发挥日益重要的作用。在这些重要的国际科技合作中，科技与外交越来越紧密地结合在一起。

科技议题是中美双边关系的一个重要方面，像知识产权、自主创新等重要科技议题是双边频繁讨论的重要问题。中美双层高层会晤，科技议题已成为不可或缺的重要内容。2010 年，中美在自主创新政策方面曾出现严重的摩擦，成为中美关系的一个焦点，甚至超过人民币汇率问题。后来，通过高层的、部长级对话，双方设立“中美创新对话”（China-U. S. Innovation Dialogue），增进了双方各自解决这个问题的诚意。通过双方多个部门、企业和科研机构参与，“中美创新对话”现在已成为两国在科技创新领域的重要对话平台，在加强两国宏观战略沟通、推动经济务实合作、稳定双边关系和增信释疑方面均发挥了不可替代的作用。

在对欧洲的对外交流与合作中，科技合作也成为重要的内容，科技合作已成为中欧双边外交的重要支撑。科技创新当前已成为中欧领导人会晤的核心议题。在中俄关系中，科技合作关系也已成为两国战略合作的重要组成部分。2008 年，两国建立了中俄科技部长战略对话机制。同年，两国共同提出的“做共同创新的科技合作伙伴”，成为中俄战略协作伙伴关系的五大伙伴关系之一。

中国与德国、英国、意大利等主要欧洲国家的科技合作的形式和内容也在不断拓展和创新，主要外交活动均涉及科技合作的内容，凸现了科技外交的重要性。

2009 年，国家宣布启动的“中非科技伙伴计划”，作为中国政府在未来三年推进中非合作的八项举措之一，把中非科技合作推向一个新的高度。

（3）科技外交增强中国在世界上的话语权和影响力

近年来，随着我国科技实力的上升，科技合作和外交得到很大的发展，大大增强了我国国际话语权和国际影响力。表现在以下几个方面。

其一，中国科学家在参与联合国气候变化谈判及国际合作行动中，发挥了重要作用。全球气候变化是世界各国关注的问题。1988 年，由世界气象组织（WMO）和联合国环境规划署（UNEP）建立政府间气候变化专门委员会（IPCC）。IPPC 在努力构建和传播有关人类活动影响气候的重要科学结论方面做出了巨大贡献，因此获得了 2007 年诺贝尔和平奖。中国科学家在 IPCC 中发挥着重要的作用，秦大河院士长期参与 IPCC 评估报告的编写，并曾担任 IPCC 工作组联合主席，他大力支持和推荐发展中国家科学家和年轻科学家。IPCC 培养了一批优秀中国的科学家。中国科学家在 IPCC 中的表现提升了中国科学家的国际声望和话语权。

近几年，中国参与了国际南极科学探险计划，加入了北极国际科学委员会，在该委员会中中国是唯一非北极国家的成员。

其二，在国际组织中任职、特别是高端任职不断增多，极大地增强了我国科学家在国际学术组织中的话语权，提高了我国科技界在国际上的影响力。来自中国科协的数据显示，截至 2013 年 10 月，经中国科协推荐的我国科学家在国际民间科技组织中担任各类职务的人员共计 378 人，其中主席 28 人，副主席 50 人，执行委员或相当决策职能职务的 90 人，一般任职 210 人。特别是中国科学院院长白春礼于 2013 年担任发展中国家科学院（TWAS）院长，中国科学院副院长李静海于 2014 年 9 月当选为国际科学理事会（ICSU）副主席，这些都表明中国科学家在国际科学界话语权和地位有了新的提高。

随着我国的崛起和我国科学家国际活动能力增强，我国设立了国际数字地球学会、国际动物学会、国际科联灾害风险综合研究计划（IRDR）国际办公室等国际学术组织或办事机构，设立了一批中国委员会，掌握了更多的话语权，并彰显了国家的软实力。

其三，通过参与重要的国际大科学计划，发起中国主导的国际合作计划，为参与制定国际标准、解决全球性重大问题做出了应有贡献，提升了我国国际话语权，扩大了国际影响力。例如，我国在国际热核聚变实验反应堆计划（ITER）中承担约 10%的制造任务，成为 ITER 组织中不可或缺的重要成员，表现出中国成为负责任的大国的担当。中国科学家发起的“第三极环境计划”（TPE），在该地区产生了很好的影响，受到了其他国家和国际组织的高度关注，中国与尼泊尔、塔吉克斯坦等国签署了合作协议并展开合作研究。

其四，科学技术在中国帮助其他国家应对自然灾害和组织资源考察中发挥着重要的作用，为中国树立了良好的形象。在 2004 年由印尼苏门答腊-安达曼特大地震引发的印度洋大海啸后，中国科学院北京基因组研究所随即派出一个团队去参加救援，利用当时刚刚发展起的基因测序新技术，帮助确认海啸死难者的身份，在东南亚地区赢得了较多的赞誉。阿根廷发生重大泥石流，中国科学院水利部成都山地灾害与环境研究所派出专家去进行灾后的评估，并提出山地国家应对泥石流的对策，受到阿根廷领导人和政府的赞扬和好评。

（4）以科技援助和合作帮助发展中国家

2009 年的启动“中非科技伙伴计划”、2012 年启动的“中国-东盟科技伙伴计划”、2013 年中国科学院启动实施的“发展中国家科教合作拓展工程”等计划，促进了中国与非洲、亚洲周边、拉美等其他发展中国家及与东盟成员国的科技与创新合作，乃至经济、社会、民生合作。

为发展中国家提供技术培训工作是科技援外工作的重要组成部分。自 2000 年至今，已累计举办培训班近 481 个，对来自 120 多个发展中国家和地区的近万名专业技术人员和科技管理人员进行了培训。援外科技培训班不仅使中国的技术惠及当地民生，促进了双方的互利共赢，而且加深了双方科研人员的合作关系和个人情谊，提高了中国在受援国的形象。

（5）科技合作成为公共外交的一部分，改善国家形象

公共外交是指其参与者不代表国家处理外交事务的一种外交形式，因此可以更为宽松、生动和灵活地采取多种形式在多种场合发出声音，讲述本国

的“故事”。改革开放以来，中国的科技合作，作为公共外交的组成部分，在沟通国家相关方，以及促进民众之间相互了解、提高国家形象方面发挥着重要的作用，有一些进而影响了外国政府对中国的态度和政策。这方面有许多生动的事例。例如，在 2010 年，国家自然科学基金委员会开展科学基金资助与管理绩效国际评估，邀请斯坦福大学教授扎尔（Nichard Neil Zare）担任国际评估的主席。当时美国有一些人对中国科技发展持有偏见，劝他不要来中国，担心这会对他职业生涯不利。但他仍然来到中国，参加了科学基金资助与管理的国际绩效评估。回国后他在德国《应用化学》杂志的社论（Editorial）版块发表文章——《为什么要帮助正在崛起的科学巨人》，向国际科学界传达“正能量”，称“中国和西方已是不可分的，我们要使中国成为一个盟友，而不是敌人”。又如，瑞典皇家工程院与中国工程院开展能源方面的学术交流与合作，实地了解到中国在碳控制方面已投入了大量经费用于碳清洁能源技术的开发，碳捕集与碳封存（CCS）技术已开始实践，从而消除了对中国的误解。瑞典皇家工程院的专家回国后把情况反映给瑞典政府及欧盟，对促进欧方了解中国、加强合作起到很大的作用。

可以说，我国的科技外交对国家的经济和社会发展及科学技术的发展做出了突出的贡献，科技外交已处于我国外交战线的前沿。

（二）我国科技外交存在的问题

1. 对科技外交的认识不足，观念落后

在我国，对科技外交的重要性还没有引起足够的重视，对科技与外交的意义、科技与外交的相互关系及科技外交的作用认识不足。从科技方面，人们强调比较多的是利用发达国家的科技为我国科技进步和经济发展服务，但是在外交工作中如何利用科学技术维护我国国家的利益、提升国际地位仍然是一项富有挑战性的新课题。从外交方面，强调科技外交为总体外交服务，但对于外交为科技服务强调不够，与国家创新驱动发展战略不相配，还没有实现外交为创新驱动发展的重点方向转移。相对应的，对科学技术如何在国际舞台发挥作用、科技外交的活动特点、经费投入、人员培训和激励机制等缺乏充分的研究和认识，在实际中，许多时候还以国内行政管理的方式代替科技外交的国际惯例。在政策方面，相关的人员、经费和出国等方面的政策

缺失、不到位，甚至有些政策有阻碍作用。

2. 在国家层面上，缺乏一个整体的战略

科技外交在中国没有形成一个独立的活动。在国家层面上，科技外交是作为经济外交的一个重要组成部分、一个手段，缺乏一个独立的、整体的科技外交战略。国家没有一个正式的成文的文件指导，有关探讨停留在相关部门的内部。

相应地，科技外交在整个中国外交事业的地位不高，科技外交在理念上从属于配合国家总体外交的地位。在政府管理部门中地位不高，外交部只设立了经济司，一些重大事件的谈判也是采取一事一议的组织方式，许多措施是短期行为，缺乏长远考虑。

3. 科技外交缺乏统一领导和协调

科技外交缺乏高层统一的领导。科技部门与外交部门缺乏合作解决重大科技外交问题的机制。科技界介入外交谈判和外交场合不足。科技对外交谈判的支撑不够，缺乏长远的布局和行动。

4. 国际话语权有待于进一步提高

虽然我国在国际科学组织的话语权有了很大的提高，但进入高层决策层的仍然只占少数，同时在国际科学组织任职人员的话语能力需要进一步提高。在加强以我国科学家主导的国际科学计划方面，进展仍然有限。

5. 科技外交的投入不够，缺乏独立的经费渠道

不同于一般的国际合作研究项目，科技外交需要有固定渠道的、前期的、长期的和战略性的投入，在审批、人员出国、经费使用方面要有相应的政策。我国当前国际科技组织会费、启动国际大科学计划和创建国际科技组织等方面缺少固定投入渠道，投入强度不足，对国际大科学计划的投入不足，相对于地位的提升和影响力的扩大，中国尽的义务不足。在政策上，国际科技合作中的经费使用、出国审批、出国人员待遇、国际人才待遇等方面存在一些政策障碍，召开国际会议审批程序仍然复杂等。

6. 科技外交人才缺乏，激励机制不足

改革开放以来，我国的科技外事制度取得了很大的成绩，在选拔科技外交官方面也建立了一套富有成效的机制。但是，在总体上，缺乏具备良好科

技素质的科技外交专门人才，包括参与国际相关科技谈判的科学家、胜任国际科技组织任职的科学家及从事科技外交的复合型国际科技合作管理人才。对于在国际科技组织任职的科学家来说，存在的主要问题是：①连续性缺乏保证。虽然有科学家在国际科技组织高层任职，发挥了重要的作用，但是在其离任之后，却常常后继无人，无法继续发挥作用。②激励机制不足。在国内现有的评价体制下，在国际科技组织任职的人员得不到所在单位的认可，反而影响自身的产出和形象，中青年科学家缺乏去国际科技组织任职的动力，严重制约着我国在国际舞台发挥应有的作用。而去发展中国家长期工作，对于科技人员更是激励不足。

7. 科技界和民间企业在科技外交中的重要性没有充分体现出来

科技界的民间外交活跃，常常会起到官方科技外交起不到的作用，但是，当前民间的科技外交没有引起足够的重视。而且，在科技外交活动中，以官本位代替科学家的行为方式并不罕见，影响了科技外交的开展。

三、新时期我国科技外交的形势分析和意见建议

（一）加强中国科技外交对新时期国家发展的重要性

经过改革开放 30 多年的发展，我国的国力增强，经济总量和科技总量已经达到世界第二位，在世界舞台影响增大，进入中华民族伟大复兴的新时期。党的十八大提出的创新驱动发展战略，强调要实施创新驱动，要把科技创新摆在国家发展全局的核心位置，要以全球视野来谋划和推动创新。

在新的发展形势下，科技外交的地位和作用日显重要。中国需要战略性地推进科技外交，加强顶层设计，统筹全国力量，以科技促进外交，以外交促进科技，形成两者相互支撑的局面，共同促进中国的和平发展。

1. 加强科技外交是中国和平发展的需要

2014 年 3 月 29 日，习近平总书记在德国演讲中强调，中国坚定不移走和平发展道路[①]。为了实现中国梦，我们比任何时候都需要一个和平稳定

① 人民网. 习近平在德国发表重要演讲，强调中国坚定不移走和平发展道路. http://cpc.people.com.cn/n/2014/0329/c64094-24770762.html［2014-03-29］.

的外部环境。外交部部长王毅在2014年1月13日《新欧洲》发表的署名文章《中国的发展让世界更精彩》中指出，当代中国最鲜明的特征是改革开放。中国要实现现代化目标，需要通过争取和平国际环境发展自己，又以自身发展维护和促进世界和平。中国做好了与世界共享机遇、共创繁荣的准备。中国会继续加强中美、中俄、中欧合作关系，更多地考虑和照顾发展中国家的利益。为国际热点问题的妥善解决做出重要贡献。坚持与邻为善的中国，为亚太地区和平与发展贡献更多的正能量。

科技外交是增强信任、建设伙伴关系的重要桥梁，可为中国的对外关系发展做出重要贡献，在巩固和发展中美、中俄、中欧等大国（地区）关系中已取得的成绩，发展与发展中国家的友好关系，加强与亚洲、非洲等发展中国家的合作。

2. 加强科技外交是应对全球性挑战的需要

中国面临的许多挑战是全球普遍面临的问题，如气候变化、环境污染、传染疾病等，这些问题的解决离不开科技的发展，也离不开与世界其他国家和国际组织的合作。加强科技外交，不仅是中国解决我们自己面临的全球性挑战的需要，也是为世界解决共同的难题担负起应负的责任。

3. 加强科技外交是推进“一带一路”建设的需要

建设“丝绸之路经济带”和“海上丝绸之路”，是全方位开放格局建设的重大举措。“一带一路”倡议旨在打通向西向南开放的通道，将带动相关省份的开放步伐。“向西向南”与之前“向东”的战略最大的不同是：新时期下，扩大开放的合作对象中出现了更多的发展中国家。“一带一路”建设涉及诸多发展中国家，初期的互联互通建设就变得非常重要。这对科技外交提出了新的需求，发挥国际科技合作的先导性作用，针对沿边、沿海不同国家的特点，开展科技合作，建立与发展双边和多边关系，促进经贸及其他方面合作的关系，推动产业走出去，实现互利共赢，拓展新的发展空间。

4. 加强科技外交是我国科技创新发展的需要

我国的科技创新到了一个转折发展时期，从增加数量到提高质量的时期，并且我国科技创新要在某些方面引领世界的发展，做全球知识的创造者和贡献者，为此，需要加强科技外交，提高我国科技创新的整体水平和能力，发挥我国科技的优势和特长，使我国的科技产生更大的影响。

（二）战略性地推进科技外交的条件已具备

伴随我国经济的发展和国力的增强，我国的科技发展已经进入一个可以有效地服务于我国外交政策的新阶段。

第一，我国的研发投入在过去 20 年间高速增长，特别是近年来，大幅增加，到 2012 年研发总投入已达 10 298 亿元，跃居世界第 2 位。同时，我国的科技产出也大幅增长，2012 年，科技论文的总量达到 19.01 万篇。我国在一些重要的科学技术领域已达到国际前沿水平，影响力不断增强，例如超级杂交稻、高铁、青藏铁路、特高压输电、高坝大坝建设、航天科技等。我们可以通过科学技术的发展促进我国的外交事业。

第二，由于科技高速持续的增长和巨大市场及经济的前景，我国已成为世界各国不可缺少的科技合作伙伴。至 2013 年年底，我国已经与 155 个国家和地区建立了科技合作关系，签订了 107 个政府间科技合作协定，加入 200 多个政府间国际科技合作组织。我国在 47 个国家的 70 个驻外机构派驻了 143 名科技外交官。世界上只有美国、法国等少数国家达到这样数量级。我国科学家与世界各国科学家的交流不断增长，人才流动扩大，联系加深。这样的国际关系和联系，为我国在全球发挥自己的影响力奠定了基础。

第三，国外对我国的科技合作需求在不断增长。科技政策与战略层次合作的需求不断加大，继中美、中德、中欧创新对话机制建立后，一些国家也来寻求与我国建立双方科技创新对话机制或合作伙伴关系。我国在航天、生物技术等领域上已具备与发达国家水平式合作的实力，发达国家把我国看作重要的合作伙伴，主动与我国开展合作。一些发展中国家积极寻求与我国合作，比如像东盟和非洲国家需要中国的技术和管理经验。联合国开发计划署、环境规划署、教科文组织等均把中国视为推动南南合作、完成联合国千年目标的典范，纷纷提出要推广中国科技扶贫和科技特派员制度等做法和经验。

（三）战略性地推进我国的科技外交

面对新时期国家发展的需求，我国需要在充分研究和分析科学技术与国际关系和外交事业相互影响的基础上，明确提出科技外交的理念，把它上升到国家政策层面进行研究和规划，统筹全国力量，战略性地推进我国科技外交的发展。在指导思想上，进一步明确如下原则。

（1）把科技外交作为国家外交的一个重要组成部分，加强科学技术与外交的联系，实现科技与外交相互促进。不仅要明确科技为外交服务的原则，把科技交流与合作及科技对外交的支撑作为国家外交政策的重要组成部分；也要明确外交为科技服务，把科学技术当作外交服务的主体。

（2）长远布局与重点行动。明确科技外交的长期性，制定长远的规划，保证政策、经费投入的长期性；明确重点领域和重点突破，采取重点措施，使长期的布局与短期有效的行动结合起来。

（3）充分发挥不同科技外交主体的作用。不仅重视政府科技外交，而且要重视非政府的科技外交，包括半官方、学术团体以及科学家个人的科技外交，以多种形式开展科技外交。

（4）对不同的国家采取不同的策略。对发达国家，主要是外交推动科技；对发展中国家，则主要是科技推动外交。发挥我国的科技优势，以我国科技的优势和特长与周边国家和发展中国家开展科技外交。根据我国外交政策的重点，加强对重点国家（如金砖国家等）的科技合作。

（5）人才是科技外交的关键。我国要逐步在国际上发挥大国强国的作用，人才储备是关键。科技外交需要与国际标准接轨的各类人才。从长远发展角度加强科技外交人才队伍建设是科技外交成功的保障。

我国科技外交发展的目标是为我国的和平发展服务，为我国的创新驱动发展服务，为我国对世界做贡献服务。充分发挥科技外交的作用，实现以下几方面的任务：为国家外交政策目标提供科学支撑；帮助改善和加强双边关系，特别是加强与发展中国家的合作，扩大我国的影响；在多边合作和国际组织中提高发言权；以科技合作促进经济合作；促进我国科学技术和创新的发展。为此，我们提出如下政策措施建议。

1. 制定我国科技外交的总体规划，加强外交部门与科技部门的联系

加强顶层设计，在国家层面上制定科技外交的总体规划，明确科技外交的重点领域、重点地区和重点对象国家，并以相应的政策、机制、制度和经费投入做保证。明确科技外交在国家“一带一路”建设中的地位和作用，针对沿线国家的不同特点，开展科技外交与合作活动。充分发挥科技外交的先导性作用，通过科技交流合作增强民心沟通，帮助解决当地面临的问题，推进新兴产业合作，带动经济和贸易合作。

外交部门加强在外交系统宣传科技外交的重要性，在外交部设立专门负责科技外交的职位、机构和人员，对外交官员如何利用科技专业资源提供指导。建议在外交部设立副部级的科技外交官员，负责外交部门与科技部门的联系。

加强外交部门与科技部门联系的机制和渠道。第一，加强科技与外交的对话，增强彼此的了解和需求；第二，建立制度化的外交部门与科技部门的交流和磋商机制。

2. 加大对科技外交的投入，加强科技外交人员队伍建设

设立科技外交专项基金，重点支持参加国际组织、在华设立国际组织、以我为主的国际科技计划、参与重大国际科技计划等需要长期投入而缺乏固定渠道的科技外交活动；配合国家的“一带一路”倡议，在相关的资金投入中设立科技外交和国际科技合作专项，重点支持相关的科技外交活动。

加强科技外交队伍建设是科技外交事业成功的必要保障，是一项长期而系统的工作。要重视培养外语水平高、具有国际视野、外交能力和一定科技水平及国际影响力的科技外交人才，着眼于形成和加强在国际组织前方与国内科研机构及其他科技、外交资源的联动机制。

第一，加强政府相关官员的科技素质培训和科技官员的外交素质培训。第二，打破部门利益和垄断，有计划、有目的地培养一批到国际科学组织工作的优秀人才，特别是要重视培养在国际组织具有实操能力的秘书处或执行办公室工作的人员，在激励机制、人员待遇、教育培育和选派渠道等方面制定和实施相应的政策，营造有助于国际组织人才成长的环境。第三，加强国际议事规则和做法等方面的培训，提高我国科技人员参与国际事务（议程、谈判和活跃程度）的能力。第四，提高科技人员的科技外交意识，使他们更

好地开展国际科技合作。

3. 充分发挥科技界、学术团体和民间企业的作用及我国的优势，加强多边合作，特别是与发展中国家的合作

重视并加强与国际组织的合作，特别是与联合国及下属组织的合作，在多边合作的议程和事项中增强中国的声音，参与重要的多边合作计划，并提高我们的发言权和参与能力。

以我国对发展中国家合作的政策为指导，发挥我国科技的优势，加强与发展中国家的合作，帮助发展中国家解决与科技相关的难题。第一，要选择重点国家开展合作，以国内优势的科学家队伍和机构参与合作。第二，加强科技援外，统筹协调各部门的科技援外计划；加强科技援外项目的管理，推动我国大学、研究所和企业走出去；进一步提高科技援外培训。第三，加强与发展中国家科学院（TWAS）的合作，通过 TWAS，系统地确定在发展中国家的战略重点和战略合作伙伴，形成长期的战略合作伙伴关系。第四，在双边合作中引入多边合作的机制，与国际组织共同搭建与发展中国家合作的平台。第五，改善长期在发展中国家工作人员的补贴和条件，鼓励科学工作者到发展中国家工作。

重视半官方和民间科技合作在科技外交中的作用，活跃科技外交的形式，激发科学家的合作热情。在外交政策的指导下，针对不同的国家和地区的特点，由不同的科学家团队开展不同的科技援助、科技交流和科技合作计划。

4. 调整和完善科技外交管理相关政策，加强科技外交的相关政策研究

第一，进一步研究制定差别化的外事审批制度（如召开国际会议、因公出国），针对科研工作和高等学校、科研机构、学术组织的特点，在尊重科技活动规律的前提下适当调整现行管理规定，使其更具灵活性。第二，针对我国人员到国际科技组织任职、科研机构赴海外设立研究中心和分支机构，调整相关外事审批和管理制度，调整完善国际科技合作经费跨境使用政策。第三，对于建立国际科技组织，以及国际科技组织和国际科技计划在中国落户或建立分支机构，研究出台相应的政策和管理制度。第四，针对我国科技外交的未来发展和现实中遇到的问题，加强政策研究，为实际工作提供科学依据和决策参考。

（本文选自 2015 年咨询报告）

咨询研究组成员名单

专家组组长：

陈运泰	中国科学院院士	国家地震局地球物理研究所

专家组成员：

郭华东	中国科学院院士	中国科学院遥感与数字地球研究所
吴国雄	中国科学院院士	中国科学院大气物理研究所
欧阳钟灿	中国科学院院士	中国科学院理论物理研究所
樊春良	研究员	中国科学院科技政策与管理科学研究所
常　青	研究员	国家自然科学基金委员会
邱举良	研究员	中国科学院国际合作局
肖　利	副研究员	中国科学院科技政策与管理科学研究所
温　珂	研究员	中国科学院科技政策与管理科学研究所

顾问组

方精云	中国科学院院士	中国科学院植物研究所
符淙滨	中国科学院院士	南京大学
秦大河	中国科学院院士	中国气象局
王志珍	中国科学院院士	中国科学院生物物理研究所
袁亚湘	中国科学院院士	中国科学院计算数学研究所
姚檀栋	中国科学院院士	中国科学院青藏高原研究所
汪文斌	副司长	外交部
陈霖豪	副司长	科学技术部
张建生	部　长	中国科学技术协会
邱华盛	副局长	中国科学院国际合作局
曹京华	副局长	中国科学院国际合作局
康金城	副局长	中国工程院
王葆青	会　长	中国国际科技合作协会
王　艳	副主任	中国科学技术交流中心

吕永龙	研究员	中国科学院生态环境研究中心
张　侃	研究员	中国科学院心理学研究所
龚　克	教　授	南开大学
薛　澜	教　授	清华大学
武夷山	研究员	中国科学技术战略研究院
孙福全	研究员	中国科技发展战略研究院
刘　健	研究员	中国科学院地理科学与资源研究所
吴炳方	研究员	中国科学院遥感与数字地球研究所
冯晓虎	教　授	对外经贸大学
张孟军	顾　问	科学技术部

关于加快推进我国生物质合成燃油产业发展的咨询报告

程津培　等

生物质能是可再生、零排放能源，特别是其中的液体燃料，是替代石化制品的唯一现实选择，在清洁能源中被寄予厚望。但其发展却受制于规模小、原料分散和依赖补贴等现实。中国科学院组织相关研究力量结合其发展新态势，开展了专题调研。主要结论有以下两方面。

（1）第二代生物燃料（如纤维素乙醇）正在技术和市场两方面遇到困难，但基于热化学转化的生物质燃油制取技术很可能异军突起，以其成熟度较高、适用范围宽、可规模化和市场容量大等优势，在今后2～4年实现商业化生产。

（2）我国生物质燃油研发和产业进展可喜，尤其在生物质“气化-费托合成”燃油方面，已掌握自主产权、成本可控的规模化生产国际领先技术，有望破解当前生物质能发展困局。本报告建议：高度重视生物质燃油产业对我国交通、能源安全、减碳、降霾和反哺农业的独特功能，加大配套支持，把握住当前有利于我国的战略机遇，在全球率先实现生物质气化合成燃油大规模商业化，促进引领型产业的弯道跨越。

一、背景和意义

生物质能曾是人类文明进化中最主要的能源。近半个多世纪以来，虽有水、核、光、风等能源形态蓬勃兴起，但囿于开发、输送和成本等诸多因素，适用范围和发展规模均有各自的局限，以致生物质能在当今世界能源消费中，仍占据化石能源之外最重要的位置。尤其是将生物质废弃物，转化为气体、液体燃料或电力等所谓现代生物质能，具有可再生、便储运等优势，在优化能源结构中，特别是在应对全球气候变化和大气污染防治中，被世界各国寄予很高期待。

目前生物质资源的开发再利用，主要有分布式发电、转化为沼气及酒精、汽柴油等液体燃料以至化工产品等形式，各有优寡。我国农业生物质资源十分丰富，除传统用途外，有60%多被焚烧，造成资源浪费和大气污染。若加以利用，连同林业废弃物（约3.5亿吨/年），将可转化为2亿多吨成品油，不仅可减轻石油进口和碳减排压力，还将增加农民收入，有着突出的经济、社会和环境价值。

我国发展生物质能源的社会氛围业已初步形成，各类示范工程均有部署。但在路径选择上，如何提炼出既符合国情和市场规律又能在近中期形成较大产业规模和辐射带动力的引领技术，以助新能源产业实现国家目标，业内和研究及管理层尚未形成战略共识。目前发展生物质能源的问题主要在于，不同品类的生物质有其各自转化适用范围，加之技术成熟度、配套设施、可利用量、产品经济性以至政策取向等多方面原因，生物质能研究领域表面看百花争艳，但产品普遍缺乏市场竞争力，且分散重复，难以形成对优化能源结构有实际意义的规模产业。例如，继以粮油为原料的第一代生物燃料之后，纤维素乙醇曾被寄予厚望，但终因商业化所要求的技术和成本两大瓶颈久攻不克，美国和加拿大已终止了相关项目。

与酶法制生物燃料乙醇不同的是，基于热化学技术的生物质燃油研发，近年来却取得意外进展，有望在今后2～4年实现商业化和规模生产。美国环保署已及时做出战略调整，2014年美国只生产了72.8万加仑[①]纤维素乙醇，而以热化学转化生物合成燃油为主的先进生物柴油的产量达到860.5万加仑。

中国科学院学部对发展生物质能源一直十分关注，结合新的态势，专门组织石化、生物质等领域的专家学者，围绕“非粮生物质合成燃油”进行了

① 1美制加仑≈3.785升。

专题调研。现将主要情况、问题和建议报告如下。

二、国内外生物质液体燃料的研发和产业发展状况

生物质液体燃料是目前可替代石化燃油的唯一现实选择。在各国新能源研发和产业发展中，均被视作重中之重。虽然当前原油价格大幅跌落，但市场波动改变不了化石能源日渐枯竭的宿命，更不会动摇人类应对全球气候变化和保护环境的意志和部署。2014 年，全球可再生能源项目实现逆势增长，总投资达 2700 亿美元，比上年猛增 17%。据国际可再生能源署 2014 年的报告《2030 年全球生物能源需求和供应预测》，届时可再生能源在全球一次能源中的占比将比现在翻一番。其中，生物能源最为关键，将成为“最重要的单一可再生能源品种”，在可再生能源中的占比将达 60%，远超过光伏和风电。特别要指出的是，报告预测车用液体生物能源在全部生物能源中的份额，将从原预期 2010 年达到 9%，大幅提高到 30%，预示了强大的市场需求。

（一）当前生物乙醇遭遇技术和经济困难，发展思路面临调整

第一代生物乙醇和生物柴油自 2000 年前后进入新能源发展序列以来，成绩斐然，现全球总产能已超过 8000 万吨/年。但因其主要以粮油为原料，为防“与人争粮”，近年来国际上已将重点转向“非粮”原料的所谓“第二代生物燃料”，如纤维素乙醇等。但经 10 多年努力，纤维素乙醇终未能攻克可商业化的低成本技术，却带来额外环境问题。2011 年，美国环保署被迫将原定生产 2.5 亿加仑纤维素乙醇，大幅度下调到 650 万～2550 万加仑，而实际产量仍远低于该指标下限。

2011 年，我国生物乙醇年产已达 190 余万吨，其绝大部分为谷物乙醇。在国家已颁布的《可再生能源发展“十二五”规划》和《可再生能源中长期发展规划》中，纤维素乙醇均被当作突破重点。按规划，2020 年生物乙醇年产量须达 1000 万吨，显然是将大幅增长的希望寄托于纤维素乙醇的增量。但问题是，我国目前在该领域同样未能攻克商业化技术，产品亦不具备市场竞争力。故还在油价下跌之前，就有企业提出纤维素乙醇的补贴需达 2450 元/吨的要求，这也直接导致我国生物乙醇产量已连续 8 年未见明显增长，

既定目标显然难以实现。其他生物液体燃料情况亦大体类同。例如，微藻制油仍困于中试，成本居高不下；基于甘蔗、玉米芯、木薯、小桐籽乃至厨余油等的液体燃料，皆受原料量不足和区块局限，很难再提升规模。我国生物质能源的发展，如不能很好解决分散、规模小和过度依赖财政补贴的症结，将不可能对改善当前能源结构产生实质性影响。这也是许多人从当初对生物质能源极度看好，转为疑虑、茫然以至失措的主要原因。但若借此放弃，则更自毁前程，绝不可取。

纤维素乙醇系用酶法生产，目前的各类酶技术均难以转化占原料总含能近 40%的半纤维素（尤其是木质素），是微生物法的突出短板。即便陷入困境中的纤维素乙醇商业化技术最终能取得突破，其产业发展仍将面对两大瓶颈：一是若发动机不改装，按掺混乙醇上限 15%计，市场容量相当有限（北美市场现已饱和）；二是生物乙醇需专门的储运设施，将导致综合成本进一步提升。因此，2014 年 3 月《自然》曾刊文称“纤维素乙醇在为生存而战”；同时指出，液态生物能源研发的重点“正向用热化学法制取烃类燃料转移”。事实上，全球六家最大的纤维素乙醇生产集团中，现已有三家转而采用热化学法而不再用微生物法生产烃类燃料。另外的三家虽能得到政府每加仑 1.01 美元的补贴，产品仍不具有市场竞争力。

（二）热化学法催生“先进生物燃料”：国际态势

解决上述问题的出路仍在科技的发展和创新。鉴于发展第二代生物质燃料纤维素乙醇中存在的问题，美国环保署在 2009 年提出“先进生物燃料”概念，当前最主要的种类是基于热化学转化法制取的生物燃料（biomass to liquid，BTL），二甲醚类、呋喃类燃油以及藻类生物柴油等。

热化学转化法制生物燃料相对于其他生物质燃料的优势有以下三方面。

（1）借鉴液化煤（coal to liquid，CTL）的经验，技术成熟度较高，可完全转化酶法不能利用的木质素。只需将工艺条件略作调整，即可制取不同比例的汽油、柴油、润滑油以至航空煤油等，且油质更优，经济性更高。

（2）所获油品是所谓即加即用（drop-in）的燃油，无须按比例掺混，市场容量大。

（3）技术适用面宽，可转化各类原料乃至城市垃圾，原料供应充足，成本下降空间大，商业化前景光明。鉴于此，欧美各国在抢占研发和产业发展制高点上的竞争早已开始。

与煤液化类似，热化学转化法制取生物燃料亦涉及直接和间接液化两种主要路线。

（1）直接法是在还原气氛下加热生物质使其高分子链断裂成低分子的技术，反应机理复杂，产物选择性和稳定性差，不能作为车用燃料。通常是将制得的粗生物油脱硫后，直接作锅炉燃料，成本及热值低于重油。近年来，粗油提质精炼技术升级，规模化后会有一定的市场竞争力。代表性发展有：美国 KiOR 公司开发出用木质纤维素类生物质制取“drop-in”汽柴油的“一步法”催化热裂解工艺，年产 3.6 万吨的工业装置于 2013 年投产；加拿大 Ensyn 公司用快速热裂解 RTPTM 技术生成“生物原油”，与化石原油掺和共精炼后可得优质油品；芬兰 UPM 公司用来自造纸废液的粗制妥尔油，经系列热处理，得到可以 30%掺混到常规油中的生物油，年产 2 万吨；等等。

（2）间接法则是先将生物质在高温高压下气化得到合成气，再经费托合成制取洁净油品的技术，产品性能优于化石柴油，是目前最具前途的生物合成燃油制取途径。代表性发展有：德国科林集团开发出 Carbo-V 双反应器气化技术，与壳牌公司合作建成年产 1.5 万吨费托合成生物燃油半工业装置，2011 年完成工业测试；美国 Rentech 公司发展了双流化床生物质气化和费托合成两项关键专利技术，2011 年建成年产 1 万吨合成柴油和航空煤油的半商业化示范厂；等等。其他一批美国能源部和农业部历年来所支持的做生物质热化学转化中试研究的企业中，也有若干家有望在未来几年内，达到商业化生产规模。

从目前热化学转化制取替代石化的生物燃油的研发和产业发展看，谁执牛耳的冲刺和大规模商业化突破正值交集。我国能否把握住该领域正面临洗牌的机遇，实现弯道超越，十分值得期待。

（三）我国生物质热化学合成燃油研发和试生产取得突破进展

本咨询项目组在调研中发现，生物质热化学转化的研发和应用在我国虽起步略晚，但进展相当迅速。在直接法热裂解生物油的初级利用上（用于锅炉燃油），已出现一批产学研结合、有一定规模的企业。代表性进展有：中国石油大学和山东科技大学团队研发出可避免粗油中固态灰粒的循环流化床热解反应器，与泰然公司合作，在山东建成 20 万吨级秸秆快速热解制锅炉燃油的示范厂；青岛科技大学开发出下行式移动床秸秆闪速热解工艺，与颐民宝新能源科技有限公司合作，2012 年在长春建成年处理 1 万吨秸秆的示范厂；广州迪森热能技术公司开发出中高温快速裂解工艺，2009 年通过中试后达到年产 1 万吨粗油规模，生油率 50%～70%。中国科学技术大学团队与安徽易能生物能源公司研制的催化热裂解-提质精炼工艺以及中石化团队研发的生物质（水热）高压直接液化、再提质精炼，制取车用燃油技术也取得良好进展。

更令人可喜的是，在生物质气化费托合成燃油方面，武汉阳光凯迪新能源集团自主研发出“生物质气化合成燃油”（K-BTL）技术，2013 年投产试运行国内首条1万吨/年生物合成燃油半工业示范线，已累计运行 1.5 万小时。K-BTL 技术集成了自主研发的固定床上吸式气化炉、钴基催化剂和浆态床费托合成反应器以及“再创新”的等离子超高温气化技术，具有完整的知识产权（发明专利授权 117 项，PCT 专利授权 49 项）；在使用一定量外加富氢气体的情况下，做到用 3.5 吨干枝丫（含水率 15%）可产出 1 吨洁净生物燃油，经反应条件调节，还可“定制”drop-in 汽油、柴油和航空煤油的比例，其质量优于欧Ⅴ标准，成本可控制在每吨 7000 元左右（可与煤制油相当或略低），并已在国家质量监督检验检疫总局指导下制定了首个生物合成油品标准。武汉阳光凯迪新能源集团基于多年运营生物质电厂的经验，解决了原料集成和物流成本控制难题，近期还在产业洗牌中，成功并购了费托生物合成燃油领域著名的美国 Rentech 公司，显示出“弯道超车”的强劲势头。

三、大力支持我国生物质气化合成燃油产业发展的政策建议

原料分散、产能规模小、依赖财政高额补贴曾被认为是发展生物质燃油的三大瓶颈。虽然目前多数产品仍受此制约（如地沟油航空煤油），但绝非铁律。调研发现，事实上当前我国发展生物质热化学合成燃油的总体条件已优于美国，还出现了像武汉阳光凯迪公司这样能自主开发出低成本商业化的整套领先技术，并能对美欧用高额投资和多年研发心血形成的知识产权乃至

设备实现成功并购的企业，表明我们正迎来非常难得的发展机遇。如果政策得当、市场公平，我国将极可能在生物质合成燃油的大规模商业化生产上迅速形成大的“气候”。为此作出如下建议。

（一）加强对生物质合成燃油产业的政策支持

生物质燃油非其他清洁能源（光、风、水、核能等）所能替代，它关系到我国便携能源的安全、减碳、降霾和农民增收等多重需求，是打造核心竞争力的重要抓手，应将其纳入国家“十三五”规划和清洁能源发展规划；对现有政策进行梳理调整，在市场准入、物流、研发、后补助等政策上予以扶持，使其享有与太阳能、风能等相配的价格政策和与石化企业同等的市场公平。

（二）加大对创新引领性生物质燃油企业的财税和金融支持

加大财税调控力度，实施配套的金融扶持政策。对于前景看好、尚处成长期的生物合成燃油产业发展，国家给予等同于光伏和风电的产业和财税政策扶持；对已具有全球技术引领能力的我国企业，采取建立企业“走出去”引导基金、政策性银行提供低息长期贷款等政策措施，支持企业开拓全球市场，带动我国技术装备及服务的国际输出。

（三）推进制定非粮生物质合成燃油商品的质量标准

要从国家层面积极推动制定非粮生物质燃油商品的质量标准工作。规范各类油品生产、检测检验和质量标准，明确行业准入条件，防止一哄而上、鱼目混珠，为产品进入市场奠定基础。制定相应政策，鼓励支持达标油品及装备进入市场检验，支持油品的试飞试航试驾和首台套装备行车试验。

（四）加强生物质资源调查、研发支持和示范基地建设

生物质原料是 BTL 产业化的基础。建议国土资源部、农业部、国家能源局、林业局等部门，对我国木质纤维素类生物质资源及可种植能源林（草）的荒山荒坡等边际性土地资源，开展系统的调查和开发潜力评估，进行分省生物质资源图编制。鉴于迄今国家财政在生物质热化学转化合成油/气领域的研发支持还甚少，建议加大对研究机构和企业的支持，推动产学研协同组织实施热化学转化制取生物燃油的技术研发及升级；鉴于原料收集和储运的

成本控制仍有可能形成对该产业规模化发展的制约，建议选择若干适合地域（如黄河三角洲地区、武汉周边等），在国家财政支持下，建立规模化产业示范基地，带动全国发展。

我国是化石能源第一消费大国，但所依赖的化石能源不可再生。现代生物质能则是将储存于生物质的太阳能，直接转化利用，显示了“种植能源”的时代特征，作为零排放可再生能源，是当今新能源领域竞争的重中之重。本咨询项目组建议，要抓住当前有利于我国生物质能源发展的战略机遇，加大支持，尽快抢占生物质合成燃油研发和产业发展的战略制高点。

（本文选自 2015 年咨询报告）

咨询研究组成员名单

程津培	中国科学院院士	清华大学
张俐娜	中国科学院院士	武汉大学
田　禾	中国科学院院士	华东理工大学
韩布兴	中国科学院院士	中国科学院化学研究所
程　序	教　授	中国农业大学
刘蜀敏	研究员	中国石油规划总院
郭庆祥	教　授	中国科学技术大学
李宝山	秘书长	中国可再生能源学会
罗三中	研究员	中国科学院化学研究所

全面推进我国湖泊与湿地保护的战略对策和建议

刘昌明　等

党中央和国务院高度关注我国的水问题，提出湖泊与湿地修复是我国面临的十大水问题之一。湖泊与湿地是单位面积生态系统服务价值最大的一类，也是我国当前面积丧失最快和生态环境恶化问题最严重的生态系统类型。湖泊与湿地生态系统服务功能快速退化已经成为制约其周边地区和流域社会经济发展与人民安居乐业的瓶颈因素，迫切需要提高湖泊与湿地保护意识，认清湖泊与湿地生态问题形成的主要原因，有针对性地系统实施我国湖泊与湿地保护战略。

本咨询报告是“中国水安全保障的战略与对策”咨询研究项目的专题研究成果，重点围绕我国湖泊与湿地水环境恶化与水生态退化问题，分析问题的成因，从中国水安全保障的紧迫性的高度出发，提出依法保护与修复湖泊与湿地、促进生态文明建设的对策和建议。

一、加强我国湖泊与湿地保护刻不容缓

我国是一个湖泊与湿地数量多、类型全、分布广的国家，其面积占国土总面积的 6.5%。湖泊与湿地涵养了全国 96%的可利用淡水资源，维系的高等植物有 3 门 239 科 1255 属 4220 种，繁育的脊椎动物有 5 纲 51 目 266 科 2312 种，并具有巨大的洪水调蓄、环境净化和区域气候调节能力，也是我

国淡水水产品的主要来源和重要的旅游目的地，在保障供水与防洪安全、支撑经济发展、保护生物多样性和维护区域生态平衡等方面发挥了不可替代的作用。

（一）湖泊与湿地快速萎缩消亡，调蓄水量锐减

湖泊与湿地数量和面积急剧减少。近 50 年来，我国面积超过 1 千米^{2}湖泊数量减少了 243 个，面积减少 9606 千米^2，约占湖泊总面积的 12%，因围垦减少的湖泊面积更大，仅长江中下游地区近 50 年来就减少 13 000 千米^2，相当于该地区湖泊总面积的 1/3，洞庭湖湖泊面积已由中华人民共和国成立初期的 4350 千米^{2}急剧缩小至 2625 千米^2；鄱阳湖面积也由 1949 年的 5200 千米^{2}减少到目前的 2933 千米^2。

近 50 年来，全国湿地面积丧失在 50%以上，尤以东北、长江中下游及青藏高原等地区的天然湿地丧失最为严重，其中三江平原湿地面积累积丧失 80%，松嫩平原湿地丧失达到 60%以上。青藏高原近 40 年来沼泽湿地面积丧失 18.7%。沿海地区累计已丧失滨海滩涂湿地面积约 1.19 万千米^2，另因城乡工矿占用湿地约 1 万千米^2，两项相当于沿海湿地总面积的 50%。仅近 10 年来全国湿地面积就减少了 3.4 万千米^2，减少率达 8.8%。由于湿地开垦，导致其水文调蓄及区域气候调节能力下降。三江平原在过去的 45 年间，气温上升了 1.2～2.3℃，区域持水能力下降了 100 亿米^3。湖泊萎缩消亡导致储水量锐减。调查表明，20 世纪 50 年代初以来，长江中下游地区减少湖泊容积超过 500 亿米^3，相当于淮河多年平均年径流量的 1.1 倍，五大淡水湖泊蓄水总量的 1.3 倍。湖泊调蓄容积的减少，直接导致湖泊洪水调蓄功能下降，在相当程度上引发了江湖洪水位的不断升高，最高洪水位被不断突破。湖泊与湿地面积持续减少，已经成为我国近期面积丧失速度最快的自然生态系统。

（二）湖泊与湿地水质恶化，环境净化能力显著降低

我国东部、东北和云贵高原湖泊中有 85.4%的湖泊超过了富营养化标准，其中达到重富营养化标准的占 40.1%。五大淡水湖中，除洞庭湖目前尚处于中营养水平外，太湖、洪泽湖和巢湖整体上均处于富营养化水平。如太湖，20 世纪 80 年代以Ⅱ至Ⅲ类水为主，此后每 10 年下降一个等级，2000

年以来，以Ⅳ至Ⅴ类水为主，局部已劣于Ⅴ类水。

湿地污染也十分严重，水质低于国家Ⅲ类水质标准的水体沼泽湿地数量超过45%，尤以京津冀、三江平原、长江中下游、滇西北高原等区域的沼泽湿地水质较差。汉阳洪泛区、花园口黄河河滩、宿鸭湖、庵东、里下河等地沼泽湿地水质均为Ⅴ类或劣Ⅴ类。由于水质污染和过度捕捞，滨海湿地环境质量也不断下降，以无机氮和无机磷污染最为严重。稻田等人工湿地由于大量使用化肥、农药、除草剂等化学产品，已成为重要的面源污染来源，严重影响了内陆和沿海的水体质量，成为水体富营养化的重要原因。

（三）湖泊与湿地生物资源退化，生态灾害频发

湖泊与湿地生态不断退化，表现为鱼类资源种类减少、数量大幅下降，高等水生维管束植物与底栖生物分布范围缩小，生物多样性下降，而藻类等浮游植物大量繁殖并不断集聚，形成生态灾害。如太湖鱼类由20世纪60年代106种下降到目前60余种，水生高等植物分布面积减少了126千米^2，群落组成趋于简单。洞庭湖20世纪50年代捕捞经济鱼类有100种，年产量超过4万吨。至20世纪末，能捕捞到的鱼类仅剩70余种，年产量不足1万吨。

随着湖泊富营养化加重，蓝藻水华大面积频繁暴发，湖泊生态灾害频繁发生，严重威胁当地生产、生活用水和生态系统良性循环，2007年太湖无锡供水危机震惊国内外。

湿地作为物种重要基因库，生态退化同样严重，作为珍稀物种避难所和环境与气候调节器的功能逐步丧失，近50年来，我国湿地有机碳储量损失超过15亿吨，消失的湿地鸟类达24%，鸟类种群数量显著减少的鸟类比例超过52%。与湿地开垦之前的1949～1969年相比，1970～1990年三江平原旱、涝灾害发生频率分别增加了9.5%和14%。

由于过度围垦和砍伐等，我国天然红树林面积已由20世纪70年代初的约4.9万公顷下降到2000年的1.9万公顷，超过60%的红树林丧失。虽然2000年后红树林面积有所扩大，但红树林斑块破碎化严重，连通度降低。红树林的大面积消失，导致许多生物失去栖息场所和繁殖地，也失去了防护海岸的生态功能。

二、不当人类活动和管理不到位是造成我国湖泊与湿地问题的主要原因

造成我国目前湖泊与湿地严峻生态环境问题的原因，既有自然因素，也有人为因素。自然因素主要是气候变化导致的湖泊与湿地水量平衡改变，造成一些湖泊与湿地干涸萎缩和生态退化。而人为因素，即不适当的生产、生活方式和滞后的管理方式是主要的原因。

（一）不适当的生产生活活动是最直接和主要的原因

长期以来，由于大规模农业开垦、周边开渠排水、过度围垦养殖、捕捞与放牧等，改变了湖泊与湿地的自然水文格局和节律，导致湖泊与湿地环境净化和生态调节功能大幅下降、环境容量减少，加重环境污染和周边地区洪涝灾害，影响生产生活供水、航运和水生生物资源可持续利用。

调查表明，全国 25%以上的重点调查湿地遭到破坏，已无法自然恢复。导致破坏的主要因素为污染、过度捕捞、围垦、外来物种入侵、基建占用等，全国 323 处受监测的重要湿地中 40.7%的湖泊湿地、26.4%的海岸湿地和 19.8%的沼泽湿地受到过度养殖或捕捞的威胁。大规模农业开发，不仅导致三江平原地表处于失水状态，也造成该区域地下水水位下降，湿地干旱化趋势明显，尤其是在水田面积迅速增长的 1997～2005 年，三江平原地下水水位平均降幅达 10～15 米。

近 20～30 年，各地纷纷掀起了更大规模的环湿沿湖开发热潮，向湖泊与湿地要地现象屡禁不止。产业向湖泊与湿地集中，城市向湖泊与湿地推进，人口向湖泊与湿地聚集，使得湖泊与湿地保护面临更加复杂、更加严峻的压力。

（二）部分水利工程建设对湖泊与湿地产生有不可忽视的影响

近几十年来，各类水利工程在防洪除涝和保障工农业生产与人民生活用水等方面发挥了巨大作用，与此同时我国湖泊与湿地演变受各类大型河湖整治、防洪引水和流域开发工程影响也愈益明显。例如，三江平原为了大力发展农业，建设大中型水库 26 座，小型水库 142 座，共完成堤防建设 3380 千

米，开挖主干河道 472.4 千米，排水干沟总长度 2892 千米。这些水利设施的修建，一部分将湿地用水进行拦截储存，一部分沟渠将湿地排干进行农田开发，导致湿地大面积丧失，湿地功能严重下降。近 50 年来，长江中游经历了 20 世纪 60 年代调弦口建闸封堵、70 年代的下荆江裁弯、80 年代葛洲坝水利工程建成运行和 21 世纪初三峡工程及上游控制性水利枢纽工程建设运行等重大工程影响，不仅直接带来干流水沙，造成河道地形及鄱阳湖、洞庭湖两大通江湖泊湖盆容积与形态发生变化，引起通江湖泊江湖水沙交换过程与通量的连锁调整，而且湖泊蓄水、水环境质量和湖泊生态系统也受到影响而快速变化，这引起了国内外对控湖工程的广泛争论。

江河与湖泊、湿地阻隔，导致湖泊与湿地急剧萎缩。据调查，20 世纪 50 年代末以来，长江中游地区由于江湖阻隔加速围垦和淤积而消失的湖泊就达 97 个，损失湖泊面积超过 542 千米^2。湖泊水面萎缩损失面积更大，大部分湖泊面积萎缩率超过 30%，有些湖泊甚至达 70%以上。1989 年，浓江河截流之后，使得洪河国家级湿地自然保护区减少浓江河汇水面积为 704 千米^2，减少地表径流量 5600 万米^3，导致洪河保护区地表水资源减少、湿地面积及功能萎缩。

（三）湖泊与湿地保护意识淡薄与管理不到位是问题不断加重的主观因素

1. 湖泊与湿地保护意识淡薄

长期以来，我国各地湖泊与湿地保护意识十分淡薄，在部门和地方短期利益驱动下，重湖泊与湿地生产功能忽视生态涵养功能的现象普遍。在对湖泊与湿地利用方式上，长期忽视湖泊与湿地具有发挥更长时间和更大空间尺度生态服务功能的巨大作用。目前大多保护区由于经费、人员、设施不足以及保护区土地使用权属不清等原因，而未能开展有效的管理工作；即使在目前湖泊与湿地普遍出现严重生态环境问题的严峻形势下，保护和开发冲突的最终结果总是保护为开发让路。尽管我国湿地保护率近 10 年来由 30.5%提高到了 43.5%，但许多重要湿地区（包括众多国家重点生态功能区、重要江河源头、生态脆弱区和敏感区、鸟类迁飞路线等范围内的重要湿地），仍未全部纳入保护体系之中。例如，国家重点生态功能区湿地保护率仅为 51.5%，国家重要湿地保护率仅为 66.5%。

湖泊与湿地多头管理，造成管理效率低下。我国湖泊与湿地长期缺乏统一、权威的管理机构。总体上，在国家层面，湖泊由水利部门主管，湿地由林业部门主管。但实际上，水利部门湖泊管理仅涉及防洪与水资源利用，也基本没有专门的湖泊保护机构；国家林业部门主管湿地，环境保护部门又负责全国自然保护区综合管理；湖泊与湿地渔业资源利用又主要由渔业（农业）部门主管；其他涉湖管理机构还有隶属于林业、园林和旅游部门或地方政府的各类湿地公园管理、隶属于交通部门的航道管理、隶属于水利部门的采砂管理、隶属于国土部门或水利部门的湖泊岸线管理、隶属于环保部门的环境管理、隶属于地方财政或林业部门的芦苇管理等。湖泊与湿地多头管理，涉及多个部门和地方的职能交叉，存在诸多矛盾和利益冲突，使得湖泊与湿地保护管理协调工作困难重重，甚至因管理权限和争夺资源，有些湖泊与湿地地区出现群众斗殴，进而影响地区社会治安和稳定，存在后患，导致管理混乱和效率低下。

2. 湖泊与湿地管理长期缺乏法律规章和有效的管理机制

在我国现有的国家土地资源管理分类中，湖泊被划分为水体，滩涂和沼泽湿地等被划分为未利用地类型，尚未在国家土地资源分类体系中获得应有的定位，湖泊与湿地丧失了作为独立国土资源的属性。这种属性定位的模糊，直接导致其法律界定的不确定性和重叠性。尽管自 2004 年以来，国务院和不同部委相继发出了加强湿地保护管理的通知，但目前为止国家层面的湿地法规尚未建立，湖泊保护也仅出台了《太湖保护条例》。各部门管理空间边界与权属不清、管理业务范畴交叉、管理空隙大、县乡地方政府与省级业务管理部门涉湖管理权责不均等，导致湖泊与湿地保护立法协调难、周期长，管理法律规章长期缺乏，各部门在开发与保护管理工作中缺少明确目标和依据标准。与此同时，湖泊与湿地合理利用和保护缺乏统一和长远的规划，造成湖泊与湿地开发无序化，各部门和各地方各行其是，湖泊与湿地生态系统保护的整体观念和有效的管理机制缺乏。

3. 湖泊与湿地治理保护策略出现偏差、力度严重不足

目前，我国许多湖泊与湿地治理及保护之所以没有取得理想效果，根本原因是长期缺乏“山水田林湖生命共同体”的系统全面保护和治理理念。在保护和治理方面，长期存在重生态工程建设、轻生态保护，重景观恢复、轻生态效

益发挥，重外来水生物种引进、轻自然封育和土著种繁育等问题，这就导致整个流域污染控制和治理没有跟上，造成湖泊与湿地污染的因素依然存在，治理往往无法取得长效。再者，湖泊与湿地保护，往往涉及多个行政区域，没有流域整体的统筹协调，局部的治理和保护效果也难以持久。湖泊与湿地保护力度远远不够，体现在湖泊与湿地开发利用上没有严格的禁区，或者禁区不禁；违法利用惩罚力度过轻，违法成本过低以及规划与立法不严密、执法不严格，造成开发者有机可乘。

三、有效保护我国湖泊与湿地的对策和建议

我国湖泊与湿地保护是一项长期的工作，必须进一步提升对湖泊与湿地的保护意识，加强湖泊与湿地保护的法制建设和有效管理；强化湖泊与湿地的流域综合管理，针对不同湖泊与湿地的问题和成因，开展分类分层次保护；启动实施国家湖泊与湿地生态保护和修复工程。

（一）统筹规划，加强湖泊与湿地流域系统的综合治理

1. 强化湖泊与湿地生态功能定位，开展分类保护

根据不同类型湖泊与湿地的自然环境特点和社会经济状况以及主导功能和辅助功能，制定我国湖泊与湿地保护的总体战略和目标，明确不同类型、不同区域湖泊与湿地保护的重点和实施路径，合理划分重要功能保护区、缓冲区、开发利用区等，分类型、分层次对重要湖泊与湿地进行有效保护，规范和引导资源的可持续利用，维护和提升湖泊与湿地的主导功能。对目前仍然具有良性生态结构并发挥正常生态功能的湖泊与湿地，系统实施有效的保护和管理，以维护优良生态系统；对正在受到破坏、威胁或生态系统结构和功能呈现退化趋势的湖泊与湿地，加大综合整治和保护力度，以遏制生态系统退化势头；对生态系统结构和功能已经遭受严重破坏的湖泊与湿地，系统进行系统的环境治理和生态修复，清理和整治各种与功能定位不相符合的、不合理的开发与占用行为，以重建和恢复受损生态系统；对一些生物多样性热点区、珍稀濒危物种栖息地和繁育场、重要生态涵养源区、特殊类型湖泊与湿地生态系统等，进行强制抢救性保护，以维护区域生态系统平衡。

2. 强化流域综合管理，确保湖泊与湿地功能定位目标实现

统筹流域“山水林田湖”系统的各要素，把治水与治山、治林、治田有机结合起来，统筹上下游、左右岸、地上地下，将湖泊水体、湖岸与湿地过渡带、环湖和湿地周边地带和整个流域作为不可分割的有机整体，协调解决水资源、水环境、水生态、水灾害问题，维护自然积存、自然渗透、自然净化的生态服务功能；实行湖泊与湿地的流域综合管理，促进湖泊与湿地保护和治理的空间协调，强化生态空间用途管制，实现分级管控，重视生态服务功能整体发挥；成立跨部门、跨行政区的流域综合管理机构，制定流域统一规划和保护行动计划，划定湖泊流域的水生态功能分区，有效协调各利益相关方，提出不同分区的功能定位、开发管制方向和强度要求，大力实施生态补偿制度，实行有效的空间开发管制，确保湖泊与湿地功能定位和分区保护目标的实现。

3. 优化河湖格局和功能，实施河湖连通，建立长效补水机制，维护湖泊与湿地生命健康

针对影响水与生态安全的不同类型河湖格局紊乱与功能受损问题，从流域整体出发，建立河湖功能定位和综合管理体系，厘清不同级别水系之间的水力联系和功能，明确清水走廊和尾水通道，改善水和物质的循环过程与流向，保障水流通畅，改善湖泊与湿地水动力条件，以增强水体自净能力和水环境容量。

（二）强化法制建设与机制创新，推进湖泊与湿地管理水平的全面提升

1. 加强法制建设，推进湖泊与湿地保护法治化管理

全面推进湖泊与湿地保护立法过程，国家层面需要加快出台《湖泊保护条例》和《湿地保护条例》，明确湖泊与湿地保护的职责权限、管理程序、行为准则和管理边界、土地权属，明晰湖泊与湿地主管部门组织协调与多部门分工合作的管理机制，依法确立土地利用分类中作为“未利用地”的滩涂、沼泽为“生态用地”。地方层面继续加大省级湖泊与湿地保护规章制度建设；已建各级湖泊和湿地自然保护区、国家湿地公园等要完善相关保护管理实施细则，实行“一区一法”，使我国湖泊与湿地保护有法可依、有章可循，形

成我国湖泊与湿地保护的法治化和长效化管理体制与机制，提高我国湖泊与湿地管理能力。

2. 明晰管辖范围和权责，建立国家、省、地方三级管理体系

明确湖泊与湿地的管理边界、管理权责和土地分类属性，完善国家、省（自治区、直辖市）和地方专门管理与行业保护机构相衔接的三级管理体系，分类、分级建立湖泊与湿地保护清单，将面积在 1 千米^{2}以上的自然湖泊与 8 公顷以上天然湿地全部纳入国家、省（自治区、直辖市）、地方管辖范畴，实施统一归口管理，强化红线保护，确定零损失和微增长目标。明晰主管部门和分工协作部门的管理权限和职责范围，建立有效的主管部门组织协调和多部门分工协作的管理机制，重要湖泊与湿地建立保护与管理联席会议制度，将重要湖泊和湿地周边一定范围纳入湖泊与湿地管理范围，明晰管辖范围土地权属和辖区管理原则，避免部门之间利益纷争和问题推诿扯皮现象，切实提高管理效率。

3. 提升保护意识，减轻对湖泊与湿地生产功能的过度开发

加大宣传和教育力度，建立健全公众参与机制，不断完善全社会重视湖泊与湿地保护的制度氛围。将湖泊与湿地保护纳入各级政府生态文明建设和政绩考核范畴，形成从政府到公众全社会重视湖泊与湿地保护的良好氛围。建立健全湖泊与湿地管理保护投入机制，加大政府投入力度，探索民间资本参与方式方法，引导全社会参与湖泊与湿地的保护。

4. 强化红线保护，维护国家粮食安全、淡水安全

把重点生态功能区、重要饮用水水源地、鸟类迁飞路线等区域的湖泊与湿地全部纳入保护范围，采取最严格的保护措施，维持全国湿地保有量不少于 8 亿亩红线。在我国重要的商品粮基地（如黑龙江三江平原、黄河河套平原），以及重要的水产养殖区（如长江中下游湖群），湖泊与湿地发挥着保障灌溉和水产品生产等作用，通过完善保护体系及空间格局优化、促进可持续利用示范等，构建粮食安全的防护屏障。

5. 建立湖泊与湿地有偿利用制度

强化湖泊与湿地保护的资源有偿利用制度，将湖泊与湿地经济价值、生态价值和社会价值纳入同一价值核算体系，逐步建立湖泊与湿地保护生态补

偿和占用税费征收制度。

（三）设立专项资金，启动实施国家湖泊与湿地生态保护和修复工程

1. 湖泊与湿地自然保护和生态修复工程

建立健全生态补偿机制，将具有重要生态功能的自然湖泊与湿地划定为生态红线加以严格保护，不断提高湖泊和湿地自然保护率。加大投入，强化保护责任考核审计，持续加强已设立的各级各类湖泊与湿地保护区能力建设，明确保护核心区的土地（含水面）权属和保护缓冲区与实验区的协同管理机制。实施湖泊与湿地自然保护区核心区和重要生态功能保护区退渔还湖还湿、退耕还湖还湿工程，采取自然保育和人工干预相结合，大力实施湖泊生态修复工程，恢复挺水植物、浮叶植物和沉水植物，调整受损生态系统结构，恢复生态系统健康。

2. 湖泊与湿地生态缓冲带建设工程

重要湖泊与湿地周边划定 1 千米范围，实施退渔还湖还湿、退田还湖还湿和环湖岸带环境综合整治，清理各种湖泊、湿地和岸线及周边地带不合理占用，着力恢复和建设湖滨湿地。大力减少农业化肥和农药使用，鼓励和引导生态型农业、生态型旅游业发展；保留足够的范围作为生态保护用地，恢复湖滨、河口、沟渠和池塘湿地带、林带建设。

3. 水系整治与连通工程

建立湖泊与湿地功能定位和综合管理体系，维系适宜生态系统的基本生态需水量，厘清不同级别河流、湖泊、湿地之间的水力联系和功能定位，建立湖泊与湿地长效补水机制；明确清水走廊和尾水通道，维护和强化河流与湖泊、湿地之间的水力联系和生态连通，保障水流通畅，改善水和物质的循环过程与流向，改善湖泊与湿地的水动力条件，增强水体自净能力和水环境容量。

4. 污染治理与资源化利用工程

优化流域产业结构，大力实施环湖环湿地带的清洁生产和污染物减排，从源头控制污染物排放总量和入湖污染负荷；加大流域生产生活节水和污水集中处理力度，努力保护和恢复建设田间沟渠、河道漫滩与河口湿地，增强

流域水污染净化能力，减少入湖污染物通量；适度开展底泥清淤、湖滨带水生植物收割、水草和蓝藻打捞，最大程度减少养殖饵料投放，有效减轻湖泊内源污染；建立以奖代补、有偿收购、有偿治理等方式，鼓励周边地区农户和肥料企业积极参与水生植物制成有机肥料、有机土的肥料工作，形成适用于不同地区和类型湖泊的资源化利用工艺种类。

5. 湖泊与湿地保护能力提升和科技支撑工程

建设覆盖全国的重要湖泊与湿地生态环境监测和自然资产登记考核体系，实时掌握生态环境变化状况，提出针对性保护与合理利用对策。建立重要湖泊与湿地生态环境变化预测预警系统和风险防范应急体系，为生态灾害等突发事件应对提供科学支持。设立重大科技研发专项，开展湖泊与湿地保护相关科技研究，为保护、保育与恢复工程的科技创新与有效实施及管理提供支撑。

（本文选自 2015 年咨询报告）

咨询研究组主要成员名单

项目总负责人

刘昌明　中国科学院院士　中国科学院地理科学与资源研究所

项目专题负责人

傅伯杰　中国科学院院士　中国科学院生态环境研究中心
杨桂山　研究员　中国科学院南京地理与湖泊研究所
何兴元　研究员　中国科学院东北地理与农业生态研究所

项目专题组成员

高俊峰　研究员　中国科学院南京地理与湖泊研究所
吕宪国　研究员　中国科学院东北地理与农业生态研究所
薛　滨　研究员　中国科学院南京地理与湖泊研究所
姜　明　研究员　中国科学院东北地理与农业生态研究所

孙占东 副研究员 中国科学院南京地理与湖泊研究所
李秀军 研究员 中国科学院东北地理与农业生态研究所
文波龙 助理研究员 中国科学院东北地理与农业生态研究所
梁 康 助理研究员 中国科学院地理科学与资源研究所

关于设立国家生命伦理委员会的建议

林其谁　等

现代科学技术的快速发展和突破带来了一系列革命性成果。但是，生命科学技术革命在给人类带来前所未有的发展机会的同时，也带来了不可回避的社会和安全风险。处于机会与风险并存的时代，国际社会应积极应对，伦理委员会的设立即是其中一个有效应对社会风险的建制化方式。

伦理委员会是履行审查功能，保障研究、试验、医疗活动符合伦理要求的核心建制。随着我国各类伦理审查委员会的相继设立，一些生命科学领域的前沿研究得到国际学术界的认可，不符合伦理规范的研究和医疗事件在一定程度上得到遏制。但是，伦理审查职责不清、职能发挥不全、审查过程缺乏监督等问题仍然突出。究其原因，主要在于迄今没有形成国家、管理部门、地区、机构分级伦理委员会制度，尤其是国家层面伦理委员会的缺失，导致缺乏相应政策和监管指导，从而在审查、复核、仲裁、监督、规划、培训、咨询等方面出现职能分配缺乏统筹协调等问题。

为此建议：尽快设立国家生命伦理委员会，推进和完善我国生命伦理管理机制。

一、完善伦理管理机制的必要性与紧迫性

现代生命科学的发展促进了研究与应用的一体化。对生命科学和生物技术、临床研究等涉及的伦理问题的关注，也从一般的医学问题，扩展到思考

生命科学可能或者已经给社会带来的风险，各种利益如何分配和平衡，以及“该做什么”“不该做什么”“怎么做”。生命伦理运用了伦理学的方法，从道德见解、决定、行为、政策等角度对这些问题的解决方案进行诠释，对相关问题进行规范。完善生命伦理制度对科学发展与法制社会的建设具有重要的意义。

（一）生命科学健康发展的迫切需要

科学技术如纳米技术、基因工程等的迅猛发展，在给人类的生存和发展带来巨大福祉的同时，也引发了科学技术与伦理道德的“两难问题”。目前，我国在生命伦理领域盲点较多，生命伦理事件层出不穷。例如，1984 年的“汉中案件”引发国内对安乐死的强烈争论；2012 年的“黄金大米”事件是我国人体试验法律指引与监督缺失的鲜明例证；2012 年，卫生部[1]下令停止所有未经批准的干细胞临床项目，我国持续多年的干细胞临床乱局才得以控制；2015 年，中山大学开展修改人类胚胎基因组方面的研究，因涉嫌转基因婴儿而引起国际上的争议。这些伦理问题严重阻碍了我国生命科学的健康发展，同时也引发了社会各界对我国生命伦理问题的持续关注。我国科学技术的发展迫切需要明确的道德理性的指导与完善的监督和协商机制，从而最大限度地消解科技理性在生命科技活动中的负面作用。

（二）化解冲突和保障科技决策的有效手段

科学技术在发展过程中，伴随着一系列科学争议。这突出地反映在科学和技术知识的社会应用引发的价值和利益冲突，包括使有关生物技术的决策面临困难，如转基因技术。为此，需要引入新的商谈机制以保障决策的科学化和民主化。在国际社会中，民主商谈已经成为科技政策议程的重要形式，其中就包括了各类建制化的伦理委员会。目前，我国虽已建立了地方与机构层面的生命伦理委员会，但尚未能发挥民主商谈平台的作用。完善我国生命伦理委员会机构建设，有利于促进利益双方达成共识，保障科技决策的有效顺利实施，也有利于展示国家形象，提升科研影响力和话语权，消除国际上

① 2013 年，国务院将卫生部的职责、人口计生委的计划生育管理和服务职责整合，组建国家卫生和计划生育委员会。

对我国生命伦理现状的误解。

（三）规范研究和应用管理的有力保障

现代生命科学和技术的快速发展，在不断提升人类依据自己的意愿创造新生命的能力的同时，也使现代社会面临严峻的管理和伦理挑战。采取新的管理模式及治理机制，是当前国际社会的共同做法。其中，设立国家层面的伦理委员会即是许多国家应对可能发生的风险的重要举措之一。经验表明，国家伦理委员会从伦理的维度为国家科技决策提供咨询服务，在推进本国科学发展和新技术应用方面具有举足轻重的地位及作用。国家生命伦理委员会将有效推动我国生命伦理的体制化与建制化，不仅对科研流程起到规范研究和应用管理的作用，同时通过组织生命伦理领域的学术研究与学术交流，借助伦理委员会的平台把个案研究成果向法权体系渗透，切实发挥伦理对实践的引导和规范作用。我国目前缺乏发挥宏观管理和统筹协调功能的国家生命伦理监督机构，不利于协调各方利益。建立统一的监督管理标准，切实将生命伦理管理落到实处势在必行。

二、生命伦理委员会发展现状

（一）世界各国相继设立国家生命伦理委员会

目前，许多国家和地区已相继成立了国家生命伦理委员会，包括美国、英国、德国、瑞士等，用于从国家层面系统、持续地处理生物医学领域的伦理问题，包括政策咨询、政策执行、伦理监管与意见统筹等。这些国家的生命伦理委员会已经积累了很多经验，取得了很好的效果，并正在逐步成为一种惯例。借鉴并参照国际经验设立国家伦理委员会，有助于我国在科学研究和社会管理上与国际接轨。

1974 年，美国首先成立了保护生物医学与行为学研究中人体受试者国家委员会（National Commission for the Protection of Human Subjects of Biomedical and Behavioral Research）。该委员会在 1979 年出版的《贝尔蒙报告》中针对生物医药研究受试者提出了“尊重、有益、不伤害、公正”的基本保护原则，并提出对涉及人的生物医学研究进行伦理审查制度建议。这些原则和建议成为相关法律的立法依据，并被全世界广泛学习。20 世纪 90 年代中期开始，美国历届总统都成立了直接向总统办公室汇报的美国总统生命伦理委员会（Presidential Commission for the Study of Bioethical Issues）。该委员会负责向美国总统提供生物医药发展及相关科学技术领域产生的生命伦理问题的咨询服务，研究并解答总统办公室提出的核心生命伦理问题，确定和促进政策建立、推行好的做法，以确保科研、卫生保健服务及技术创新以负责任的方式开展。1988 年，丹麦伦理委员会（The Danish Council of Ethics）由丹麦议会于同年通过立法后正式成立，负责向丹麦国会、政府官员及公众就国家医疗服务和生物医学发展过程中出现的伦理问题提供咨询和信息。2004 年又通过《丹麦伦理委员会法案》（*The Act on the Danish Council of Ethics*），明确丹麦伦理委员会的职责、组成和组织等。此外，丹麦议会也成立了一个特别委员会监督伦理委员会的工作，并加强议会和伦理委员会之间的联系。2007 年，德国颁布了《建立德国伦理委员会法案》（*Act on the Establishment of the German Ethics Council*），成立德国的国家伦理委员会（German Ethics Council），用于探索在研究和发展过程中可能引发的伦理、社会、科学、医学和法律问题，以及对个人和社会可能造成的影响。自 1990 年开始，挪威根据不同的主题成立了一系列国家研究伦理委员会（Norwegian National Committees for Research Ethics），主要包括国家医学研究伦理委员会、国家社会科学与人文科学研究伦理委员会、国家科学技术研究伦理委员会、挪威生物技术咨询委员会等。

除了国家委员会外，各种国际生命伦理委员会相继成立，用于解决国际社会出现的生命伦理问题，致力于国际层面生命伦理的协调与监管。如联合国教科文组织建立了国际生命伦理学委员会（International Bioethics Committee，IBC）、政府间生命伦理委员会（Intergovernmental Bioethics Committee，IGBC）；世界卫生组织（World Health Organization，WHO）建立了伦理审查委员会（Ethical Review Committee，ERC）等。

1. 委员会的组织形式分为集中式与分散式

委员会的设置需要妥善设计组织形态与功能范围，才能为日后的运作奠定良好的基础。目前各国主要采取集中式（如美国、德国）或分散式（如英国）的形态。

集中式是指在国家层面设立一个综合生物、医学、技术研究与应用伦理的总体性的委员会，负责国家层面生命医学领域的宗教建设、法律制定、咨询建议、研究审批、议题讨论、人员教育、伦理传播等各类事务，一般是一个政府机构内有独立地位的实体，如美国总统生命伦理委员会、德国的国家伦理委员会、奥地利的生命伦理委员会和比利时的生命伦理咨询委员会等。

分散式是指在国家层面以体系的形式，针对专门的学科领域或监督职能成立相应的国家伦理委员会。例如，英国的伦理委员会由多个委员会组成，其中一些委员会兼有审查许可等行政管制权责，涉及的委员会包括基因修饰咨询委员会、基因检测咨询委员会、人类遗传学咨询委员会、英国异种移植临时管理局等。挪威设立了三个主要的研究伦理委员会，分别为国家医学研究伦理委员会、国家社会科学与人文科学研究伦理委员会、国家科学技术研究伦理委员会。

2. 委员会的功能分为综合型和单一型

国家生命伦理委员会从功能定位上来看，主要可以分为综合型和单一型。

综合型的国家伦理委员会即一个委员会承担多项职能。例如美国总统生命伦理委员会，其职责包括：研究，从事原始性的实证和概念研究，或委派研究，对生命伦理、行为研究、健康服务和潜在的伦理、法律和社会问题进行鉴别和检查；立法建议，推荐法律、法规和政策以减少伦理、法律和社会问题；传播，举行公开会议，制作公众材料。其目的是确定和促进政策及实践，确保以负责任的方式开展科研、卫生保健服务以及技术创新。丹麦伦理委员会的功能主要是：①咨询，为丹麦议会和政府提供有关医疗伦理问题建议；②传播，向公众开放，并做出规定，以保证公众不断了解事态发展活动；③研究，跟踪有关生物技术和基因工程的研究和应用方面的基本的伦理议题。印度在医学研究委员会下设生命伦理单元，负责国家层面的伦理指南制定、生命伦理教育和培训、为生命伦理和机构伦理委员会建设等提供咨询服务、维护生命伦理资源库、开展生命伦理方面的国际合作，组织生命伦理研讨会等。

单一型的国家伦理委员会职责比较单一且明确，体系内的伦理委员会相互分工协作。比如丹麦国家研究伦理委员会（National Research Ethics Committee）的功能主要是处理申述、出台指南、实施监管等。

3. 根据委员会不同功能来设置不同的存续时限

就时限而言，根据功能与定位的不同，委员会主要分为常设性与期限性两种类型，特殊时期也会根据具体情况成立临时性的生命伦理委员会。若所涉议题具有普遍意义，影响长远又变化多端，可成立常设机构，或者设置连续的期限性机构，如德国的国家伦理委员会，持续性地发挥国家生命伦理的管理职能。反之，如果只是要处理突发性事件，或影响短期的事件，则可以设立临时机构或一个期限性机构，如美国的国家生命伦理委员会属于期限性机构，创立时都明确了到期时间。迄今，美国已经相继设立了保护生物医学与行为学研究中人体受试者国家委员会伦理咨询委员会（Ethics Advisory Board，EAB），医学、生物医学及行为学研究伦理问题总统委员会（President's Commission for the Study of Ethical Problems in Medicine and Biomedical and Behavioral Research），生物医学伦理顾问委员会（Biomedical Ethical Advisory Committee），国家生命伦理学顾问委员会（National Bioethics Advisory Commission），生命伦理学总统委员会（President's Council on Bioethics）等6个国家级生命伦理委员会。常设机构便于人才、资源与公信力的累积，所以世界各国普遍设立常设机构。美国的国家生命伦理委员会虽然大多属于期限性机构，创立时都明确了其到期时间，但在机构解散后它们的影响仍然可以在法律条款上、公众的生命伦理意识及教育等各方面找到痕迹，这种体制主要考虑到美国民主党、共和党两党轮流执政的政治制度特点。而我国的政治制度特点是中国共产党领导下的多党合作与政治协商制度，相比较而言，常设机构更有利于国家性质的委员会稳定持续地发展。

4. 委员会具备完备的配套法规与明确的监管主体

一个成功的生命伦理委员会需要具备许多条件，如稳定的资金来源、合理的人员组成、合适的工作程序、畅通的报告与反馈渠道等，但完备的法规制度与明确的监管主体是其中最重要的因素。

具有权威性的、内容完备的配套法规文件是规范国家生命伦理委员会监管工作的重要保障，在这方面美国、英国、瑞典均做到了有法可依、有章可循。美国联邦法律 45CFR46 以及 21CFR56，分别于 1974 年和 1981 年颁布，历经多次修改成为美国监管伦理委员会工作的最主要依据。英国于 2004 年颁布了《人体医学临床试验法规 2004》，该法规明确了英国伦理委员会的具体管理部门、认可或废止程序、申请与审评程序等内容。瑞典也于 2004 年颁布了《涉及人的研究伦理审查法案》。总的说来，国家伦理审查指导性法规需具有相当高的法律位阶，以保障法规的权威性。法规内容具体明确，具有很强的可操作性和指导性。

国家生命伦理委员会的监管是一个涉及多机构、多部门的系统性工作，需要政府机关、研究院所、专业团体等多方面的协调配合，明确的监管主体则是统一协调各机构、各部门监管工作的保证。美国的各级伦理委员会由卫生与福利部（Department of Health and Human Services，DHHS）下属的两个机构负责监管，即食品药品监督管理局（Food And Drug Administration，FDA）和人体研究保护办公室（Office of Human Research Protection，OHRP）。其中，OHRP 监管伦理委员会的法律依据为 45CFR46，FDA 的监管依据则为 21CFR56。OHRP 主要通过伦理委员会注册以及承诺书制度监管伦理委员会。FDA 主要通过行政手段以及派人核查伦理委员会的运作细节及伦理审查记录的方式监管伦理委员会。根据《人体医学临床试验法规 2004》的要求，英国卫生部于 2007 年 4 月 1 日成立了全国伦理研究服务体系（National Research Ethical Services，NRES），负责建立、认可以及监督英国的伦理委员会；卫生行政部门不仅负责伦理委员会的设立及组成成员的任命，而且还负责伦理委员会的经费预算、人员培训等事务。

（二）我国已初步建立不同层级的伦理委员会

自 20 世纪 90 年代起，我国已开始了生命伦理的建设工作并取得了多项成就，各部门、机构、地区纷纷成立伦理委员会主持伦理监管工作。然而，目前我国的生命伦理管理机制尚不完善，导致各级伦理审查委员会的伦理审查能力良莠不齐、伦理审查工作得不到权威评价与考核。因此，我国需完善现有伦理管理机制，以满足伦理审查委员会建设及生物医学科研发展和应用的需要。

1. 多层次伦理委员会对应不同的管辖范围

我国现有的伦理审查制度依据管辖范围可大致概括为四类机构。一是部门伦理委员会，包括国家卫生和计划生育委员会及省级卫生行政部门设立的委员会、国家食品药品监督管理总局认证管理中心、药品审评中心和评价中心、中国疾病预防控制中心伦理委员会等。二是地区伦理委员会，如上海、天津等设立的地区伦理委员会等，主要承担医学伦理咨询。但地区伦理委员会没有实现全覆盖且各自为政、履职不一。三是机构伦理委员会，如国家卫生和计划生育委员会、国家食品药品监督管理总局、国家中医药管理局所属相关机构设立的医院伦理委员会、医药机构等的伦理委员会。此类机构伦理委员会因政策要求而设立，而研究机构设立的伦理委员会一般因发表论文需要而设立，且未全覆盖。四是学术团体设立的伦理委员会。如中国科学院学部设立的科研道德委员会、中国医师协会设立的道德建设委员会、中国疾病预防控制中心性病艾滋病预防控制中心伦理委员会等，主要提供有关道德、伦理方面的咨询。

2. 委员会伦理管理体系存在两级管理结构

从伦理管理的视角，我国伦理审查制度实际上存在着两级管理结构。即各类机构伦理委员会实际承担伦理审查任务，主要负责对本机构或所属机构涉及人和动物的生物医学研究和相关技术应用项目进行伦理审查和监督；也受理社会委托审查。上级伦理委员会或相应组织，如部门和地区伦理委员会，主要针对重大伦理问题进行研究讨论，提出政策咨询意见，必要时组织对重大科研项目的伦理审查；对辖区内机构伦理委员会的伦理审查工作进行指导、监督。

3. 相关法规已涉足伦理委员会体制建设内容

现行生命医学领域的指导法规已涉及伦理审查委员会体制建设的相关内容。例如 2003 年，国家食品药品监督管理总局通过《药物临床试验质量管理规范》，提出需设立独立的伦理委员会，并通过伦理审查与知情同意书保障受试者权益。2007 年，卫生部发布《涉及人的生物医学研究伦理审查办法（试行）》明确了建立卫生部伦理委员会与机构伦理委员会，并对管理机制与审查制度进行了规范。同年，卫生部颁布《人体器官移植条例》，提出需建立人体器官移植技术临床应用伦理委员会，在摘取活体器官前或者尸体器官捐献人死亡前需经过伦理委员会审查申请。相关法规内容的出台为我国生命伦理委员会的建设起到重要的推动作用。

三、存在的主要问题

目前，我国医疗卫生领域伦理审查制度已呈现出体系较为完整的局面。但尽管如此，其伦理审查工作仍然存在一系列亟待解决的问题。相关领域的研究阶段的伦理审查制度更多是流于形式，没有真正地发挥伦理监管的作用。

（一）伦理审查较为随意且流于形式

我国的伦理审查随意性较大，国外的多中心药物临床试验可以随意选择我国国内合作机构申请伦理审查，如果没有通过可以重新选择合作机构，这就导致研究者有机会逃避对项目某些伦理问题的审查。此外，我国科研机构的伦理审查与伦理监督大多流于形式。科研机构基本上都是自己的伦理委员会审查自己的项目，很少到行政主管单位备案或报批。很多科研机构的伦理委员会监管较松，审查速度“很快”，基本上属于走过场。很多科研工作者都是在做完试验后等待刊发论文时，才“进行”伦理审查。现今，我国的伦理审查还存在职责不清的问题，机构伦理审查委员会与国家卫生和计划生育委员会、国家食品药品监督管理总局、国家中医药管理局等伦理审查管理部门形成一对多的局面，既存在管理上的重叠，又存在跨专业、领域、部门审查上的混乱。

（二）伦理委员会缺乏专门的监督机构

伦理审查制度完备的西方国家均设有专门的机构来监管伦理委员会的运行。我国的生命伦理委员会则主要由（原）卫生部与药监局在宏观上进行管理，并没有设立专门的监管机构。在我国的伦理审查体系中，（原）卫生部和省级卫生行政部门设立有医学伦理专家咨询组织，但其与辖区内的伦理委员会并不是领导与被领导的关系，没有监管职能。我国现有机构伦理委员会基本是自己审自己的项目，上级伦理委员会难以考察和控制其实际审查质量。伦理审查成了“凭良心办事”。此外，当对伦理审查存有异议或不同机构伦理审查结果不同时，也缺乏能够履行对机构伦理委员会的伦理审查实施复核、仲裁功能的监督机构，伦理审查的质量难以把控。

（三）伦理委员会的操作规程和制度欠缺

我国还未制定全国统一的伦理机构标准化操作规则。伦理委员会的登记、认证、监管等制度都有所欠缺，各相关领域对于伦理审查的意识也比较薄弱。在缺乏标准的情况下，伦理审查委员会的审查决策难免具有主观性，各地伦理审查委员会标准的差异也会导致受试者的权益得不到平等的保护，伦理委员会工作成果难以得到考核和评价。在这点上，发达国家一般成立国家级的伦理委员会，统筹全国的生命伦理工作，制定统一的审查标准与行动指南，如美国总统生命伦理委员会、德国国家伦理委员会、丹麦伦理委员会等。

（四）伦理审查工作缺乏法律保障

我国相关部门相继出台了涉及人的生物医学研究、药品临床试验、医疗器械临床试验，以及某类特殊技术的伦理审查政策法规、指导原则等。但这些文件基本是部门规章，主要是针对某个领域的法律规范和指导，缺乏国家伦理审查法案，没有对不同级别和类别的伦理委员会的审查、复核、仲裁、监督、培训、咨询、规划等职能架构做出合理的设置。而且由于这些法规没有上升到法律层面，相应的监管工作难以开展和有效执行。此外，已有的政策法规没有明确规定职能分工，缺乏对不同级别、类型伦理委员会的伦理审查的权限范围的明确规定，也未明确伦理委员会的法律责任和上层伦理委员会监管责任。

四、设立我国国家生命伦理委员会迫在眉睫

我国现行的生命伦理管理机制还存在诸多问题。首先表现在缺乏国家级生命伦理委员会予以统一管理。目前我国没有国家级生命伦理委员会，以保

证国家生命伦理基本规范的一致，为制定地方和机构伦理委员会提供应遵循的一般性原则，为重大的生命伦理决策提供咨询、审核服务。

国家伦理委员会是一个负责任国家的具体体现，一方面可以推进我国开展有关生物技术和基因工程研究及应用方面伦理议题的前瞻性研究，为我国从事相关领域的研究、转化及应用提供政策咨询与指导，同时在国家层面发挥监督与管制的作用。另一方面，可以代表我国参与国际伦理规范标准的制定及相关国际事务，表达国家立场和回应国际社会的质疑。

因此，建议从我国国情出发，在国务院法制办公室或国务院研究室设立国家生命伦理委员会，对生命伦理的相关活动提供指导与咨询。

（一）由国务院牵头设立国家生命伦理委员会

建议在国务院法制办公室或国务院研究室设立国家生命伦理委员会，统筹全国各领域的生命伦理工作。鉴于我国生命科学与医学领域的基础研究、转化研究及其应用涉及多个部门的管辖范围。例如，干细胞涉及基础研究、转化研究和临床应用的机构，不仅包括多个部门管辖下的公共机构，还包括多个私营机构。因此，有必要设立一个能够直接向国务院负责的国家生命伦理委员会。

（二）国家生命伦理委员会以分委员会体系的形式设立

考虑到生命伦理的涵盖面较广，建议在国家生命伦理委员会下在不同领域设立分委员会。参考中国科学院学部“生命医学伦理研究”咨询项目的研究成果，可以遗传资源、实验动物、临床研究、干细胞、纳米技术、合成生物学与食品安全等为主题，建立相应的分委员会，发挥各领域专家优势，汲取国际生物医学伦理的先进经验，为规范我国生命伦理工作提供强有力的支持、指导和建议。国家生命伦理委员会为常设机构，各分委员会根据具体情况而设定，同时可根据调研工作的需要设立临时性工作组。

（三）充分发挥国家层面多重伦理管理职能

在功能定位上，国家生命伦理委员会需发挥多重伦理管理职能。

主要功能：促进立法和政策实施，保障相关领域的研究与应用在社会道德范围内进行；促进相关领域的国际交流与合作。

主要职责：促进伦理相关问题的研究；甄别和审查可能出现的伦理、法律和社会问题；促进相关领域的立法，推进法律法规的实施，推荐好的做法。

主要任务：提供重大科技伦理决策服务；提供科技伦理咨询服务；制定各级伦理委员会工作准则、应遵循的一般性原则；面向公众传播相关法律及伦理知识，引导公众参与相关讨论；与其他国家的相关委员会、国际组织开展交流与合作。

为了更好地发挥这一职能，人员组成上，各委员会成员应由一定比例的相关研究与应用领域的科技专家（包括生命科学家和医学专家）和其他领域人员（包括法学家、伦理学家、政策研究者、管理者和社会组织代表等）构成，聘期建议五年。

（四）探索和建立各级委员会间伦理管理机制

明确的监管主体是统一协调各机构、各部门监管工作的基础和保证。国务院负责监管国家伦理审查委员会，随着国家生命伦理委员会的成立，有必要进一步完善各级伦理委员会建制，推进同级和不同层级伦理委员会间的伦理管理协同机制，探索和建立（纵向）部门伦理委员会与（横向）地区伦理委员会的网络构架，以实现对机构伦理委员会的全方位指导、咨询与服务，进而形成层级分明的监管体系。

（本文选自 2015 年咨询报告）

咨询研究组主要成员名单

林其谁	中国科学院院士	中国科学院上海生命科学研究院
张亚平	中国科学院院士	中国科学院昆明动物所
方荣祥	中国科学院院士	中国科学院微生物研究所
赵国屏	中国科学院院士	中国科学院上海生命科学研究院
郭爱克	中国科学院院士	中国科学院上海生命科学研究院
侯凡凡	中国科学院院士	南方医科大学

金　力	中国科学院院士	复旦大学
胡庆澧	研究员	上海交通大学
李真真	研究员	中国科学院科技政策与管理科学研究所
沈铭贤	教　授	国家人类基因组南方研究中心
金玫蕾	研究员	中国科学院上海生命科学研究院
宁　光	研究员	上海交通大学医学院附属瑞金医院
邱祥兴	教　授	国家人类基因组南方研究中心
骆清铭	教　授	华中科技大学
陈　雁	研究员	中国科学院上海生命科学研究院
于建荣	研究馆员	中国科学院上海生命科学信息中心
熊　燕	研究馆员	中国科学院上海生命科学信息中心
江洪波	研究馆员	中国科学院上海生命科学信息中心

推进科研信息化，实施国家科研信息化重大工程

张亚平　等

党的十八大明确提出：“科技创新是提高社会生产力和综合国力的战略支撑，必须摆在国家发展全局的核心位置”，强调要坚持走中国特色自主创新道路、实施创新驱动发展战略。

2013 年以来，李克强总理多次提到，中国经济转型升级关键是把“人”的积极性更加充分地调动起来，形成“万众创新”的新态势。2014 年 6 月 9 日，两院院士大会上，习近平总书记进一步指出：要加快从要素驱动、投资规模驱动发展为主向以创新驱动发展为主的转变。

国家领导人的思想和指示为我国科技发展指明了前进的道路。科技是第一生产力，一切创新的源头是科技创新。如何充分发挥科技在创新链条各环节中的变革作用，对于加速原始科技创新、扩大产业协同创新、培育万众群智创新至关重要。科研信息化正是使这种变革成为可能的发动机和助推器。

科研信息化简而言之是指采用信息化的技术和方法辅助科学研究，其实质是科研生产关系的信息化，其目标是依靠信息化手段，以前瞻性、战略性、全局性布局来优化创新要素配置，加快科技生产力的改造和升级，促进创新驱动发展战略的实施。科研信息化在我国信息化体系中理应处于源头创新的引领地位，是我国创新驱动发展的关键引擎。其具体作用体现

在以下三个层面。

（1）面向未知领域科学探索研究。科研信息化能够通过转变科研范式，支撑科学研究能力的提高，促进新的科学方法、新兴学科的产生，为支撑国家各行各业信息化应用的原始创新奠定基础。

（2）面向国家产业升级和创新主体的应用需求。科研信息化能够通过依托重大科技基础设施、重大科研装备等的大规模协作，组织跨领域、跨学科、大范围的产学研协同创新，提升企业这一创新主体的科技创新能力。

（3）面向"大众创业"和"万众创新"的应用需求。科研信息化能够借助网络技术与新媒体手段，通过设施共享、成果转化、知识传播等形式，充分释放全社会积累的科技资源，降低公众对各类科技资源的使用门槛，促进其应用于以"创客"为代表的全社会创新活动。

随着大数据和群智时代的到来，科研信息化不仅能够在学术和工程问题研究、重大科技基础设施建设上发挥支撑和引领作用，而且能够释放其平台、资源、技术、人才等红利，降低产业应用和生产制造门槛，并进一步为公众提供创新支撑，从而形成面向科技源头创新、企业创新主体和众创空间服务平台的三位一体服务的科研信息化外延，真正使科研信息化这一国之利器在我国国民经济主战场上发挥应有的巨大作用。

2009 年，刘延东同志在视察中国科学院时提出，要把科研信息化纳入国家信息化的规划，要加大对信息化的基础设施建设和运行的支持力度，要加强信息化核心技术的研发，要为增强我国科技创新能力提供信息化的支撑。国家"十二五"规划中提出"全面提高信息化水平，推动信息化和工业化深度融合，加快经济社会各领域信息化"以来，国家各部委及科研机构纷纷制定有利于科研信息化发展的规划，建设了一批科研信息化基础设施，开展了科研信息化重大研究计划、重大项目及应用工作，取得了一系列显著成绩。但由于在国家层面尚未形成共识和有效的组织协调机制，也未充分调动和整合中国科学院等国立大型科研机构的力量，导致与发达国家相比，我国科研信息化总体仍处于落后和追赶阶段。这与近年来我国教育、医疗等其他行业领域信息化的显著进展，形成了鲜明的对比，说明我国科研信息化还没有提到应有的战略高度。因此，亟须明确新时期我国科研信息化的目标与使命，并通过合理地规划和部署工程任务，在短期内加速发展，取得实质突破。

历史表明，科研方式发展和积累到一定阶段后，必然会产生新的突破变革，这种变革将直接催生新的科技和产业革命。当今社会进入信息时代，信息技术所驱动的以智能制造为代表的新一轮产业变革带来国家竞争实力的此消彼长。中国抓住了上一次科技革命的尾巴，工业化和经济都得到了较快增长，但还只是一个跟随者。面对信息化社会和科研生产规律的发展演进，我们需以全新思维和工作模式变革传统科研活动方式，构建科研信息化体系，在新的科技革命和产业革命中赢得主动。

一、科研信息化的战略地位与作用

（一）科研信息化的内涵

创新驱动发展是我国既定的国策和战略措施之一。科技创新是我国经济和社会发展的动力源头。科技是第一生产力，一切创新的源头是科技创新。因此科研信息化必然是经济和社会发展中诸多领域信息化的领头羊和引领者，具有在整个社会发展各方面的渗透性和影响力，是推动国家科技创新活动转型进程中的重要力量。

传统认知的科研信息化（国外用 e-Science 一词）即是科学研究的信息化，是指用信息化基础设施构建的新型信息化科学研究环境和信息化环境下的科研活动，其目的是改变科研人员从事科研活动的环境、方法和模式，有效地促进科研管理和科研产出整体水平和效率的提高，推动科学研究的发展。

如果抛开信息技术工具论这一观点，从信息生产力改造世界的生产关系的角度来分析，科研信息化适合用生产力生产关系来描述，其本质内涵就是科研生产关系的信息化。科研信息化对加速原始科技创新、扩大企业协同创新、培育万众群智创新至关重要，其外延即是上述三类创新的主体、对象、工具、环境与活动过程的信息化。

从生产要素来看，科研信息化包括三要素，即：劳动者，掌握信息技术和信息化方法的新一代创新者；劳动对象，泛化的物质世界和抽象的虚拟空间及数理空间；劳动工具，实现科研数据从获取、传输、存储、处理到应用的信息工具，包括各类自动化、智能化的软件系统、硬件系统及其构成的平台环境。

从创新主体来看，科研信息化推动了以传统科研院所为主体的学术活动和科研范式的变革，各学科领域不同程度与信息化再融合，出现了新的科研模式；科研信息化使跨领域、网络化的产业协同创新成为可能，使企业创新主体不断提升科技创新能力，成为产业链创新的重要载体和国家创新体系的重要组成；科研信息化实现了生产组织方式的去中心化和网络化，将创新主体从研究型大学、科研院所、大型企业延伸至个人，开启大众创业、万众创新时代。

从发展历程来看，科研信息化的发展经历了三个阶段。第一阶段“工具阶段”，提供纯粹的信息技术工具。其主要特征是，科研工作者个体将最新的电子、信息技术等工具应用到自己的研究对象、研究工具和方法中。第二阶段是“环境阶段”，提供更好的信息服务环境。其主要特征是，出现全球性的科研创新网络，引发更加激烈的全球科技竞争。第三阶段是“一体化阶段”，科研对象、科研过程融为一体。其主要特征是，所有创新主体，必须参与全球科研竞争与协作的大环境，同时创新方法、创新对象、创新模式等也将高度依赖物联网、移动互联网、大容量宽带通信、大数据、智能计算等技术工具和协同环境。

从生产活动规律来看，经济学的“长尾理论”同样适用于科研信息化。科研信息化，一方面必须重点建设公共科研信息化基础设施，这类基础设施服务面广、价值高，可满足大多数科研人员及创新主体的主要需求；另一方面，也需要大力建设面向学科领域特色科研信息化应用，这类应用，可充分发挥现代信息技术对差异化、多样化、个性化需求的支撑作用，满足学科种类众多、科研手段千差万别的科研创新工作的实际需求，这类特色应用对该领域科研和创新主体价值高，但其他领域较难直接应用。

（二）科研信息化的战略地位与作用

1. 科研信息化促进大数据时代科研范式转变和科技原始创新

进入 21 世纪以来，人类社会从宏观到微观、从自然到社会的观察、计算、传播等活动，正在越来越快速地产生出海量且多样的数据，形成数据爆炸现象，人类社会进入“大数据”时代已经成为共识。

大数据时代的科学研究呈现出数据密集和数据驱动的特点，揭示了当前科研信息化的本质——将实验观察（第一范式）、理论分析（第二范式）和计算模拟（第三范式）统一在第四范式下，并产生新的学科分支——“数据科学”或称“数据密集型科学”。

大数据时代的科学研究须以数据为中心来思考、设计和实施，科学发现依赖于对海量数据的收集和分析处理。主要发达国家和地区均启动和部署了国家层面的旨在推进和实施科研信息化的宏大计划和发展战略，积极向大数据科研演进。

以美国为例。2002 年美国提出科研信息化基础设施，并由美国国家科学基金会下属的网络基础设施办公室负责建设、运行和管理；2011 年发布《面向 21 世纪科学与工程的科研信息化基础设施》（*CIF21*），旨在进一步加强信息化基础设施的融合，为科学与工程界提供更为广泛应用、可持续发展、稳定且可扩展的信息化基础设施。2012 年，奥巴马政府正式提出了“大数据研究与开发倡议”，首批共有 6 个联邦部门宣布投资 2 亿多美元，用于开发收集、存储、管理数字化数据的工具和技术。

科研信息化典型案例

国际上，2013 年，诺贝尔化学奖授予了三位美国科学家，获奖理由是“为复杂化学系统创立了多尺度模型”。有专家评论说，“用计算机取代真实试验，这是颁给大数据时代的化学奖”。计算模型作为一种工具，将微观尺度上的基本认识转化为宏观尺度上的预测能力。

在我国，中国科学院高能物理研究所组建了数据密集型网格平台示范站点，成为国际高能物理网格平台的重要组成部分。2012 年 12 月 20 日，基于此平台完成的大亚湾中微子实验成果入选美国《科学》评选的年度十大科学突破。

总之，面向未知科技领域的探索研究，科研信息化能够实现科研范式的转变，促进科技创新能力的提升、促进新的科学方法、新兴学科的产生，为国家各行各业信息化应用的原始创新奠定基础。

2. 科研信息化推动企业创新和产学研协同创新

中国正走向全球化，全球经济格局的转型对中国产生了巨大的影响。在这一背景下，信息化和工业化的融合成为工业化发展的新特点，多主体、跨空间、泛资源协作模式成为企业创新重要形态。这一产业升级的历史进程，就是德国政府在《高技术战略 2020》和我国提出的“制造强国战略”中提出的“工业 4.0”。

以我国航空工业为例。面对与美国航空工业的巨大差距，航空工业集团信息化工作会提出“只有信息化、数字化才能拯救世界经济”，指出体系架构有模型化的静态性和不断演进的动态性的两个特性，只有流程化才能把产品与服务体系、业务体系、事件与状态、组织体系、地域体系综合联系起来，从而实现战略目标。在新的发展时期，要以信息化作为科学研究以及产品研制的管理抓手，促进相应的设计生产科研的发展。

在航空工业设计中，基于信息化的虚拟科学与工程取得了重大成绩。从数字样机到虚拟铁鸟，以液压系统为例简要说明。第一，在计算机上用机械 CAD 系统设计，用机械 CAD 的分析形成结构的数字样机（即 DMU)。第二，再用电子 CAD 和电子 CAE 生成电子的数字样机。第三，用液压系统 CAD 系统设计，液压系统 CAE 分析，形成液压系统的数字样机。然后在计算机上，把电子系统的数字样机和液压系统的数字样机装配在结构数字样机上，这三者就共同形成了飞机的液压系统数字样机，既有电子控制，又有液压控制。液压系统的数字样机仿真只有和实际液压系统的实验数据进行比对、分析、调整、优化，才能形成接近于真实的数字样机以及虚拟铁鸟。

因此，在面向国家产业升级、调整和企业创新主体的应用需求方面，科研信息化能够依托重大科技基础设施、重大科研装备等的协作，优化生产资料的配置和生产过程的协同，迅速形成市场化的研发制造创新竞争力，推动新型生产组织不断孕育、演进和扩散，成为经济社会发展深度融合、与科研院所研发活动紧密连接的网络，是产学研协同创新的纽带、区域创新平台（体系）的有机组成，是实现资源集聚、保持活力、可持续发展的新动力。

总之，科研信息化能够面向企业创新主体，组织跨领域、跨学科、大范围的产学研协同创新，形成国家级和企业级的创新能力。

3. 科研信息化支撑大众创业、万众创新

“大众创业”和“万众创新”是我国科研信息化的新形式和新载体。这大大拓展了科研信息化的原有外延，实现面向社会公众的创新模式转型。

面向“万众创新”对先进生产工具和设施的需求，科研信息化能够通过高速科研网络、超级计算机和海量数据资源等核心信息化基础设施和服务平台的支持，降低各类资源使用门槛，应用于以“创客”为代表的全社会创新活动。

面向“万众创新”对先进科研条件和资源的需求，以大数据和搜索技术为杠杆，撬动行政主导和部门分割的科研成果开放壁垒；以现代互联网服务业为平台，促进科研成果的产权化、商品化和市场交易，完善科研成果的融资条件和投资机制，促进科研成果资本化、产业化。

面向“万众创新”对劳动者自身素质提高的需求，借助移动互联网和新媒体等现代信息技术提供最新创新思想、成果和工具的公众传播，提供个性化、精准化的科研技能培训，实现全民科学素养和创新能力的提升。

总之，面向“大众创业”和“万众创新”的应用需求，科研信息化能够借助网络技术与新媒体手段，通过设施共享、成果转化、知识传播等形式，充分释放全社会积累的科技资源，降低公众对各类科技资源的使用门槛，应用于以“创客”为代表的全社会创新活动。

（三）我国科研信息化进展

国家“十二五”规划提出，“全面提高信息化水平，推动信息化和工业化深度融合，加快经济社会各领域信息化”。党的十八大进一步提出，“当代中国坚持走中国特色新型工业化、信息化、城镇化、农业现代化道路”，并明确“我国到2020年全面建成小康社会时，要达到工业化基本实现、信息化水平大幅提升”的目标。为此，各部委纷纷制定有利于科研信息化发展的规划，如《国家“十二五”科学和技术发展规划》提出“重视建设信息化基础设施”，《国家“十二五”战略性新兴产业发展规划》提出“突出保障信息化支持技术”，《“十二五”国家自主创新能力建设规划》提出关于“加强科技创新基础条件建设”和“实施科研信息化应用推进工程，强化国家重要科研信息化基础设施的综合应用和服务能力”。科学技术部、教育部、中国科学院、中国社会科学院等也分别建设了一批科研信息化基础设施，部署并开展了科研信息化重大研究计划、重大项目及应用工作，取得了一系列显著成绩。

1. 科研信息化助推了我国科技水平的进步和重大工程的突破

（1）在利用高速网络支撑信息协同处理方面

中国科学院国家天文台组织开展我国甚长基线观测网（e-Very Long Baseline Interferometry，e-VLBI）计划，将北京、上海、新疆、云南的射电天文望远镜观测数据通过高速网络准实时地传送到相关处理中心进行处理，构成基线超过 4000 千米的巨型“数字射电望远镜”。除天文观测研究外，e-VLBI 技术转化应用到卫星测轨系统中，完成了对“嫦娥一号”和“嫦娥二号”的精密测轨任务。

（2）在利用数据分析手段促进知识发现方面

中国科学院武汉病毒研究所科学数据库中的中国病毒资源基础数据库了提供多元化的数据服务，为“甲型 H1N1 等流感病毒变异规律与致病机制研究”“阿比朵尔对汉坦病毒感染细胞膜整合素受体的影响”等重大科研项目承担单位提供支持，开展了甲型 H1N1 等流感病毒变异规律与致病机制、阿比朵尔对汉坦病毒感染细胞膜整合素受体的影响等方面的研究。

中国科学院空间科学与应用研究中心通过对宇宙与太阳活动的监测，对海量观测数据进行分析与模拟，成功地通过数据分析准确及时地提供了各类空间环境预报，在空间安全应用中成功保障了“神舟九号”“神舟十号”与“天宫一号”的交会对接。

（3）在利用高性能计算提升制造水平和产业升级方面

国家超级计算网格主节点（中国科学院计算机网络信息中心）与中航工业 631 研究所合作，开展湍流问题的高分辨率数值计算及湍流机理研究，使用自主研发的混合网格数值模拟软件对某型民用大飞机高升力流场进行了数值模拟，满足了工程应用需求，增强了我国在大型飞机设计领域的自主创新能力。

中国科学院力学研究所利用超级计算机对“和谐号”高速列车气动外形评估优化和优化设计及高速列车隧道、交会等气动特性评估等方面进行了数值模拟和仿真，改进后的八辆编组列车以时速350千米运行时启动阻力减少了8.6%。

中国科学院寒区旱区环境与工程研究所在青藏铁路设计与建设过程中，

专门构建了高性能计算环境来解决冻土路基稳定性问题，解释了冻土路基的水、热场分布和变化趋势，分析了在未来50年青藏高原气温上升2.0℃情况下抛石路基温度变化，同时还解决了一系列青藏铁路路基设计与实施过程中的复杂冻融变化问题。

2. 科研信息化加速了我国科研活动与国际科研活动的接轨

1986年8月，中国科学院高能物理研究所（简称中科院高能所）通过卫星电话线路实现了位于北京的中科院高能所到位于瑞士日内瓦的欧洲核子研究中心（CERN）的计算机远程登录，发出了中国的第一封电子邮件。1988年8月，中科院高能所通过卫星数据通信线路建立了从中科院高能所到欧洲核子研究中心的计算机X.25连接，中科院高能所的VAX785计算机成为中国第一台连入国际互联网的计算机。1994年5月，中科院高能所的计算机网络正式加入国际互联网，并建成我国第一个WWW网站。

近年来，中科院高能所组建了数据密集型网格平台示范站点，成为国际高能物理网格平台的重要组成部分。站点上部署了欧洲大型强子对撞机（LHC）上的ATLAS、CMS两个粒子物理计算应用，在希格斯粒子寻找和性质研究、超对称粒子的寻找、超对称破缺共振态的寻找、玻色子特性研究、夸克的特性研究等高能物理前沿课题研究方面做出了重要贡献。2012年12月20日，基于此平台完成的大亚湾中微子实验成果入选美国《科学》评选的年度十大科学突破。

在热核技术研究中，核聚变数据库为大科学工程项目超导托卡马克核聚变（EAST）和国际合作项目国际热核聚变实验堆（ITER）提供了大量服务，相关结论、模型、软件被ITER国际组织采用，其中数据处理软件MCAM被ITER国际工作组作为核分析“参考软件”向各参与机构推广。目前国内外130多家机构应用了该软件，在国际核聚变领域产生了重要影响。

综上，我们认为，科研信息化是国家“创新驱动发展战略”的重要实践方式，是贯彻落实全面深化改革战略部署的重要创新手段，对国家创新驱动战略、科技创新发展、经济转型、人才战略等各个层次均产生具有模式变革的战略意义。科研信息化是科研与管理走上现代化的必由之路，是提高创新能力和国际竞争能力的关键所在，犹如新引擎，必将为我国实施“创新驱动发展战略”和实现创新跨越发展增添新动力。

二、我国科研信息化存在的主要问题

近年来，我国对信息化的发展愈发重视，信息化领域软硬件、数据资源等信息化基础设施已有较好基础。这为落实创新驱动发展战略、促进国家经济社会转型，提供了良好的基础条件。尽管如此，我国科研信息化仍然面临诸多问题。虽然国家各相关部门均采取了一系列的行动，但由于在国家层面尚未形成共识和有效的组织协调机制，也未充分调动和整合国立大型科研机构的力量，导致科研信息化成为我国唯一没被“叫响”的信息化领域。与发达国家相比，我国科研信息化水平总体仍处于落后和追赶阶段。

从科研信息化基础设施、科研信息化资源和科研信息化应用等三个维度的一些主要指标进行综合分析比较表明，我国科研信息化水平远落后于美国、欧盟和日本等发达国家和地区，略高于俄罗斯、印度和巴西。

从国别对比方面看，美国科研信息化特点是，对网络、超算、数据等科研信息化基础设施投入巨大，信息资源共享形成了机制保障和文化氛围，信息化应用和科技创新形成良性循环。欧盟科研信息化特点是，重视顶层设计规划和整体联动、注重国际合作，各领域发展均衡，近期重点推动数据开放。我国科研信息化特点是，在超算基础设施建设方面局部取得领先，但在整体部署、信息资源、典型应用等方面，均远远落后于美国、欧盟、日本。俄罗斯则受基础设施、信息资源所限，科研信息化应用发展不足，但俄罗斯依靠其积累，在不少科学数据资源及航天信息等部分领域保持优势，总体水平略低于中国。

中国科学院作为中国科研信息化方面的先行者，自 2005 年至今，历经三个“五年规划”，系统部署和推进科研信息化工作，无论是在信息化基础设施、信息资源，还是信息化应用方面，均处于国家主要科研机构和院所的前列。即使如此，中国科学院的科研信息化水平与德国马普学会和美国国立卫生研究院（NIH）等相比，仍还有一定的差距。

应该说，无论是宏观层面还是具体工作层面，我国科研信息化工作尚面临很多问题有待解决，任重而道远。

（一）科研信息化并未在国家规划中得到明确体现

尽管国家“十二五”规划和党的十八大报告中明确了信息化在新的历

史时期中的地位和发展目标，但作为推动科技第一生产力的信息化工作，即科研信息化并未在国家的顶层设计规划中得到明确的体现，科研信息化的地位尚未得到与其重要性相匹配的认知。

首先，在立法层面，科研创新立法应是通过利益调整从而实现“创新驱动发展”战略的保障。除 1993 年、1996 年制订的《中华人民共和国科学技术进步法》《中华人民共和国促进科技成果转化法》外，我国尚缺乏成体系化的法律法规以支撑科技创新，缺乏推动资源共享、创新协同的法律法规，大数据相关立法工作更是严重滞后。相较之下，自 1966 年来，美国政府相继发布了《信息自由法案》《联邦项目信息法案》《减轻文本法案》《信息质量法案》等，构成了大数据创新法律体系。当前及未来的科技创新，必须以全面实现科学数据的开放和共享为前提，已成为历史必然要求，此问题已不再是技术性、具体性问题，而是制约我国科研创新能力发展的全局性问题。

其次，在战略层面，虽然国家“十二五”规划提出“推动信息化和工业化深度融合，推进经济社会各领域信息化”，党的十八大明确提出“当代中国坚持走中国特色新型工业化、信息化、城镇化、农业现代化道路”，但在具体规划文本和政策文件中并未出现“科研信息化”的明确目标和工作内容，对科研信息化整体架构的顶层设计缺乏。

最后，在国家重大专项和重大科技计划层面，则缺乏以面向学科领域科研信息化应用和核心基础软件的体系化工程，科研信息化应用和核心科研软件被视为支撑工具，少许的支持资源也被碎片化地配置在各重大专项和重大科技计划中，很难充分发挥应用作用。

因此，没有全社会对科研信息化清晰、统一的认识，很难形成上下合力，更不要说全面提升科研信息化工作水平。

2014 年 2 月 27 日，中国共产党中央网络安全和信息化领导小组成立，标志着党和国家已经把网络安全和信息化工作提升到了新的战略高度上予以重视。科研工作作为“创新驱动发展”的主要动力，其信息化理应作为国家网络安全和信息化战略的重要组成部分。

（二）我国科研信息化顶层设计不足

科研活动的第四范式又称为数据密集型科学范式，它进一步强化以数据为核心的科学方法，这种新方法与传统的实验观察、理论分析和模拟计算三种范式一起，共同成为现代科学研究方法的统一体。新的科学研究范式不仅意味着新的科研方式，也意味着新的思维转变。当前我国科研信息化尚未起到引领科研范式变革的作用，其重要原因之一就是科研信息化的顶层设计缺位。

《国家“十二五”科学和技术发展规划》提出“重视建设信息化基础设施”，《国家“十二五”战略性新兴产业发展规划》提出“突出保障信息化支持技术”，但在实际工作的执行中，一直以来缺乏明确的归口领导，全面负责全国科研信息化相关工作的组织统筹、资源整合和任务分工。

由于顶层设计的不足，各主管部门及机构囿于传统工作模式和职责，在各自工作范畴内，部署并开展了科研信息化的一些应用，且倾向于将科研信息化视为一般信息化工作进行管理，客观上造成了实践工作中投入资源分散、共享不足、数据封闭、政策滞后等制约科研信息化发展的桎梏，给国家科研和创新能力的提升带来诸多不利的影响。

（三）公共基础设施和环境的长效运行机制亟须完善

随我国社会经济的整体发展，国家对科研专项投入的加大，我国的信息化基础设施能力已有显著提升，但与国际先进水平还存在着显著差距。

如在基础网络方面，全球先进科研网络带宽已经超过 100 Gb/s 水平，而国内科研主干网刚达到 10～100 Gb/s 的量级、终端接入网络带宽普遍仅为 10 Mb/s 水平。网络链接问题很大程度上成为制约科研信息化深入应用的瓶颈，造成诸如“快递科研数据硬盘”的普遍现象。如在超级计算方面，我国自主研制的“天河二号”超级计算机已多次蝉联全球超级计算机 500 强的冠军；且在世界 500 强中，中国已占 65 席。但由于诸如运营机制、协同设计、软件算法等方面存在的客观不足，我国的超级计算机并未在科研和生产领域产生重大成果。

科研信息化公共基础设施的服务能力并不取决于个别项目的单次投入和建设规模，也不取决于某信息系统的单一硬件性能指标，而是需要一套科学合理的长效运行机制，充分集成网络带宽、数据存储、计算能力等，实现共有共享。其中任何一个“齿轮”咬合不严，都会削弱整个信息系统应有的服务交付能力和对科研的实际支撑作用。

（四）数据孤岛与数据碎片化阻碍大数据科研的发展

2013 年秋，由于奥巴马政府预算案未能通过美国国会投票批准，全球基因序列数据库 GenBank 暂时关闭，直接导致我国生物信息学研究人员无法进行正常科研工作。这给我国的大数据科研战略敲响了警钟，科学没有国界，但科研数据是有国界的。

相较发达国家在科研数据上的垄断优势地位，我国的科研数据服务尚处于弱势地位。基础科研活动或项目所获得的数据都因种种原因无法积累和共享，进而导致了在众多科学领域缺乏体系化的数据积累，难以形成我国科研服务的基础研究权威数据库，造成了关键学科受制于发达国家的窘迫局面。

1. 缺乏权威基础数据服务

我国在各个学科研究方面都或多或少存在着数据碎片化、集中度不足、数据质量不高等问题，日常工作多需要借助欧美发达国家和地区的数据库（表 1），缺乏我国自有的权威、全面、好用的科学数据库。

表 1　权威数据库/数据集

研究领域	权威数据库/数据集	所属国家/地区
基因组学	GenBank	美国
生物多样性	BHL	美国
天文学	CDS	法国
遥感学	MODIS/Landsat	美国
大气	WDCGG	日本
海洋	PANGAEA	德国
核能	IAEA-NDS	美国、欧洲、日本、中国、俄罗斯
化学	ACS	美国
材料物理	MAtNavi	日本
医学	PDB	美国

2. 科研数据缺乏长时间、持续性的积累

科学研究离不开数据，而许多领域的科学研究与发现都是基于长时间的科研观测数据的。在目前项目制的大环境下，许多科研机构不得不将工作重心转移到项目所支持的方向，而忽视了长时间的一手科研数据的积累。例如，某单位在 20 世纪 50 年代开始从事页岩气研究，但在国家发现大庆油田后，

不再对页岩气研究进行支持，此方面研究中断，但到了 2000 年前后，国家再次重视页岩气的价值，前期的研究资料已无法找回。

3. 缺乏可合理共享资源

由于科研数据的所有权、使用权、收益权不清晰，直接导致了诸如“土豪心态”（意为建设封闭的科研系统“土围子”，不愿与人共享）、“过度保密”（政府部门或科研机构以保密为由拒绝设施和数据的合理共享）等现象的产生，工作一线的数据共享需求面临种种困难，无法形成适应大数据时代的数据协同要求。

（五）关键自主软件系统发展不足

科研活动中最重要的要素是人，人是科研活动中的核心生产力和竞争力。人在科研活动中的贡献，主要体现在“软”成果上，即其观点、方法、思路、方案等，体现在信息化实践中，即科研人员思维逻辑和操作方法的信息化具象，其最终体现形式是软件系统。

全球科研活动所使用的大部分模型仿真、数值模拟和数据分析工具，基本都由信息化发达国家所贡献。各个学科中较为成熟的软件如表 2 所示。

表 2　各个学科中较为成熟的软件

学科	类别	软件
数学	通用	Matlab
	统计分析	SPSS、Origin、SAS
	有限元分析	ANSYS、ADINA、ABAQUS、MSC
物理	多物理场耦合	MPCCI
	流体力学	Fluent
	工程模拟	ANSYS、Flac
化学	量子化学	Gaussian、ADF
	分子动力学	CHARMM、AMBER、NAMD、GROMACS
	蒙特卡罗	QMC
天文学	虚拟天文台	VOspec、Aladin
地学	遥感与地理信息系统	Erdas、ArcGis，Envi
	气候模式	MM5、CCM、WRF
	陆面过程模式	Sib2、CLM、LSM
生物学	基因组学	ArrayVision、Vector NTI suite、ORF Finder
材料学	第一原理	VASP、Abinit
信息科学	电子设计自动化	Protel、Altium Designer、PSPICE、multiSIM10

必须清醒地认识到，软件系统是科研资源和成果的长期积淀，需要科研团队的长期投入积累，我国缺乏这方面的历史积淀。在大多数学科领域，科研人员所采用的仿真模拟软件都是由国外研发的，我国在大部分学科领域尚未有引领学科发展的自主研发软件与算法。例如，国际量子化学领域用来计算化学分子结构、能量、反应过程的高斯软件自20世纪60年代开始至今连续开发了50年，先后推出20多个版本。而我国传统科研资源配置方式对软件和人员项目的资助偏少。以中国科学院近代物理研究所涉及核物理的研究为例，不但“不得不买”——前后花费2000多万元购买国外软件，而且还要面对国外对该领域核心系统软件进行封锁的困境，陷入“买无可买”的境地。

（六）面向大众的科研集成创新平台亟须建设

科研信息化的作用之一就是将更多的数据、信息、知识，便捷地输送给公众群体。然而，我国科研基础设施和科学数据等科技资源向公众的开放共享的力度还远不足，更重要的是，现有科技基础设施尚不能满足科技资源的集成化管理、智能化处理、智慧化应用等方面的需求。面向“大众创业”“万众创新”和“互联网+”的新需求，建立和发展更高效、优势的科研集成创新平台，降低万众创新的门槛，是当前和未来一段时间的必然要求。

三、关于实施国家科研信息化重大工程的建议

为解决当前我国科研信息化发展面临的诸多问题，促使我国抓住时机，大力发展科研信息化，我们建议在国家信息化重大工程中组织实施科研信息化重大工程（简称“金科工程”），并将“金科工程”主要工作任务与国家相关科技计划、国家信息化工程、国家基础条件平台建设、国家工程实验室建设等相关规划统筹考虑。

“金科工程”的实施目标是：到“十三五”末，科研信息化基础设施与服务能力得到全面提升，达到发达国家水平，科研信息化驱动的原始科技创新活动、企业协同创新活动和大众创业、万众群智创新活动均得到全面发展，共同构成科研信息化新生态；科研信息化融入并成为国家信息化的重要有机组成部分，全面带动各行业、领域信息化水平的提升，从而大幅度提升我国科技创

新能力，切实支撑国家创新驱动发展战略。其具体目标体现在以下三点。

（1）实现科研信息化模式的彻底转变，为我国广大科研工作者参与国际科研前沿竞争，提供良好的科研信息化支撑环境保障。

（2）支撑起以企业为主体、以市场为导向、产学研结合的协同科研，保障多领域科研人员能够在信息化的科研平台上协同创新。

（3）释放我国的科技资源与科研能力，使得科研红利能够惠及大众，通过个体创新能力的提升最终实现全社会创新能力的实质性进步。

“金科工程”的实施建议包括以下六项任务。

1. 实施国家科研信息化重大基础设施计划

实现国家科研信息化体系的整体规划和顶层设计，基于中国科技网、中国教育信息网建设超高速科研专用网络，连接已有的和在建的等国家重大科技基础设施集群、野外观测台站以及国家、地方、研究机构、高校等各级超算中心等信息化基础设施，利用云计算、物联网、移动互联网等新一代信息技术，实现设施间集约集成、互联互通、数据共享，建设基于开放获取的国家公共知识服务平台，构建支撑新型科研模式以及服务社会经济发展的新一代科研信息化国家重大基础设施，实现我国科技投资的效用最大化，全面提升科技创新支撑能力。

2. 建立和推进国家科学大数据计划

科学数据是最基本的科技创新资源，是各国科技实力竞争的战略性资源。在国家重大科技基础设施和先进的信息技术支撑下，实施国家科学大数据计划，打破仅仅局限于少数独立机构的知识创新模式，充分利用开放知识和泛在网络带来的巨大的开放创新“红利”，形成适应大数据科研模式的科学大数据资源库，建设支撑跨学科交叉研究的大数据科学研究中心和具有大数据公共服务产品生产能力的科学大数据应用中心，推动国家公共财政支持的科研活动所产生和获取的科学数据全面开放共享，促进全社会参与创新，支持交叉融汇创新、协同创新和开放创新，研发科学大数据公共服务产品，实现科学大数据和政府数据及其他数据的融合服务。

3. 实施国家科研信息化重大示范计划

科研信息化对于提高科学研究效率和质量，提升从数据到信息和知识的转化能力具有重要意义。在《国家中长期科学和技术发展规划纲要（2006—2020年）》引领下，围绕全球变化与区域响应、脑科学与认知科学等基础和前沿领域，实施国家科研信息化重大示范计划，依托科研信息化基础设施和科学大数据平台，发展基于移动互联网的科研协作工具和面向科学计算的科研协作环境等能力，推动基础和前沿科技领域的原始创新。大力推进和实施科技知识开放获取，特别是发挥公共投资产生的科技知识的开放获取的示范引领作用，大幅度提升全社会获取和利用先进科技知识的能力，形成开放的公共知识资源体系，发展知识创新的新模式。

4. 实施基础核心软件自主研发计划

直面我国经济和社会发展转型中的主要矛盾，即基础核心软件自主研发能力无法满足我国产业转型、升级和战略性新兴产业发展的需求，吸取我国航空发动机的教训，实施基础核心软件自主研发计划，开展能源、制造业、信息产业及现代服务业等行业的基础、核心软件的自主研发，打破发达国家对这些领域核心软件的垄断，实现一批体系结构、算法模式、设计软件的研发突破和应用推广，提升我国产业发展的价值链，为我国深化工业化和信息化两化融合、“互联网+”等的全面发展，奠定核心软件能力和国家信息安全基础保障。

5. 实施科研信息化群智创新应用服务计划

“大众创业”“万众创新”是中国经济的新引擎。实施科研信息化群智创新应用服务计划，整合国家重大科技基础设施、创新资源和信息化服务能力，建设基于开放知识和泛在网络的知识创新和获取平台，把知识从期刊、数据库和图书馆中解放出来，把知识和知识创新能力从精英研究机构中解放出来，变成全社会的创新能力倍增器和包容性创新赋能器，发展群智计算、众包（众筹）等技术平台，提供按需定制的、精准化的、智慧化的数据、信息、知识等智力服务，降低群智创新所必需的资源获取、加工处理和创新应用等门槛，释放科研信息化服务社会和经济发展的潜能，让我国科技“红利”能够惠及创新群体，支持全社会基于开放知识的发现、挖掘、分析和在此基础上创造新知识、新服务，支持市场驱动的开放化交互化社会化的创新创业，推进全社会知识应用、发明创造和开放创新，大幅度提升整个国家创新体系和全社会的知识创新能力。

6. 建立科研信息化保障和推进机制

根据我国科技体制改革精神，在五类科技计划中的“基地与人才专项”中设立“科研信息化专项”，重点支持科研信息化基础设施更新与运行、科研信息化应用、科研信息化人才等方向；在“科技重大专项、国家重点研发计划”中支持的重大专项、重点研发项目中，加强对科研信息化的投入保障（如按 5%比例），促进科研信息化水平的整体提升；尽快出台有关科技资源共享政策、规范和相关标准，实行积极、递进的开放获取政策，为财政支持的各类科技资源开放共享提供保障机制，促进各类科技资源的全面利用。

（本文选自 2015 年咨询报告）

咨询研究组成员名单

张亚平	中国科学院院士	中国科学院昆明动物研究所
谭铁牛	中国科学院院士	中国科学院自动化所
孙九林	中国工程院院士	中国科学院地理科学与资源研究所
陈润生	中国科学院院士	中国科学院生物物理研究所
郭华东	中国科学院院士	中国科学院遥感与数字地球所
吴一戎	中国科学院院士	中国科学院电子学研究所
汪懋华	中国工程院院士	中国农业大学
周宏仁	教　授	国家信息化专家咨询委员会
吴　钰	研究员	中国科学院办公厅
杨　锐	研究员	中国科学院金属研究所
刘　雷	研究员	复旦大学生物医学研究院
王　凡	研究员	中国科学院海洋研究所
赵永恒	研究员	中国科学院国家天文台
吴宜灿	研究员	中国科学院核能安全技术研究所
黄向阳	研究员	中国科学院计算机网络信息中心

曹　凝	研究员	中国科学院条件保障与财务局
陈明奇	高级工程师	中国科学院条件保障与财务局
褚大伟	高级工程师	中国科学院条件保障与财务局
王　伟	正高级工程师	中国科学院计算机网络信息中心
王卷乐	研究员	中国科学院地理科学与资源研究所
齐法制	研究员	中国科学院高能物理研究所

对我国参加第21届联合国气候变化大会[1]的若干建议

王会军　等

一、相关背景与基本认识

（一）巴黎气候变化大会已经具备了成为一次里程碑式大会的所有条件

科学方面，政府间气候变化专门委员会（IPCC）第五次评估报告（AR5）于2014年如期完成发布，人为因素导致气候变化的证据更为确凿。而同时，全球温室气体排放量仍持续增长，应对气候变化的紧迫程度不断加剧。国际社会对巴黎气候变化大会有很高的预期，希望其能对最新的科学结论做出回应并以此提振全球应对气候变化的信心，巴黎气候变化大会对各方而言被认为是一次不能失败的大会。

政治方面，全球应对气候变化的领导力再次凝聚。美国重返气候变化多边机制，中国更积极参与国际治理，在发展中国家的影响力也大大提升。2013年以来，在中美双方领导人的推动下，两国致力于将应对气候变化打造成双边关系中的亮点和缓冲地带，共同发布了一系列应对气候变化的倡议，并开展了务实行动，为巴黎气候变化大会注入了积极的力量。同时，欧盟作为巴黎气候变化大会东道主更将不遗余力地推动会议的成功举办。

---

① 2015年11月30日至12月11日在巴黎举行，故简称为巴黎气候变化大会。

经济方面，经过2008年世界金融危机后的数年调整，世界经济开始缓慢复苏和分化。以美国为代表的发达国家实施以“再工业化”为核心的经济复苏战略，掀起回归实体经济的高潮。新兴经济体面对自身沉积的诸多结构性问题和外部环境恶化的双重挑战，经济发展方式亟须转变。经济增长动力的转换、全球经济治理机制改革的推进，使得许多国家意识到搭上以绿色低碳发展为核心的应对气候变化的这趟“车”意义重大。应对气候变化的外在压力和实现经济增长的内在诉求基本吻合，本质分歧减少。

技术方面，近十年来，低碳技术的创新和应用为应对气候变化提供了良好的支撑。可再生能源的大规模利用从理论成为现实，特别是美国近年来出现的页岩气革命对其减排做出了重要贡献。信息技术发展带来的智能电网、互联网+、大数据等崭新的技术和理念，不断夯实和丰富低碳发展的实现路径。石墨烯等新材料技术的突破更进一步的描绘出未来低碳发展的美好前景。如果统筹管理得当，气候行动与其他社会（环境）问题可以实现协同治理，人们对于应对气候变化的信心大大增强。

（二）应对气候变化发展的国际形势

IPCC 第五次评估报告的出版，进一步坚定了国际社会对气候变暖趋势的认知和判断，也突显出应对气候变化的紧迫性。未来气候变化走势取决于当前人类社会的选择与共同努力，但目前各国的决心仍然不足，气候变化甚至成为争夺国际话语权和经济发展的构成要素。IPCC 报告显示，如不采取行动，全球升温将超过4℃，将导致当下全球气候系统的崩溃。若要让全球升温控制在普遍接受的2℃之内，未来的温室气体排放需大幅降低。为应对这种形势，一方面，世界各国正开展全球气候政治谈判，期望于2015年12月举办的巴黎气候变化大会就2020年后的全球气候变化达成约束性条约，各国也陆续公布了2030年后应对气候变化目标（表1）。但这与实现将全球升温控制在2℃之内的目标仍有相当大的差距。另一方面，世界主要国家都积极发展应对气候变化催生的新兴产业和技术，推动新能源技术和新能源汽车等的发展，力图占领制高点，特别是美国的页岩气革命将深刻地改变世界油气版图。

表 1 各国已公布的 2030 年前后应对气候变化目标

地区	指标	目标年份	目标值	基准年
欧盟	碳减排	2030 年	40%	1990
	可再生能源占比	2030 年	27%	—
	能源效率	2030 年	27%	现标准预测水平
英国	碳减排	2050 年	80%	1990
德国	碳减排	2030 年	55%	1990
美国	碳减排	2025 年	26%～28%	2005
中国	碳排放总量	2030 年左右	达到峰值	—
	非化石能源占比	2030 年	20%	—

总体来看，在多极化的背景下，应对气候变化成为重要的博弈焦点和一国对外整体战略的重要手段之一，也是催生新一轮以智能、绿色、低碳为特征科技革命的重要动力，对我国应对气候变化与发展低碳经济既有挑战也有机遇。

（三）国内经济社会发展趋势

在党中央、国务院高度重视下，我国积极探索建立应对气候变化的体制机制和政策体系。“十二五”期间，国家出台了《国家适应气候变化战略》《国家应对气候变化规划（2014—2020 年）》等一系列综合性规划文件，基本形成了应对气候变化的顶层设计。同时，初步建立多层次全方位的低碳试点体系，启动了建立和健全温室气体排放基础统计制度的工作。2013 年碳强度比 2005 年降低 28.5%，非化石能源在一次能源中的比重提高到 9.8%。但是，必须看到，我国应对气候变化工作还存在不少问题。例如，应对气候变化缺少上位法支撑，标准规范还不健全；能源和碳价格形成机制不完善；碳计量方法及核查体系有待完善；适应气候变化的能力总体不足等。

“十三五”是我国发展进程中的一个关键的节点，为应对气候变化提出了新要求也带来新的机遇。此背景下，我国应对气候变化的机会与挑战共存，需在充分研究和正确认识发展阶段性特征的基础上，推动改革全面深化，把挑战转为机遇。

第一，经济增长进入“新常态”，为发展低碳经济体系带来机遇。一是经济增长的动力开始发生改变，消费拉动和创新驱动的重要性开始凸显，经济发展方式由粗放型向集约型转变。二是产业结构发生阶段性变化，工业化进程预期到 2020 年左右将完成，服务业占 GDP 比重将进一步提高，成为重要的经济增长点。

第二，生态文明建设的重要性凸显，资源能源、环境保护压力总体趋增，使发展低碳经济成为自身的客观需要。目前，积极推动绿色低碳转型的社会共识已经形成。国家提出了一系列中长期低碳发展目标，包括争取 CO_2 在 2030 年左右或尽早达到峰值，2030 年非化石能源比重达到 20%。同时雾霾治理下的全民行动，也为应对气候变化带来更多的机遇。

第三，政府治理和激励机制开始重塑，中央和地方在事权、财权上重新划分。党中央已经提出完善发展成果考核评价体系，加大资源消耗等指标的权重，改变以 GDP 为导向的党政干部政绩考核体系。中央和地方在事权、财权上进行合理划分成为重要改革内容。地方政府加强社会管理、环境保护等职责，同时中央将原则上通过一般性转移支付调节地方财力缺口，清理专项转移支付项目。

第四，市场作用将得以充分发挥，碳交易、碳税等经济激励措施逐步进入实施阶段。党的十八届三中全会提出要让市场发挥决定性作用，资源环境领域同样要最大程度地寻求市场力量的介入，从而促进以成本有效的方式推进生态文明建设。变革资源环境的定价机制和推进税费改革是极其重要的市场手段。从当前进程看，尽管有所争议，但碳交易在经历数年的试点运行后，将有可能逐步在全国范围内推进。这些措施的实施将改变未来的激励模式。

二、现状分析

（一）AR5 主要科学认知和局限性

从 20 世纪 70 年代开始，国际社会开展了一系列从科学研究到气候变化科学评估和制订相关国际条约的行动，IPCC 是国际上公认的气候变化科学评估组织，已先后完成了五次评估报告，评估了全球气候变化问题的最新研究成果，并就关键问题提出了评估结论，在推动国际社会共同应对气候变化方面，发挥了不可替代的作用。

2014 年 11 月 1 日在丹麦哥本哈根结束的 IPCC 第 40 次全会通过了第五

次评估报告（AR5）综合报告。该报告是在 IPCC 先后发布的《气候变化自然科学基础》《气候变化影响、适应和脆弱性》《气候变化减缓》三个工作组报告的基础上形成的综合性报告，内容包括观测到的气候变化与原因、未来的气候变化与风险及影响、未来适应和减缓气候变化及可持续发展路径、适应与减缓气候变化等四个方面。AR5 报告以高度概括的文字，系统地给出了与国际应对气候变化进程密切相关的科学结论，代表了当今科学界对气候变化及其影响应对的认识水平，具有极强的政策导向性，将受到各国政府和国际社会的高度重视，将对 2020 年后的国际气候变化制度建立和各国采取应对气候变化行动产生重要影响。

1. 科学认知

AR5 报告明确形成了五大科学认知：①全球气候系统已经明显变暖，并对自然系统和人类社会产生了广泛影响；②人类活动对气候系统的影响加剧，温室气体排放量的增加是全球气候变暖的主要原因；③温室气体的继续排放将使全球气候进一步变暖，并将对自然系统和人类社会产生更大的风险；④适应与减缓气候变化相辅相成，与其他社会目标相结合，将促进可持续发展；⑤适应和减缓气候变化行动的有效性取决于多层面的合作和科技创新。

此报告提供了许多国家在适应进程方面已取得的多样化成果，也提供了可参考借鉴的适应策略和方法。我国应充分借鉴和应用先进理念和方法，进一步推动国内适应气候变化工作，推动落实“适应气候变化国家战略”；报告对能源、交通、建筑、工业部门、农林业、城市化进程等领域排放情况、减排路径和低碳技术选择的评估结论具有坚实的研究基础，值得参考借鉴。

2. 报告存在的局限性

尽管 AR5 报告凝聚了全世界科学家们对于气候变化问题最新的研究进展，其结论具有相当的权威性和全面性，但其结论的局限性仍值得我们重视，需要科学认识，不能断章取义、简单盲从，特别是当这些结论要应用在政治决策中时尤其需要谨慎。例如：①气候变化科学认知方面的不确定性。目前，在观测数据、气候变化机理的认识方面及气候变化预测方面，均还存在数据不足、机理不清、预测结果不确定性较大等问题。②对气候变化影响、适应方面认识的局限，报告在适应机制安排上，更多强调了国家和地方层面的作用，缺少国际制度，特别是多层面风险融资机制的安排，对适应行动需要多种措施和工具的组合等方面表述有限。③对气候变化减缓和国际制度方面认识的不足，报告中存在重现状轻历史、重增量轻存量的问题，对于未来排放路径和空间的评估只关注2℃的目标，忽视出现其他排放情景的可能性等。④政治因素对科学结论的影响，尽管IPCC坚持“科学预测应与政治无关”，但作为服务于政治进程的科学评估，不可避免地会受到政治因素的影响。报告在有效适应上也并未针对发达国家和发展中国家不同的情况分类论述；报告在包括国家分组标准问题、历史累积排放计量问题和突出包括中国在内的新兴经济体对全球排放贡献的问题，以及未来减排责任分担等问题方面都更多体现了发达国家的立场和观点。

（二）几大关键减缓技术的现状

1. 国际气候变暖减缓技术现状

（1）能源利用效率提高技术

在国际能源署（IEA）的新技术发展情景中，到2050年，建筑业、工业和交通运输业能效要比基准情景下（BAU）的能效高17%～33%。在2050年节能贡献中，来自技术的贡献将占CO_2总减排量的45%～53%。世界自然基金会（WWF）的报告指出，能效问题需要优先考虑，特别是在发展中国家。根据预测，2020～2025年，在初级能源生产净需求稳定的情况下，能源效率的提高就可以满足能源的增长需求，到2050年，可以达到每年减排94亿吨CO_2。

（2）CO_2的捕集与封存技术

IEA的报告中指出，在快速发展的新技术情景中，利用CO_2捕集与碳封存（CCS）技术减少的CO_2排放量占总CO_2减排量的16%～19%。洁净煤技术和CCS技术为拥有大量煤矿资源的经济快速发展国家提供了非常重要的机遇，譬如中国、印度。在全球减排活动中，CCS技术在提供低成本电力方面起到不可或缺的作用。WWF预测表明，为了使CO_2排放量保持在一定的范围内，化石燃料发电厂要尽可能在2030年前装配CCS设施。总体而言，CSS技术能解决26%的燃料问题，CO_2排放量每年可减少38亿吨。美国

“气候变化技术计划”（CCTP）报告中指出，CCS 技术已经成为 CCTP 框架下的研发项目组合的高优先级焦点问题，原因是它具有减少点源排放的 CO_2 和大气 CO_2 的潜力，并能使人们在未来继续使用煤和其他化石燃料。CCTP 近期优先的研发工作包括：优化的固碳和管理技术、强化采油技术、加速 CO_2 捕集技术和地质储存技术。

（3）可再生能源技术

WWF 及“全球能源技术战略计划”（GTSP）的报告中指出，风能、太阳能、水能、光伏、热能与生物能等低碳技术的开发利用迫在眉睫。WWF 特别指出，到 2050 年，在能源效率技术广泛应用后，低排放技术能满足其余 70%的能源需求并每年减少 10.2 吉吨的 CO_2 排放。

（4）发展先进的核能技术

IEA 预测，2050 年核能将占世界发电的 16%～19%，而核电的增长将比正常情景下减少 6%～10%的 CO_2 排放量。在对核能持消极态度的预测情景中，核电在发电中所占的比重降至 6.7%，同正常情景处于同一水平。在对核能持乐观态度的情景方案中，核能发电量在 2050 年将占全球发电量的 22.2%。

（5）各种减排技术的效果

在 WWF 的报告中，研究人员对 25 种可商业化的可持续能源或技术进行了分析和排序，将其分为三类：①各方面效益均积极显著的技术，包括提高能源利用效率、停止破坏森林、加快低排放技术发展、开发替代燃料、用低碳排放的天然气代替高碳排放的煤、在使用化石燃料的工厂装配 CCS 设施等；②虽有一些负面影响但总体仍对环境起积极作用的技术，包括碳捕集、利用与封存（CCUS）技术、以天然气替代煤炭、太阳热能等技术；③负面影响明显大于正面影响的技术，如核能技术和不可持续性的生物质能技术等。在不同区域、不同时期和不同技术水平下，应该部署不同的气候变化减缓技术，以实现高效、安全、稳定地减缓气候变化。

2. 我国气候变暖减缓技术现状

在 AR5 报告中列出了对气候变暖有重大影响的技术，包括：提高能源利用效率；发展可再生能源；发展 CO_2 捕集、封存及利用技术；发展先进的核能等四大类。我国自“十一五”以来，在《国家中长期科学和技术发展规划纲要（2006—2020年）》《中国应对气候变化国家方案》《“十二五”国家科技发展规划》等文件的设计和指导下，投入了巨大人力、财力和物力，研发了相当一批具有国际先进水平的技术集群。但总的来看，与发达国家相比，在产业化应用方面还存在着较大的差距。例如，我国工业能耗指标是发达国家的若干倍，在能源资源的利用效率、分布式能源、超低能耗建筑、智能交通、垃圾资源化利用等核心技术体系方面处于落后状态；在CO_2捕集、封存及利用方面，国外已有多套百万吨级全流程示范工程，我国示范工程规模还在10万～30万吨级，在安全性风险监测和评价领域也远落后于发达国家；在先进核能方面，我国仍处于起步阶段。在先进技术方面虽然与发达国家还存在一定的差距，但中国仍做出了2030年排放达峰的承诺，充分体现了中国政府应对气候变化和环境保护的决心，这也将对2015年年底在巴黎气候变化大会上达成新的气候变化协议具有重要意义。

在经济向新常态转型和未来碳排放峰值约束的影响下，“十三五”期间将是我国应对气候变化和发展低碳经济的一个新阶段。我们应该在总结过去两个五年规划经验的基础上，为争取2030年碳排放达峰及低碳转型奠定坚实的制度、政策基础，并给出清晰的发展路线图，通过改革和创新，构建完善的管理体制和治理体系，充分发挥市场手段和行政手段的双重效力，促进全社会的共同参与。

（三）国家自主贡献（INDC）目标描述及反响

1. 各国提交INDC总结

INDC是在2013年华沙气候变化大会上提出的“自下而上”气候行动承诺机制。按照相关规定，各国须在2015年10月前提交各自INDC文件。截至2015年10月13日为止，总共有149个国家向联合国提交了“国家自主贡献预案”，相当于《联合国气候变化框架公约》下所有缔约方中的75%，其中包括全部的发达国家缔约国以及104个发展中国家缔约国，占到公约所有发展中国家缔约国数量的将近八成，相关提交方所排放的温室气体占到全球排放总量的87%。但就减排承诺形式，尤其是基准年和目标年的选择，减排气体种类、核算方法、法律属性，以及是否利用国际碳交易市场机制等方面，各国之间并不一致。

2. 中国国家自主贡献（INDC）的公布

2015 年 6 月 30 日，中国正式公布中国国家自主贡献方案——《强化应对气候变化行动——中国国家自主贡献》，其核心内容是中国在 2020 年到 2030 年应对气候变化的行动目标，并对中国 2020 年后的强化减缓和适应行动做出了安排，具体目标如下：①CO_2 排放于 2030 年左右达到峰值，并争取尽早达峰；②单位 GDP CO_2 排放量比 2005 年下降 60%～65%；③非化石能源占一次能源消费比重达到 20%左右；④森林蓄积量比 2005 年增加 45 亿米^3 左右；⑤继续主动适应气候变化，在农业、林业、水资源等重点领域和城市、沿海、生态脆弱地区形成有效抵御气候变化风险的机制和能力，逐步完善预测预警和防灾减灾体系。

为实现应对气候变化自主行动目标，中国从国家战略、区域战略、能源体系、产业体系、建筑交通、森林碳汇、生活方式、适应能力、低碳发展模式、科技支撑、资金政策支持、碳交易市场、统计核算体系、社会参与、国际合作等 15 个方面，提出了强化应对气候变化行动的政策和措施，同时提出中国对 2015 年协议谈判的意见，以推动巴黎气候变化大会取得圆满成功。

3. 中国国家自主贡献的经济社会影响

传统观念认为应对气候变化会增加经济社会发展成本，阻碍经济增长，但在中国越来越多的实践证据和研究结论日益表明“现在采取应对气候变化的智慧行动可以推动创新、提高经济增长，并带来诸如可持续发展、增强能源安全、改善公共健康和提高生活质量等广泛效益”“提升传统产业和社会生活的智能化、绿色化水平，倒逼我国产业迈向中高端水平”“催生新技术、新产品、新模式，壮大节能环保产业，形成节能低碳的产业体系，培育新的增长点，推动经济健康发展”。因此，根据国家应对气候变化战略中心相关专家的研究，未来通过中国 INDC 的强化应对气候变化行动的政策和措施的实施，将对中国的经济、社会、环境产生如下的促进作用：

（1）有效增加绿色供给，每年新增低碳投资 1.6 万亿元

根据彭博新能源财经（BNEF）发布的年度数据报告，2014 年中国可再生能源投资 895 亿美元，占全球总投资 3100 亿美元的 29%。按照国务院《关于加快发展节能环保产业的意见》，2015 年节能环保产业产值占 GDP 的比

重将达到6.6%。另据联合国环境规划署（UNEP）最新发布的《绿化中国的金融系统综述报告》预测，中国新增的绿色金融需求大体上在每年2万亿元人民币，年度投资规模占各年GDP的比重超过3%。预计中国“十二五”期间全社会新增节能投资预期将达到2.7万亿元（2010年不变价），新增低碳能源（天然气、非化石能源、CCUS等）投资则将达到3.1万亿元，低碳产业总产值约为8.4万亿元。预计2005年到2030年，低碳发展领域累计投资将突破41万亿元，其中能效产业累计投资约15.2万亿元，低碳能源产业累计投资约25.7万亿元，风电和太阳能累计投资约11.3万亿元，低碳产业规模将达到23万亿元以上，对GDP的贡献率将超过16%，成为国民经济真正的支柱行业。同时，这当中约91%的资金将有可能来自社会资本，创新资本融资方式、降低融资成本将起到关键作用。这还不包括中国通过“一带一路”等国际合作推动的境外“绿色投资”。

（2）有效推动绿色创新，每年新增低碳就业人口300万人

根据国际可再生能源署（IRENA）发布的报告，2014年中国可再生能源行业就业人口约为339万人，占全球可再生能源行业总就业770万人的44%。预计中国“十二五”期间全社会新增节能和低碳能源领域就业人口1400万人。一些新兴的职业、行业和企业正在被创造出来，如碳金融、碳审计、碳盘查、企业碳战略、合同碳管理、碳资产托管、可再生能源智慧解决方案提供商、新能源汽车制造商、能源互联网、气候大数据等等。预计到2030年，仅上述两大低碳发展领域的就业规模就将达到6300万人，更多的就业岗位将出现在对传统产业的低碳化改造和升级中。随着产业体系的逐步形成，社会低碳创新的动力正在被孕育和唤醒，能源生产和消费革命将得到加快实施，电力、油气等体制改革的活力将在未来逐渐释放出来，新的产品、服务、技术、模式、市场将会不断涌现，特别是碳排放权交易有望引领生态治理市场化进程，将有效发挥绿色资源配置、绿色价值流通、有效降低环境治理成本的市场功能。

（3）有效构建绿色秩序，协同减少大气污染80%

在当前中国低碳城市试点中，已经出现了一些新的绿色社会秩序，比如公民碳信用、新能源汽车单独摇号及不限号等，在新近出台的《关于加快推进生态文明建设的意见》中首次明确了“优先调度可再生能源发电资

源，按机组能耗和污染物排放水平依次调用化石类能源发电资源”。未来在东中西部区域政策、产业政策、人口管理等方面更进一步的优先秩序安排将逐步推动构建起新的社会公平体系，从而加快推动中国生态文明建设和绿色化进程。工业化和城镇化等现代化进程也一定程度上造成了传统中国社会文化的解构危机，“家风”“乡愁”正在悄然发生改变，低碳发展在文明层次上的作用就在于重构新的绿色社会秩序，用绿色化的价值标准对民众的经济和社会活动进行新的排序和规范。低碳发展是一个“线头”，能贯穿起外交和内政、经济和环境、短期和长期，其本质上是个大跨度多领域的综合性事务，要有用中国模式方法解决中国模式问题的信心，比如应对雾霾，找到自身改革和转型的逻辑，而不是盲从。清华大学的研究表明，峰值的实现将大大有助于改善我国空气质量，2030 年二氧化硫（SO_2）、氮氧化物（NO_x）及 $PM_{2.5}$ 的排放相应可以比 2010 年下降 78.9%、77.6%和 83.3%。

4. 国际社会对中国国家自主贡献的评论

正面评价有如下方面。

（1）向整个世界展现了中国应对气候变化的承诺和姿态

国际各界组织及知名人士对于中国 INDC 报告给予了极大的赞赏和肯定。他们认为中国提出的到 2030 年的一系列减排目标，显示出了中国政府应对气候和环境问题的积极态度和责任担当，这将对 2015 年年底在巴黎气候变化大会上达成新的气候变化协议具有重要意义。同时，中国的这一行动目标也可以推动中国转变经济增长方式，使中国可以避免发达国家走过的弯路，尽快走上经济发展和环境友好的双赢道路。

（2）对有关各方在巴黎气候变化大会前建立信任至关重要

国际组织及知名人士认为，中国提交的应对气候变化国家自主贡献文件再次表明了中国政府在环境保护等方面的政策和决心。中国作为世界大国之一，根据其战略规划制定了减排目标，提出发展低碳能源、植被保护、科技创新等，这不仅是实现中国梦的一部分，也将为改善全球环境做出贡献。而且中国国家自主贡献文件中的减排承诺为全球减排目标奠定了基础，有利于带动其他国家尽快提交各自的国家自主贡献文件，对有关各方在巴黎气候变化大会之前建立信任至关重要。

质疑声音也有如下方面。

（1）目标保守

在中国正式提交国家自主贡献报告之前，国内外对于中国的峰值年年份有多种情景设想，譬如在一份伦敦政治经济学院的报告中就指出，中国碳排放极有可能在 2025 年达到峰值。

法新社称，在气候变化方面一向保守的中国“向前迈出了一步”，在与气候变化做斗争中中国“起到了带头作用”。但文章还援引非政府组织的观点称，要成功达到“2020 年气温增幅不高于工业革命时期前平均温度 2℃”的目标，中国的努力仍然不够。

绿色和平组织中国区项目主任李硕则认为，相对于中国的减排潜力而言，其国家自主贡献中提出的目标稍显不足，这个目标没能全面地反映中国目前正在经历的重要能源转型。

（2）监管、报告和审核（MRV）水平有限

世界资源研究所撰文指出中国的国家自主贡献在透明度方面仍有较大的完善空间，包括：①详细阐明当前到 2030 年所有温室气体类型的排放预期及二氧化碳预计峰值水平。②阐明排放峰值目标的范围和覆盖面。中国未说明二氧化碳的峰值目标是否包含土地用途转换和林业、海运燃料及水泥业等非能源活动产生的二氧化碳排放。这些因素不能忽视。③讨论公平性和雄心水平。各国应对中国提交的国家自主贡献的公平性和雄心水平进行评价。例如，可通过人均排放量、与照常情景对比的排放变化等指标加以说明。中国在国家自主贡献中提及这一问题，但却没有深入说明。详细阐述该问题有利于激励其他国家特别是其他排放大国采取行动。

三、针对巴黎气候变化大会谈判的有关认识与建议

（一）INDC 对后 2020 年国际气候治理体系及巴黎谈判的影响

1. INDC 在一定程度上动摇了《联合国气候变化框架公约》的基石——“共同但有区别的责任”原则

《联合国气候变化框架公约》（UNFCCC）明确了“共同但有区别的责

任”原则，要求发达国家在全球应对气候变化进程中率先垂范。时至今日，发达国家的人均历史累计碳排放（1900～2010 年各个国家的累积碳排放量除以该国家当前人口数）仍普遍高于 500 吨，而发展中国家的这一数据从几吨到几十吨不等，远未达到发达国家的平均水平，发达国家的历史责任没有改变。因此，关于 INDC 的形式和内容，发展中国家仍应以《联合国气候变化框架公约》原则为指导，要求发达国家承担量化减排义务，并对发展中国家的减缓和适应行动给予充分支持。

从目前几份发展中国家提交的 INDC 来看，对国家自主贡献的条件，即对发达国家所应给予支持的要求，阐述明显不足。这将给未来谈判带来困难，很容易使 INDC 成为发达国家曲解“共同但有区别的责任”原则的工具。

2. 弥合 INDC 与 2℃温升目标之间的差距将成为未来谈判难点

各国已达成普遍共识，认为全球温升在 2050 年前控制在 2℃以内则能使人类社会在较大的概率水平上控制气候变化带来的巨大风险和损失。2008 年的“八国峰会”上，各国达成进一步共识，认为“到 2050 年温室气体排放量至少减半”，便可在很大程度上实现全球温升不超过 2℃目标，即到 2050 年，全球温室气体排放应至少在 1990 年基础上减排 50%，其中发达国家至少减排 80%。

而依据目前已经提交的 31 份 INDC 进行保守估算，与 1990 年相比，欧盟削减 40%、挪威削减 40%、俄罗斯削减 25%～30%、日本约削减 19%、美国约削减 15%；加拿大、新西兰的排放量分别增加约 6%和 44%。可见，《联合国气候变化框架公约》附件一国家的减排承诺雄心不足，个别国家甚至出现大踏步倒退；《联合国气候变化框架公约》非附件一国家的减排贡献亦与 2℃目标的实现差距甚远。

未来的全球气候治理如何弥合 2℃目标差距将成为工作难点。首先，这种“自下而上”的贡献方式没有区分发达国家和发展中国家的贡献性质和是否附加条件，同时也无法保障发达国家为实现 2℃目标进行必要且充分的量化减排承诺。其次，这种贡献方式没有统一的计量方法，在核算其距离 2℃目标差距时，在方法论方面尚未达成共识。最后，这种贡献最终以何种法律形式呈现，如何对各缔约方实施排放约束也没有明确，为其后续履约设下了障碍，各方需密切关注履约、核查、奖惩等环节的后续谈判，完善《联合国气候变化框架公约》体系的透明度机制。

3. INDC 与《巴黎协定》如何挂钩尚难确定

关于《巴黎协定》的法律形式，目前多数人判断将是“核心协议+附件/缔约方决议”的形式。而谈判场上关于 INDC 的地位和法律性质也存在不同的争论。有缔约方认为核心协议就应该是以减缓为主要内容的 INDC；有缔约方认为 INDC 应作为核心协议的附件，具有共同的法律效力，并定期评审和更新。这两种观点都将使 INDC 在未来的气候治理框架中发挥更为重要的作用。

此外，也有缔约方认为 INDC 目前不具备各方谈判的基础，在各方原则立场尚未足够接近的情况下，INDC 无法作为主要谈判要素成为《巴黎协定》的主要内容，而应该以缔约方决议，或者更为松散的形式存在，留待后续谈判进一步落实。

这种观点给关于 INDC 的争论，如厘清围绕 INDC 的气候公平和正义等原则性问题留下了充分的空间，但是在操作上存在诸多障碍，很难在《巴黎协定》中达成具体的内容。从发展中国家的立场来看，INDC 的谈判应该更加关注原则和立场问题，特别是发展中国家在减缓和适应行动的贡献中获得何种资金、技术和能力建设等方面的支持，将是未来谈判应关注的重点。如果无法得到具体的支持内容，起码应该在《巴黎协定》中获得相关谈判的授权，为后续谈判留有余地。

4. INDC 可能使“自下而上”承诺机制成为全球气候治理体系主流模式

自从 2013 年华沙会议上提出 INDC，气候治理体系中一种“自下而上”的承诺方式和行动组织方式逐渐成为主流。虽然这其中存在着巨大的风险，为全球应对气候变化的行动增加了更多的不确定性，但是其趋势似乎很难扭转。

发展中国家应该意识到这种变化的趋势，一方面，仍需要在《联合国气候变化框架公约》主渠道内进行积极而有建设性的谈判，争取更多的公共支持来完成未来的减排行动；另一方面，要充分注意《联合国气候变化框架公约》主渠道之外的多方行动，如其他国际组织、城市行动、行业行动、私人部门等对气候变化问题的关注，并在这些领域秉承《联合国气候变化框架公约》原则，尽量争取发展权益。《联合国气候变化框架公约》的原则仍应是未来国际气候治理体系的指导原则，这样，发展中国家虽然在形式上出现《联合国气候变化框架公约》主渠道下阵营的分化，但仍能在其他领域最大限度地维护发展权益。

（二）巴黎协议达成仍需解决三大关键问题

虽然外部条件都已经具备，巴黎气候变化会议成功与否取决于最终是否能够达成一个各方都满意的新协议。达成协定不难，要兼顾到各方的利益诉求，同时要考虑到国际社会的预期，这才是达成新协议的困难所在。目前协议案文的谈判已经进入了最后阶段，细节问题还很多，但关键需要解决的问题有以下三个。

（1）发达国家和发展中国家的区分问题。是否和如何保持发达国家和发展中国家的区分问题是《联合国气候变化框架公约》谈判的老问题，也是《联合国气候变化框架公约》下历次谈判争议的焦点。《联合国气候变化框架公约》的附件一和非附件一与《京都议定书》附件B对于区分是非常明确的。“巴厘路线图”时期，开始强调发达国家和发展中国家的共同行动，但行动的性质不同，在形式上明确建立了“防火墙”。到了“德班平台”时期，“国家自主贡献”的概念实际上模糊了两者在性质上的差别。发达国家现在强调区分是自我区分，多数发展中国家坚持保持这一概念和区分，继续按照《联合国气候变化框架公约》附件的约定。对于大多数发展中国家而言，行动和承诺上实质性区分固然重要，但更为重要的是继续保持发展中国家这一概念和旗帜，这一点已经超出了单纯在气候变化利益上的考虑。在区分问题上，发展中国家一方面要坚持考虑历史的累积排放和人均排放对气候变化的深远影响的原则，另一方面也要关注发展模式和产业结构的不同带来的碳排放核算方法的区别，以及国际贸易中碳转移的社会责任，同时，也要关注发展中国家和发达国家发展阶段的不同，要求发达国家向发展中国家提供先进的技术支持等相关问题。

（2）如何逐步提高国家自主贡献的力度。如何评估和提高国家自主贡献的力度关系到新协议是否真正有效。新协议不能也不可能强制确定每个国家自主贡献的力度，但放任自流又失去了新协议的价值。所以一个好的有效的协议需要把握好规则松与紧的平衡，核心是要能够有效鼓励每个国家自愿的逐步提高贡献力度。因此，一方面，新协议需要对国家自主贡献的提交做出一些原则性的规定，这可能会涉及贡献的范围和区分、透明度、力度渐进提高等，另一方面，新协议还需要建立一个围绕着国家自主贡献力度的进程，通过周期性的评估和各方的互动，达到阶段性提高力度的目的。

（3）协议的最终形式。新协议的形式首先涉及协议法律效力，同时也决定了新协议在应对气候变化进程中的地位。如果新协议要成为一个里程碑，就需要采取公约修正案或者议定书的形式。如果仍然是“坎昆协议”的形式，那就意味着新协议只能是阶段性的成果。无论是议定书或者其他形式的条约，和缔约方大会决议最本质的不同是，议定书或是其他形式的条约有一套完整的批约和生效的程序来保证其法律约束力，同时它还有自己的最高权力机构，即缔约方大会或者会议，来保证落实实施。

另外，这三个问题也是相互联系和影响的，最终很可能还需大会主席提出一个一揽子的建议方案。目前的案文草案汇集了各方的观点，大家都不愿意轻易妥协，如果这一局面僵持到巴黎，空降案文的可能性极大。有了哥本哈根大会的教训，相信大会主席会更加谨慎。中国现在同时具有发展中国家及排放和经济大国双重身份，在巴黎气候变化会议上一定会再次扮演关键角色。协调这两个角色之间的关系，既做到灵活转换又保持各方的信任将会是中国在巴黎气候变化会议上面临的一个重要挑战。

（三）巴黎气候变化大会将会成为应对气候变化进程的新起点，后续规则细化工作仍然艰巨

尽管在协议达成之前仍存在各种可能性，巴黎新协议将会成为《京都议定书》之后最为重要的法律文书。如果参考《蒙特利尔破坏臭氧层物质管制议定书》和《保护臭氧层维也纳公约》的例子，基本可以断定巴黎新协议事实上将成为指导未来应对气候变化国际合作的基础，将会是开启一个应对气候变化的新时代。

如果巴黎新协议能够顺利达成，并不意味着气候变化国际谈判将告一段落，只是进入一个相对平和的时期。巴黎新协议所能达成的更多的将会是原则性安排，进一步细化和设计相关规则和机制还将会有大量的技术性工作。《京都议定书》达成之后的《布宜诺斯艾利斯行动计划》，经过了将近 4 年才真正完成。虽然“坎昆协议”的很多技术性规则仍具有适用性，但围绕着这些规则进行去“区别”化的斗争仍将会是激烈的。

巴黎气候变化大会之后、新协议和目标生效之前各方关心的另一个焦点问题是如何提高国家自主贡献的力度，围绕着现有的贡献目标必然还有新一轮的交锋。与此同时 2020 年前力度提高仍然是一个遗留问题，届时这两个相似问题的讨论很可能又会交织在一起，成为 2015 年后气候变化国际谈判的重点。

（本文选自 2015 年咨询报告）

咨询研究组主要成员名单

王会军	中国科学院院士	中国科学院大气物理研究所
丁一汇	中国工程院院士	中国气象局
陈俊武	中国科学院院士	中石化洛阳工程有限公司
魏　伟	研究员	中国科学院上海高等技术研究院
王　毅	研究员	中国科学院科技政策与管理科学研究所
巢清尘	研究员	中国气象局
罗　勇	研究员	清华大学
刘卫东	研究员	中国科学院地理科学与资源研究所
姜克隽	研究员	国家发展和改革委员会
曲建升	研究员	中国科学院兰州文献情报中心
姜大膀	研究员	中国科学院大气物理研究所
孙建奇	研究员	中国科学院大气物理研究所
高　云	研究员	中国气象局
顾佰和	助理研究员	中国科学院科技政策与管理科学研究所
陈活泼	副研究员	中国科学院大气物理研究所
马洁华	助理研究员	中国科学院大气物理研究所

中国页岩气发展战略对策建议

戴金星　等

页岩气是从黑色页岩地层中开采出来的天然气。页岩地层超级致密，钻井后页岩气不能自行产出，需要借助特殊工艺技术用高压将岩层压开形成裂缝才能有效生产。页岩气的开采具有储层致密、技术要求高、产量下降快、投资回收期长等特点。美国经过近 50 年的勘探开发与技术攻关才实现规模化开采，2014 年页岩气产量已高达 3700 亿$米^3$，占天然气总产量的 48%，有效助推了美国“能源独立”战略的实施，对世界能源格局和地缘政治产生了重大影响。

借鉴美国经验，我国于 2010 年正式启动页岩气勘探开发，在陆上众多地区开展评价、钻探和开发试验，证实我国页岩气资源丰富，勘探开发前景大。短短五年，我国就在四川盆地初步实现海相页岩气规模化开采，3500 米以浅关键勘探开发技术与装备基本实现国产化，令人振奋。然而，在其他地区虽然也取得一些发现，但尚未取得实质性进展。同时，随着勘探开发进程的推进，页岩气勘探开发前景预测与目标制定意见尚不统一、现有技术与装备对深层开发不适应、单井费用居高不下、管理运行机制体制不完善等矛盾和挑战日益突出。为促进我国页岩气开发有序、健康、持续发展，咨询组经过两年多的调研、研究，基本理清了我国页岩气勘探开发现状，明确了页岩气发展面临的关键问题，提出了有针对性的战略建议。

一、我国页岩气勘探开发进展

（一）我国是世界上页岩气种类多、资源丰富的国家

1. 发育三种类型页岩气，海相页岩气最为现实

我国页岩类型复杂，包括海相、海陆过渡相和陆相三种，都具备页岩气形成与富集的基本地质条件，但勘探前景差异较大，目前以海相页岩气勘探开发最为现实。海相页岩主要分布在四川盆地及周边、中下扬子区、塔里木盆地等南方和中西部地区，以龙马溪组为重点层段；海陆过渡相页岩主要分布于鄂尔多斯盆地、准噶尔盆地、塔里木盆地等中西部地区，以石炭系—二叠系为重点层系；陆相页岩主要分布于四川盆地、松辽盆地、渤海湾盆地、鄂尔多斯盆地等北方地区，以三叠系—侏罗系、青山口组、沙河街组和延长组为重点层系。

2. 页岩气资源丰富，有待进一步落实

2011 年以来，不同机构对我国页岩气资源潜力进行了预测（表 1），其中，2011 年和 2013 年，美国能源信息署两轮估算我国页岩气地质资源量分别为 144.50 万亿米^{3}和 134.40 万亿米^3，可采资源量分别为 36.10 万亿米^{3}和 31.57 万亿米^3，资源前景分别位列全球第一位和第二位；2012 年，我国国土资源部估算我国页岩气地质资源量为 134.42 万亿米^3，可采资源量 25.08 万亿米^3；2012 年，中国工程院估算我国页岩气可采资源量 11.50 万亿米^3；2014 年，中国石油勘探开发研究院估算我国页岩气地质资源量为 81.86 万亿米^3，可采资源量为 12.85 万亿米^3。地质资源量预测值区间为 81.86 万亿～144.5 万亿米^3，可采资源量预测值区间为 11.5 万亿～36.1 万亿米^3。

表 1　中国页岩气资源量预测统计表　（单位：万亿米^3）

机构	评价时间	资源类型	海相	海陆过渡相	陆相	合计
美国能源信息署	2011	地质资源量	144.5	—	—	144.50
		可采资源量	36.10	—	—	36.10
国土资源部	2012	地质资源量	59.08	40.08	35.26	134.42
		可采资源量	8.19	8.97	7.92	25.08
中国工程院	2012	可采资源量	8.80	2.20	0.50	11.50

续表

机构	评价时间	资源类型	海相	海陆过渡相	陆相	合计
美国能源信息署	2013	地质资源量	115.24	—	19.16	134.40
		可采资源量	29.66	—	1.91	31.57
中国石油勘探开发研究院	2014	地质资源量	45.98	31.64	4.25	81.86
		可采资源量	8.82	3.48	0.55	12.85

注：— 表示无数据，下同。

预测结果表明，我国页岩气资源总体较为丰富，现阶段勘探、认识程度较低，预测结果差异较大。资源潜力不会在一次评价中完全被确定，会随着勘探开发实践而不断完善。就现阶段勘探成效而言，基本达成三点共识：

一是海相页岩气资源较为落实。南方海相龙马溪组页岩分布面积10万～20万千米^2；具有厚度大、有机质丰富、含气量高、脆性好等特点；初步建立中国海相页岩气地质理论；确定四川盆地、中扬子两大“甜点区”，落实有利含气面积12万千米^2，估算可采资源量8.8万亿米^3。

二是海陆过渡相页岩气资源前景不明朗。过渡相页岩分布面积15万～20万千米^2；多与煤层伴生，具有厚度小、连续性差、含气量变化大、脆性一般等特点；资源潜力估算量变化大，最小2.2万亿米^3，最大8.97万亿米^3。

三是陆相页岩气资源潜力有限。陆相页岩分布面积20万～25万千米^2；具有厚度较大、有机质丰度高、以生油为主、生气潜力小、含气量低、脆性差等特点；资源潜力估算量较小且变化大，最小0.5万亿米^3，最大7.9万亿米^3。

（二）四川盆地初步实现页岩气工业化开采，其他地区处于探索准备阶段

至2015年8月底，我国陆上累计设置页岩气探矿权区块54个（包括21个招标区），面积17万千米^2，建立了重庆涪陵焦石坝、四川威远、长宁—昭通三个海相页岩气示范区。表2统计了我国页岩气勘探开发工作量。

表2　中国页岩气勘探开发工作量统计表

单位名称	二维地震勘探/千米	三维地震勘探/千米^2	钻井/口	管线建设/千米	2014年产量/亿米^3	投资/亿元
中国石油天然气集团有限公司	6076	757	220	93.7	1.66	103.15
中国石油化工集团有限公司	4793.61	999.5	253	141.3	10.81	155.25

续表

单位名称	二维地震勘探/千米	三维地震勘探/千米^2	钻井/口	管线建设/千米	2014年产量/亿米^3	投资/亿元
陕西延长石油（集团）有限公司	—	103.76	59	—	—	10.95
中国海洋石油集团有限公司	316.18	—	5	—	—	1
中联煤层气有限责任公司	2178.65	272	14	—	—	1.4
中标企业	7503.9	—	43	—	—	16.2
国土资源部	210	—	66	—	—	7.2
地方政府	739.82	—	45	—	—	5.1
合计	21818.16	2133.85	705	235	12.47	300

注：据地质调查局油气中心，2015 修改。

陕西延长陆相页岩气示范区和四川富顺—永川对外合作区累计投资近 300 亿元，钻探页岩气井 705 口，其中水平井 445 口，投入生产井 179 口，累计建成页岩气产能 66 亿米^3，铺设页岩气专输管线 235 千米，探明页岩气地质储量 5441.29 亿米^3，2014 年页岩气产量 12.47 亿米^3，2015 年已产气 20.37 亿米^3，累计生产页岩气约 33.87 亿米^3。页岩气探明地质储量及产量全部来自四川盆地海相龙马溪组页岩。除此之外，南方其他地区、南华北盆地、柴达木盆地、鄂尔多斯盆地等地区三类页岩气都有发现，但未能形成产能，勘探前景还在进一步探索中。

1. 四川盆地

四川盆地是我国页岩气勘探开发的重点地区，已发现筇竹寺组和龙马溪组两套主力海相页岩产气层。鉴于筇竹寺组具有埋深大、产量低、技术要求高等特点，目前勘探开发工作主要集中在埋深浅、产量高的龙马溪组，初步落实 4500 米以浅有利勘探面积 3.7 万千米^2，可采资源量 4.3 万亿米^3；已钻探页岩气井 473 口，发现重庆涪陵焦石坝、四川长宁—昭通、威远、富顺—永川 4 个千亿立方米级页岩气大气田，落实地质储量超 1 万亿米^3，其中，探明储量 5441.28 亿米^3（表 3），累计投入生产井 179 口，生产页岩气 33.87 亿米^3，2015 年预计建成 75 亿米^3 生产能力，建成 2 条专输管线 235 千米。

表 3　四川盆地海相页岩气工业化生产示范区/合作区建设基本概况表

项目	涪陵焦石坝	长宁—昭通	威远	富顺—永川
面积/千米^2	545	3450	4216	3500
地质资源量/亿米^3	4044	6318	6680	3600
探明储量/亿米^3	3805.98	1361.8	273.5	—
完钻井/口	253	151	69	23
投产井/口	113	25	25	16
累计产量/亿米^3	26.4	4.5	1.5	1.47
总计产量/亿米^3	33.87	—	—	—

2. 其他地区

除四川盆地外，国土资源部在其他地区招标 20 个区块。其中包括云南、贵州、重庆、江西、内蒙古等地，同时延长石油在各自招标区块进行自主勘探评价，钻探 150 口井，发现了一些好的苗头。比如，陕西延长石油（集团）有限公司（简称延长石油）2011 年以来在鄂尔多斯盆地东南部先后近 30 口井发现页岩气，建立我国陆相页岩气工业化生产示范区，累计投资 10.95 亿元，钻井 59 口，初步落实地质储量 677 亿米^3，建成 1.18 亿米^{3}生产能力，单井日产气 0.17 万～4 万米^3。

另外，在陆相、海陆过渡相及四川盆地以外的海相页岩气勘探也取得了一些发现。在陆相页岩气勘探方面，2011～2012 年，中石化在四川盆地不同陆相页岩层段钻探近 20 口井，获日产气 0.26 万～51 万米^3；2013 年，中国地质调查局在柴达木盆地北缘钻探柴页 1 井发现陆相页岩气。迄今，累计已有近 50 口井获气，少数井进行试产，但产量总体偏低、差异大、递减很快，未能形成工业产能，资源前景正在进一步落实。在海陆过渡相页岩气勘探方面，华北地区普遍获气；鄂尔多斯盆地鄂页 1 井增产改造后获日产气 1.95 万米^3，云页平 1 井增产改造后获日产气 2 万米^3，神木 0～5 井增产改造后获日产气 6695 米^3；河南开封尉参 1 井发现厚 465 米、含气量 4.5 米^3/吨的页岩。迄今仅有少数井获气，且产量极不稳定，还没有生产井和正式开采的区块，资源前景不明确。在四川盆地以外的海相页岩气勘探方面，广西柳州罗富组、贵州六盘水大塘组分别获日产气 2 万～5 万米^3，勘探前景可期。

总体看来，在四川盆地龙马溪组海相页岩气以外的广大地区和层系，出气井较多，但单井产量偏低，产量不稳定，尚未形成实际生产能力，说明其他地区和层系的页岩气资源虽然丰富，但需进一步落实，实现工业化开采任重道远。

（三）3500 米以浅关键技术与装备基本实现国产化

通过技术引进、消化吸收和自主创新，我国已经基本掌握适用于页岩气勘探开发的地球物理、钻井、完井、压裂改造等关键技术，自主研发的可移动式钻机、3000 型压裂车、可钻式桥塞等装备已投入规模化生产应用，水平井钻完井周期从 150 天减至 60 天，最短 35 天，分段压裂增产改造由最初的 10 段达到目前的 21 段，完全具备 3500 米以浅水平井钻完井及分段压裂增产改造能力，初步形成了“工厂化”生产作业模式，水平井单井成本从 1 亿元下降到 6500 万～7500 万元。

二、我国页岩气发展面临的主要挑战

目前，我国天然气勘探开发以常规气为主，页岩气勘探在四川盆地初见曙光，在其他地区尚处于探索阶段。我国页岩气有特殊性，与北美页岩气有很大差别。北美页岩气以海相为主，“甜点区”分布面积大、储层厚度横向稳定、压裂后易形成缝网系统、埋藏适中、地表平坦、水资源丰富；我国海相页岩气埋藏较深、破坏较强、优质“甜点区”面积较小、压裂难度大。非海相页岩含气量低，厚度较薄。地表条件多为山地沙漠、水资源总体缺乏。

（一）对页岩气发展阶段认识存在“误区”

随着涪陵焦石坝、长宁—昭通、威远等页岩气田的突破，对我国页岩气前景“过于乐观”的情绪在爆棚蔓延。其根源在于没有充分认识到页岩气资源的特殊性，一定范畴和程度上还存在“有页岩就有页岩气”“有页岩气就能商业开发”“常规技术就能开发页岩气”的偏颇认识；没有充分认识到海相和陆相页岩气存在很大差异性，认为海相和陆相富集条件相同，勘探开发技术就相似；实践中把工作重心和关注度更多聚焦在钻井、分段压裂增产改造等工艺技术的突破上，造成“工艺成功、产量不高”的尴尬局面不在少数，归根是忽视了优质“甜点区”资源的评价与优选。认识的偏差和工作的不均衡，导致对我国页岩气发展阶段的定位不够客观，甚至认为当下已经进入大规模开发阶段，不少机构在产量预测上期望过高，制定出可望而不可即的发展目标，工作部署有些急于求成。

美国页岩气和中国煤成气对各自国家天然气工业做出了重大贡献。2014年，美国页岩气占该国天然气总产量的48%，中国煤成气占我国天然气产量的64%，二者均为地质勘探开发项目。地质勘探开发项目取得成功不是一蹴而就的，需要经历相当长时间的探索才能见成效。北美页岩气发展经历了技术攻关、先导试验、技术突破和规模开发四个阶段。美国自1981年开始，历经20多年试验攻关才突破水平井钻井、分段压裂增产改造和“工厂化”作业等关键技术，2005年以后方进入大规模开发期，钻井数超过5万口。加拿大借用美国模式，经历10余年才步入商业开采阶段。类比煤成气产业，我国煤成气理论从1979年创立，经历了30余年发展才实现工业化开发。我国页岩气勘探始于2010年四川盆地威201井的钻探，迄今不过6年，钻井数不到600口，在建气田开采不足2年，优质资源分布区不够落实、富集主控因素与气田生产规律尚不清楚、关键开发技术不尽掌握、“工厂化”开采模式不够精密等问题不容回避，实现真正意义上的规模化开发尚需时日。

（二）非海相（海陆过渡相、陆相）页岩气资源及经济效益不确定性大

非海相页岩气是我国页岩气资源的一大特色和重要组成部分，广泛分布于渤海湾、四川、鄂尔多斯、准噶尔、塔里木、吐哈等盆地或地区，尽管分布面积高达30万～40万千米^2，可采资源量达4.03万亿米^3，但资源禀赋条件普遍比海相差，突出表现为页岩储气能力不足，仅为海相的1/4～1/2。针对此类资源开发，国外尚无成功先例，我国仅在鄂尔多斯盆地进行勘探试验，虽已钻探59口井，近半数井获气，但没有单井日产气量超过5万米^3。根据目前勘探实践和认识程度，无法确定此类资源的经济效益和勘探开发前景。

（三）3500米以深核心技术与装备未取得突破

水平井钻井、分段压裂增产改造、“工厂化”作业是页岩气勘探开发的三项核心技术。北美地区主要开发3500米以浅的页岩气，我国页岩气3500米以深资源占65%以上，没有成熟的技术、装备可借鉴，主要存在三大技术

难点：一是目标页岩埋深大，构造复杂，“甜点区”预测难；二是钻井事故率高，井眼轨迹控制难，分段改造施工难度大，增产效果不理想；三是地层突破压力高，目前配套工具与设备不能满足高温高压环境作业需求。四川威204H1-2 井和丁页 2HF 井等超过 3500 米的井，虽地表条件较好，但钻井过程中井壁垮塌严重、井眼轨迹变化大，现有压裂车功率不足，压开段数少，改造体积小，单井产量不理想。

（四）页岩气勘探开发成本居高不下

现有的四个页岩气开发区块中，重庆涪陵焦石坝区块开发效果最好，平均钻井深度 2300 米，水平井段 1500 米，平均单井日产量 10 万米^{3}以上，单井费用 7000 万～8500 万元，开发成本为 1.85 元/米^3。威远—长宁—昭通区块，平均钻井深度 2500 米，水平井段 1500 米，平均单井日产量 6 万米^3，单井费用 6500 万～7500 万元，开发成本为 2.03 元/米^3，处于无效—低效水平。类比美国巴奈特（Barnett）页岩，平均钻井深度 2500 米，水平井段 1000 米，平均单井日产量 6 万米^{3}左右，单井费用 3500 万元左右，开发成本仅为 0.81 元/米^3。上述数据表明，近似条件下，我国页岩气勘探开发成本是美国的 2～3 倍，如何尽快降本增效是实现效益规模开发不得不跨越的“门槛”。

（五）非技术因素严重制约页岩气快速发展

1. 地表条件复杂

与北美相比，我国页岩气资源多位于山区、沙漠、黄土塬等环境恶劣地区，交通不便，地形复杂，管网稀少，开发难度大，大幅增加了非技术成本。比如涪陵焦石坝、长宁—昭通等在建气田均位于地形起伏大、远离输气管线的四川盆地边远山区，“工厂化”生产作业、平台井场布设等十分困难，地面建设前期投资大，建设周期长。

2. 水资源总体不足

从目前所掌握的技术，页岩气开发需消耗大量的水资源。据统计，北美页岩气平均单井钻井、压裂等耗水 1.5 万～3.2 万米^3，四川盆地页岩气平均单井钻井、压裂等耗水 1.8 万～4.3 万米^3。页岩气增产和稳产主要依赖大量钻井和压裂改造，100 亿米^{3}页岩气产量需生产井 800～1500 口。现有数据显示，我国人均可再生水资源为 2100 米^3，仅为美国的 1/10、加拿大的 1/42。我国大部分地区年度降水不均，即便是在年均降水较丰沛的重庆和四川等南方地区也常出现久旱不雨的情况。北方的中西部地区水资源更是相对匮乏，鄂尔多斯盆地、新疆等地区的页岩气勘探区块位于黄土塬、戈壁和沙漠，水资源严重匮乏，现有压裂增产改造技术无法规模施工，不具备规模开发条件。

3. 环境生态的影响

页岩气开采中大量使用压裂液，压裂液主要由稠化剂、交联剂、高温稳定剂等系列助剂组成。施工过程中，遗留在地层中的压裂液可能对地下水资源造成危害，施工后返排至地面的废压裂液中，除原有的添加剂外，会新增来自地层的物质，其组成比原压裂液更复杂，不经处理必将对地表人文自然环境造成危害。经压裂、注水等一系列施工后的地层，产生了较多人工缝网，打破了地层原有的平衡，地层内部构造发生变化，这些变化有引起地面坍塌、微（小）型地震、山体滑坡等潜在危险的可能。页岩气开采中，靠大量新钻井增产稳产会产生大量噪声，也会破坏植被，影响动物生存环境。设备不达标、故意排气及压裂施工等环节还存在甲烷泄漏风险，甲烷泄漏融入水层中可污染地层水，进入大气会危害人体健康、增加臭氧层被破坏的可能性。

4. 非油气企业助推能力有限

美国中小企业依靠灵活的运行机制和创新体制，经过长期摸索，为页岩气的规模化开发做出了重要贡献。而我国页岩气正处投入大、风险大、技术要求高的起始阶段，非油气企业对油气勘探行业特点了解程度较低，对页岩气勘探开发的技术特点和经济风险认识不够，参与页岩气勘探开发存在较大的盲目性和盲从性。从非油气企业中标的 20 个区块的运行情况来看，尽管投入巨大，但绝大多数进展缓慢，勘探成效与期望目标相去甚远，这严重挫伤了非油气企业的积极性，对行业发展造成了较大负面影响。

5. 企地关系协调难度大

四川盆地页岩气开发区块人口稠密，施工井场距离居民区较近。尽管企业前期与地方就土地征用、安全生产、环境保护等达成协议，但在实际施工过程中，当地居民仍然以噪音、水消耗、压裂震动诱发地震灾害等为理由，以堵路方式向企业提出额外补偿要求，双方僵持严重影响了施工进程，造成巨大经济损失。例如，滇黔北昭通示范区的四个平台，因堵路耽误压裂施工长达 3 个月之久，仅赔偿斯伦贝谢公司和川庆井下公司压裂设备的租赁费预计将高达 1 亿元之多；四川长宁—威远示范区，因堵路影响了 23 个平台井组钻前工程进度，耽误的时间少则 17 天，多则 96 天，平均每个平台影响 46 天。

三、我国页岩气发展战略对策建议

（一）针对在页岩气发展阶段认识上存在“误区”问题

我国页岩气勘探开发目前仅在四川盆地先导试验区取得突破，全国整体仍为起步阶段，与北美发展差距甚大。不提倡超越现实发展阶段，不提倡不切实际的产量目标，不提倡不顾效益的盲目发展，建议制定符合我国国情的页岩气发展战略与目标。2020 年前后，我国页岩气发展阶段、发展战略与目标定位如下。

（1）到 2020 年，全国页岩气年产量力争达到 300 亿米^3，确保达到 200 亿米^3，在四川盆地实现常规与非常规气产量合计达到 550 亿～600 亿米^3，建成我国的“气大庆”。

（2）当前乃至今后 5～10 年，我国页岩气发展阶段总体仍以起步探索为主，四川盆地局部为工业化生产。

（3）以“立足四川盆地海相，强化理论创新，攻克关键技术，突破非海相、深层、非水压裂三大理论技术瓶颈，实现页岩气产量跨越”为发展战略，在四川盆地建立一批页岩气勘探开发试验区，实现南方页岩气勘探开发整体发展，以南方海相页岩气勘探带动全国陆相页岩气勘探，将在浅层、超压区取得的成功经验和有效做法逐渐推广至深层、常压-低压区，逐步形成海相页岩气勘探开发地质理论、自主核心技术和主要装备国产化。

（二）针对低产低压区及非海相页岩气经济资源不确定性大的问题

（1）重视海相已发现低产低压页岩气区的地质理论和工程技术研究，强化资源“甜点区”优选与评价，优化勘探开发技术，提高组织管理，逐步实现低压低产区效益勘探开发。

（2）强化非海相页岩气资源评价与“甜点区”优选。鉴于我国页岩气勘探程度较低，绝大部分地区没有钻探工作的现实，建议由国土资源部牵头，建立国家页岩气勘探基金，以四川盆地、鄂尔多斯盆地、中下扬子地区等为重点，以非海相页岩气为目标，按不同类型，钻探 20～30 口页岩气科学评价井，取全取准资料，落实非海相页岩气资源丰富的“甜点”盆地、资源富集的“甜点”层段和有利建产的“甜点”区带。

（3）有序推动非海相页岩气示范区建设。2015 年以后，非海相页岩必须为页岩气大规模发展做出贡献，建立非海相页岩气示范区势在必行。建议借鉴现有的四个海相页岩气示范区成功经验，在四川、鄂尔多斯等盆地选择 2～3 个非海相页岩气有利区建设示范区，开展试验攻关，创新发展非海相页岩气富集地质理论、关键技术与装备，形成一定规模产量。

（三）针对 3500 米以深核心技术与装备未取得突破的问题

强化 3500 米以深页岩气技术、装备、工艺等技术体系研发，推动深层页岩气实现规模突破，建议国家出台政策并设立专项创新基金支持企业开展相关技术与装备的研发。由科技部等部门在国家重大专项设置中支持 4000 型及以上大型压裂泵车的研发与制造，由国家出台政策并设立专项创新基金支持企业发展高温压裂液、高强度支撑剂、旋转导向等技术和装备，以解决压裂车组的压力不足、现有压裂液体系效果不佳等瓶颈问题，推动 3500 米以深页岩气开发利用。

（四）针对页岩气勘探开发成本居高不下的问题

美国页岩气攻坚过程中，政府综合补贴力度达气价的 51%，时限长达 20 多年，有利促进了美国页岩气的初期发展。目前我国页岩气开发成本较高且仍将维持较长时间。2013 年起中央政府对页岩气勘探开发利用实施 0.4 元/米^3 的财税补贴。2016～2018 年补贴 0.3 元/米^3，2019～2020 年补贴 0.2 元/米^3。为进一步促进页岩气的勘探开发，建议页岩气勘探开发企业持续推动技术与管理创新，强化钻井、压裂等全过程成本控制机制，努力实现页岩气经济规模开发。

（五）针对非技术因素严重影响页岩气快速发展的问题

（1）根据页岩气勘探开发技术特点，改革矿权管理制度。常规天然气分为勘探阶段和开采阶段，勘探阶段以发现、评价和提交探明储量为目的，开采阶段以产能建设、产气为目标，探矿权证、采矿权证分开管理方式对常规天然气是可行的，但页岩气通常是边勘探边开发，在提交探明储量之前需要1～2年或更长时间的试采期，而目前允许的试采期仅为一年，普遍存在持探矿权证采气或无采矿权证开采的现象。建议国土资源部在页岩气矿权管理中，实行探矿证、采矿证合二为一，延长试采期，提高开发效益。

（2）国家制定严格的管理办法，监督页岩气勘探开发中可能对环境生态的影响。在对页岩气勘探开发区地质情况充分认识基础上，通过采用先进技术和工艺装备，严格控制压裂液和甲烷泄漏，全面处理好废水、废气、废渣，加强水资源回收、再利用和废渣综合利用、变废为宝。减少地层破坏、水资源污染和地表植被破坏，督导、鼓励企业积极发展少水压裂或无水压裂技术。在页岩气勘探开发区，加强地震、滑坡等地质灾害监测，根据监测结果，及时提出治理对策。

（3）国家制定明确政策，引导非油气企业参与页岩气开发。建议在风险较高的勘探阶段，非油气企业尽量不介入或少介入；在风险相对低的开采阶段，非油气企业可以各种形成广泛介入。

（4）由国家有关部门牵头建立页岩气勘探开发资料数据和信息平台，统一规范页岩气勘探资料数据管理与信息共享。将页岩气勘探开发资料数据的提交与矿业权挂钩，建立页岩气勘探资料数据采集、储存、信息化系统，形成涵盖国内外页岩气勘探开发的大数据信息平台，实现页岩气矿业权管理和数据共享。

（本文选自2015年咨询报告）

咨询研究组主要成员名单

项目负责人

戴金星　中国科学院院士　　　中国石油勘探开发研究院

主要成员

陈　旭　中国科学院院士　　　中国科学院南京古生物研究所

彭平安　中国科学院院士　　　中国科学院广州地球化学研究

马永生	中国工程院院士	中国石油化工股份有限公司
邹才能	教授级高级工程师	中国石油勘探开发研究院
廖仕孟	教授级高级工程师	中国石油西南油气田公司
王香增	教授级高级工程师	延长石油集团
郭彤楼	教授级高级工程师	中国石化勘探分公司
胡德高	教授级高级工程师	中国石化江汉油田分公司
董大忠	教授级高级工程师	中国石油勘探开发研究院
高瑞民	教授级高级工程师	陕西延长石油（集团）有限公司
王玉满	高级工程师	中国石油勘探开发研究院
龚剑明	副研究员	中国科学院学部工作局
黄士鹏	高级工程师	中国石油勘探开发研究院
黄金亮	高级工程师	中国石油勘探开发研究院
胡国艺	高级工程师	中国石油勘探开发研究院
倪云燕	高级工程师	中国石油勘探开发研究院
吴　伟	高级工程师	中国石油勘探开发研究院
王淑芳	高级工程师	中国石油勘探开发研究院
管全中	工程师	中国石油勘探开发研究院
张晨晨	工程师	中国石油勘探开发研究院
熊　波	高级工程师	中国石油勘探开发研究院
刘洪林	高级工程师	中国石油勘探开发研究院
刘德勋	高级工程师	中国石油勘探开发研究院
杨跃明	教授级高级工程师	中国石油西南油气田公司
杨　光	教授级高级工程师	中国石油西南油气田公司
王兰生	教授级高级工程师	中国石油西南油气田公司
张　鉴	高级工程师	中国石油西南油气田公司
应丹琳	高级工程师	中国石油西南油气田公司
张小涛	高级工程师	中国石油西南油气田公司
黄天俊	高级工程师	中国石油西南油气田公司
赵圣贤	高级工程师	中国石油西南油气田公司

梁　兴	教授级高级工程师	中国石油浙江油田公司
张介辉	高级工程师	中国石油浙江油田公司
舒红林	高级工程师	中国石油浙江油田公司
覃　军	高级工程师	中国石油浙江油田公司
王高成	高级工程师	中国石油浙江油田公司
陈志鹏	高级工程师	中国石油浙江油田公司
张　朝	高级工程师	中国石油浙江油田公司
牟泽辉	教授级高级工程师	中国石油化工股份有限公司
张伯桥	教授级高级工程师	中国石化江汉油田分公司
赵培荣	高级工程师	中国石油化工股份有限公司
王振兴	教授级高级工程师	中国石化江汉油田分公司
赵　陵	教授级高级工程师	中国石化勘探分公司
曾　萍	高级工程师	中国石化勘探分公司
张汉荣	高级工程师	中国石化勘探分公司
高　波	高级工程师	中国石化石油勘探开发研究院
唐　宇	高级工程师	中国石化勘探西南油气分公司
何希鹏	教授级高级工程师	中国石化华东分公司
张丽霞	教授级高级工程师	陕西延长石油（集团）有限公司
杜　燕	高级工程师	陕西延长石油（集团）有限公司
郝世彦	高级工程师	陕西延长石油（集团）有限公司
高亚罡	高级工程师	陕西延长石油（集团）有限公司
吴金桥	教授级高级工程师	陕西延长石油（集团）有限公司
姜呈馥	教授级高级工程师	陕西延长石油（集团）有限公司
郑军卫	研究员	中国科学院兰州信息中心

项目组秘书

董大忠	教授级高级工程师	中国石油勘探开发研究院
黄士鹏	高级工程师	中国石油勘探开发研究院

大力推进我国风能可持续发展的对策建议

李家春　等

自 2006 年《中华人民共和国可再生能源法》实施以来，我国的风能产业实现了跨越式发展。据统计，至 2014 年年底，我国风电累计并网装机容量达到 9731.6 万千瓦，居世界第一；年发电总量达 1556.41 亿千瓦时，占全部发电量的 2.78%，在非化石能源中，位居第二，仅次于水电。我国风电整机制造企业已自主生产多兆瓦风力机，并起步海上风电场建设。举世瞩目的成就为我国未来风电发展奠定了基础，但与此同时，能源规划、风电技术、标准体系、体制机制等方面存在的问题也成为风电发展的薄弱环节和制约瓶颈。在我国风电发展的关键时刻，中国科学院学部成立“我国未来风能的可持续发展研究”咨询项目组，旨在通过对我国风能发展现状与存在问题的调研，分析我国风能可持续发展的制约因素，借鉴国际风能发展的经验和教训，探索适合我国国情的风能发展模式，进而确定我国风能近、中、远期可持续发展目标和实施途径，提出我国风能可持续发展路线图和相应对策建议。

为此，在开展本项咨询研究中，我们力求准确把握党的十八大以后我国经济、社会、能源、环境、外交各项工作发生深刻变化的新形势，从更加长远的视角来审视我国风能可持续发展的战略问题。

2014 年，我国国民经济生产总值增长 7.4%，达到 63.64 万亿元（约 10 万亿美元）。中国经济将从高速增长转为中高速增长，经济发展进入新常态，从而可为真正完成调整工业产业结构、转变经济发展方式的目标创造条件。

同时要求我国在较短时间内实现新型工业化、城镇化，尤其要关注经济发展的质量和效益。在这一过程中，发展风能产业必将成为完成这一历史使命的重要助力之一。

2014 年 6 月，在中央财经领导小组第六次会议上提出推动“中国能源革命”的五项具体要求：一是保证能源安全是首要任务；二是推动能源消费革命，坚决控制能源消费总量；三是推动能源供给革命，建立多元驱动的能源供应体系；四是能源体制改革，转变监管方式，使市场决定价格；五是推动能源技术革命，形成产业升级新增长点。为了建立我国多元结构的能源供应体系，大力发展包括风能在内的可再生能源是今后我国能源长远发展的必由之路。

针对我国、特别是京津冀地区日益严重的大范围、长时间雾霾天气，2013 年 9 月，在国务院印发的《大气污染防治行动计划》中提出，要“加快调整能源结构，增加清洁能源供应”，积极开发利用太阳能、风能和生物质能源。2014 年，中央发布了《关于加快推进生态文明建设的意见》，强调在推进新型工业化、城镇化、信息化、农业现代化和绿色化，坚持把节约优先、保护优先、自然恢复作为基本方针，把绿色发展、循环发展、低碳发展作为基本途径。毫无疑问，水电、风能、核电、太阳能是我国进一步加强生态文明建设、切实实现“绿色化”的主力军。

2014 年 11 月，联合国政府间气候变化专门委员会在哥本哈根发布气候变化第五次评估报告（AR5）。AR5 以更翔实的数据、更可靠的证据、更可信的结论指出：人类对气候系统的影响正在不断增强，如果任其发展，存在对人类和生态系统造成严重、普遍和不可逆转影响的可能性；为实现在 21 世纪末控制 2℃升温的目标，需要能源供应部门进行重大变革，并及早实施全球长期减排的路径。2014 年 11 月 12 日，中国和美国发表了《中美气候变化联合声明》，我国做出了郑重承诺：中方首次正式提出 2030 年中国碳排放有望达到峰值，并将于 2030 年将非化石能源在一次能源中的比重提升到 20%。随着工业化、城镇化的快速发展，风电将在其中发挥举足轻重的作用。

2013 年，我国发出“一带一路”倡议，该倡议契合沿线国家的共同需求，为沿线国家实现优势互补、开放发展开启了新的机遇之窗，已成为国际合作的新平台，将对我国现代化建设和确立国际地位产生深远影响。2014年以来各项工作迅速推进，未来将通过交通、网络、金融、文化对接，为进一步实现产业合作提供条件。我国风能产业将充分利用为实施"一带一路"倡议搭建的平台，在与沿线巴基斯坦、土耳其等国家开展合作的基础上，进一步通过金融投资、技术输出和产品出口，实现从风电大国向风电强国的转变。

一、风电产业发展现状

风能是人类通过风力机从大气边界层中捕获风能，并转化成电力输出后加以利用的能源形式。由于自然风是由太阳辐射驱动大气环流产生，可随时随地发生，既不需利用任何矿石资源，也不排放有害物质，所以是一种品质优良、可资规模利用的可再生能源。

（一）世界风电产业发展状况

20 世纪 70 年代，石油危机促使人类考虑规模利用风能，丹麦率先开创了风电产业的商业运行。近 40 年来，风力发电作为一种重要的可再生清洁能源获得了长足发展，截至 2014 年年底，世界风电累计装机容量为 3.7 亿千瓦。迄今，在世界各国政府和科学家取得共识的基础上，确立了风电成为未来能源供应重要组成部分的战略地位，预计到 2030 年世界风电累计装机容量将达到 15 亿千瓦，使风电在世界发电总量中的比重接近 15%。

欧盟是全球可再生能源发展时间最早、力度最大、效果最明显的经济体。2011 年，欧盟发布了《2020 能源发展战略》，明确了"三个 20%"的目标，即到 2020 年，相对于 1990 年水平，温室气体减排 20%，能耗降低 20%，可再生能源占能源消费总量的比重达 20%，并提出实现 2020 年目标亟须开展的行动。同年，欧盟发布了《2050 年能源路线图》，计划到 2050 年，在积极的发展情景下，相对于 1990 年水平，温室气体减排 80%～95%，可再生能源占终端能源消费总量的 75%，可再生能源发电量占电力消费总量的 97%，在能源结构中成为最主要的角色。

德国、英国、丹麦、荷兰、西班牙等国一直致力于风电技术的开发，主导了国际上大部分的风电技术创新研究，也有力地保障了欧洲在风电技术上的总体领先地位。其中，德国风电产业始于20世纪90年代，目前风力发电比例、相关技术居于世界领先地位。德国在20世纪末的10年间，风电装机容量攀升至320万千瓦，至2014年年底累计装机容量达到3990万千瓦。近年来，德国海上风电发展迅猛，2014年累计装机容量为235万千瓦，2020年和2030年海上风电的设定目标分别是650万千瓦和1500万千瓦。德国计划可再生能源发电量在电力生产中的比重从2014年的30%增加到2025年的40%～45%，2035年的55%～60%以及2050年的80%。英国拥有良好的可再生能源资源条件，特别是海上风电发展潜力巨大。2013年，英国海上风电装机为370万千瓦，发电量109亿千瓦时，是全球最大的海上风电市场。据估计英国可再生能源发电装机将在2020年倍增到4300万千瓦，其中1000万千瓦是海上风电，可满足全国30%～36%的电力需求。丹麦化石能源匮乏，大型风电起步较早，2000年风电装机容量就超过200万千瓦，2013年年底，丹麦风电累计装机容量为477万千瓦，风电占总发电量的比例达到33.2%。此外，丹麦2009年起步海上风电，截至2013年年底海上风电装机容量127万千瓦，占风电总装机容量的26.6%。丹麦成为继英国之后的全球第二大海上风电市场。

美国由于煤、石油、天然气资源丰富以及各州的独立性，迄今仍没有制定联邦级的可再生能源战略目标。2013年，美国推出《总统气候变化行动计划》明确联邦政府应带头使用清洁能源，奥巴马总统要求美国政府机构可再生能源电力消耗在总电力消耗中的比重从2013年的7%，逐步增加到2015年的10%和2020年的20%以上。美国风电产业享有的唯一政策支持是《生产税抵免法案》（PTC），该政策的存废影响着美国风电业的兴衰。2005年后由于连续执行PTC，美国风电产业进入高速发展期，年均新增装机容量保持在500万千瓦以上，2014年年底美国累计装机容量达到6587.9万千瓦，发电量为1676亿千瓦时，居世界前列。

上述国家的主要经验是对风电技术创新的重视和持续投入，如美国依托国家能源部可再生能源实验室（NREL）、丹麦依托Risoe国家实验室、荷兰依托能源研究中心（ECN）、西班牙依托国家可再生能源（CENER）等独立运作的国家实验室或国家研究中心，政府给予大量资金投入，持续不断地加大风电技术开发，为风电产业的发展提供可靠的技术保障。

（二）我国风电产业发展状况

我国风电发展始于 20 世纪 80 年代，商业化进程一直较慢。1989 年新疆达坂城建成首个示范风电场，安装了从丹麦引进的 13 台 150 千瓦的风电机组，开始风电场示范运行试验。2006 年，我国开始实施《中华人民共和国可再生能源法》，极大地调动了风能企业的积极性，在随后的 10 年间，我国风能产业实现了跨越式的发展，取得了举世瞩目的成就。

自 2010 年以来，我国风电总装机容量已稳居世界第一；2012 年并网总装机容量超过 6200 万千瓦，风力发电量达到 1000 亿千瓦时，成为继煤电和水电之后我国第三大电力来源；2014 年新增并网风电装机容量 2015.6 万千瓦，累计并网风电装机容量 9731.6 万千瓦，占世界风电总装机容量（36 960 万千瓦）的 26%，发电量 1556.41 亿千瓦时。到 2020 年风电累计并网装机容量有望超过 2 亿千瓦，海上风电装机有望达到 1000 万千瓦，风力发电占比将达到 5%。风电正在成为我国电力供应的重要组成部分，风电产业成为支撑我国能源可持续发展最重要的战略性新兴产业之一。

当前风电产业的发展方兴未艾，多兆瓦级大型风力机组的研制和海上风电开发已经成为世界风电产业发展的两大趋势。我国作为风电大国在融入和推动这一趋势中发挥了积极的作用。我国已经拥有众多的整机企业，2014 年内资风电制造企业生产的风力机在我国新增的装机容量中的比重超过 80%，其研发水平很大程度上代表了我国风电机组产品研发的技术实力。我国 2 兆瓦及以下级别机组已经形成了较强的产品生产力，3 兆瓦级别机组技术也趋于成熟，目前正在开发 6 兆瓦级别的风电机组，技术创新水平迅速提高。江苏、上海、福建海上风电建设已经起步。2014 年，我国在近海和潮间带地区风电累计装机容量已达到 65.8 万千瓦，位居世界海上风电的第 5 位。另外，国家能源局在全国海上风电开发建设方案中批准了 44 个项目，总计 1053 万千瓦的海上风电开展前期工作，其中部分项目如三峡集团江苏响水近海 20 万千瓦风电场项目、河北省建投唐山乐婷菩提岛 30 万千瓦海上风电示范项目、广东省珠海桂山海上风电示范项目、福建莆田南日岛40万千瓦海上风电项目等已开工或拟开工建设。我国风电产业取得显著成绩主要原因有以下几点。

1. 初步建立了较为完整的促进风电发展的政策体系

《中华人民共和国可再生能源法》确定了包括总量目标制度、强制上网制度、分类电价制度、费用分摊制度和专项资金制度等在内的五项基本制度。总量目标制度对可再生能源的总量或者在能源结构中的比例做出的明确规定，从中可以获得市场发展的导向信息，体现了通过立法实现政府推动和市场引导相结合的基本原则；强制上网制度针对可再生能源具有间歇性特点，在能源销售网络实施垄断经营和特许经营的条件下，基本保证了消除发电上网障碍和可再生能源产业的健康发展。2009年，新修订的《中华人民共和国可再生能源法》进一步明确规定实行可再生能源发电全额保障性收购制度，强化了有关电网企业收购可再生能源的责任和义务，是培育可再生能源市场和产业的重要手段；分类电价制度按照不同的可再生能源技术（小水电、风电、太阳能发电、生物质能发电等）发电的社会平均成本，在某一时期内分门别类地规定上网电价水平，并向社会公布，以减少审批程序、明确投资回报、降低开发成本和限制不正当竞争；费用分摊制度或称费用补偿制度，考虑到大多数可再生能源产业尚处于产业发展的初级阶段，受技术的制约，开发成本相对较高，要求各个地区的电力消费者相对公平地承担发展可再生能源的额外费用，促进可再生能源规模化发展；专项资金制度（即专项基金制度），要求中央和地方两级财政设立可再生能源专项资金，专门用于费用补偿制度无法涵盖的可再生能源开发利用项目的补贴、补助和其他形式的资金支持。相应地，在产业政策、上网电价、财税政策、技术扶持政策、技术标准等方面，以及地方政府制定的一些风电政策保证了基本制度的贯彻、落实和实施，扶持了我国风电企业的稳步发展，特别是形成了金风科技、联合动力、明阳风电、远景能源、湘电风能、上海电气、东方电气、重庆海装、浙江运达等具备一定实力的整机风电企业。2014年，这些企业提供风力机的总装机容量达2015.6万千瓦，有的在世界风力机供应商中名列前茅，从以上几家企业的产品研发情况来看，除了多兆瓦风电机组外，还有特种风电机组、智能风电机组、永磁直驱风电机组等，技术创新水平迅速提高。

2. 政府部门大力支持面向国家重大需求的基础研究、技术开发和产业化的科技创新活动

实际上，自“六五”开始，我国就通过国家科技攻关计划、863 计划安排了一定数量的资金，持续支持风电开发利用技术研究和产业化发展的前期准备，对目前我国风电的大规模开发及大型风电设备的研制起到了关键作用。“十一五”和“十二五”期间，国家科技部设立了“大型风力机的空气动力学基础研究”等 4 项 973 计划，“大型风力发电机组独立变桨技术”等 8 项 863 计划项目和“大功率风电机组研制与示范”等 6 项促进产业化的国家科技支撑计划重大项目。据不完全统计，自 1997 年以来国家自然科学基金资助的风能相关项目为 375 项，尤其是近 5 年的资助项目占 18 年来资助总项目数的 80%，近 10 年来国家在这一领域的科技投入近 10 亿元，极大促进了风电关键技术的进步，加速了我国风电技术的国产化进程。

3. 人才始终是风电产业发展的关键

值得庆幸的是，在我国风电产业大规模快速发展的背景下，风能利用研究受到国家和各科研机构的更多关注和支持，研究队伍逐年壮大，并形成了相对稳定的研究方向。南京航空航天大学、华北电力大学、汕头大学、清华大学、西北工业大学、上海交通大学、浙江大学、兰州理工大学、华中科技大学、河海大学、沈阳工业大学、南京工业大学、内蒙古工业大学、长沙理工大学等高等院校，中国科学院工程热物理研究所、电工研究所、力学研究所，中国电力科学研究院、中国空气动力研究与发展中心等多家科研机构形成了自己的风能研究方向和人才队伍。除了研发以外，在基础理论和应用技术研究方面也取得了显著进展，我国研究人员在风特性分析、载荷计算、叶片设计、结构动力学分析、噪声评估、风力机性能计算、运行控制、传动链、变电和并网、发电量预测、储能技术、风场微观选址、海上固定式基础和浮式平台等多个方面发表了大量学术论文，研究主题几乎涵盖了风能利用技术的各个方面。

二、我国风电产业面临的挑战

（一）根本解决并网消纳问题

2006 年《中华人民共和国可再生能源法》实施后，我国风电产业迅猛

发展，每年新增风电装机容量倍增。但受“三北”地区远离电力负荷中心、本地可调节电源少、外输通道建设滞后、电网运行机制不合理等因素影响，出现了严重的“弃风”限电问题。2011 年，全国“弃风”电量 100 多亿千瓦，弃风率超过 12%，在西北、东北地区弃风率甚至高达 20%以上。2012 年，限电现象愈益严重，弃风电量达到 200 亿千瓦时，弃风率高达 17.12%。2013 年，全国弃风现象有所缓解，弃风电量为 162 亿千瓦时，弃风率为 11%，较 2012 年下降 6%，全年平均风电利用时间达到 2074 小时，比 2012 年提高 184 小时。然而，弃风问题并没有得到根本解决，“三北”地区弃风率仍然较高，问题严重的省区数据依次为吉林的 22%、甘肃的 21%及蒙东的 20%，弃风量分别达到 16 亿千瓦时、31 亿千瓦时和 34 亿千瓦时。

发生弃风问题的主要原因是由于缺乏可再生能源的统筹规划，风力资源丰富地区电力消费不足，外输通道建设滞后等。所以，一方面应特别重视不同规划间的平衡和协调，特别是要积极开发距离负荷中心近、电网条件好的中东部风能资源较为丰富地区的风电规模化发展，积极稳妥发展海上风电；另一方面，积极发展相关的输配电、抽水蓄能、物理化学储能、分布式风电、智能微网、短时预报等系统和技术，依靠技术进步也是解决三北地区弃风限电的根本出路。

实际上，目前输配电方面急需解决新型超大容量、远距离直流输电技术，支持西部供端直流输电网建设，东部受端超/特高压交流输配电网，研发新型有源（主动）配电系统和微电网。各种储能系统也可发挥积极作用，这就要求加快建设抽水蓄能电站。先进国家抽水蓄能电站占比可达 23.6%（奥地利）、10.7%（日本），9.7%（瑞士），我国应相应提高抽水蓄能发电在电力系统装机容量中的比重；需要研发、利用如钠硫电池等各种廉价、大容量、长寿命的电化学储能手段。此外还可利用压缩空气等物理储能技术；积极发展分布式风电系统，鼓励分散小风电接入配电网，充分利用风能即时预报、智能电网等调控技术，从而实现集中与分散消纳的协调与互补。

若在规模建设风电场的同时，根据当地所能消纳的电量，甚至突破行政区域的界限，配套建设一定容量的相应设备就可在一定程度上缓解风电上网矛盾，保障供电系统安全、稳定运行。例如，对于西北地区规划的大型风电、光电基地，可根据当地各类能源资源特点，构建以抽水蓄能为核心的“多能互补”送端平台，促进风电、光电跨区域外送。例如，甘肃酒泉风电基地附近缺乏常规水电和煤炭资源，但具有一定规模的抽水蓄能站点资源，可按“风电+抽水蓄能+基荷电源+与西北电网联网”形式构建送出平台，形成坚强送端电网。哈密风电基地附近煤炭资源相对丰富，并具有一定规模的抽水蓄能站点资源，但缺乏常规水电资源，可按“风电+煤电+抽水蓄能”形式构建送出平台。

（二）全面掌握风电核心技术

尽管目前我国已经具备了规模制造整机和建设风电场的能力，但风电机组可靠性差、风电场运行效率低等问题仍然是困扰我们的致命弱点，也是我国风电产业缺乏核心技术的集中反映。我国制造工业水平不高，研发资金投入不足、研究与工程应用脱节等问题，直接影响到风电产业链中各零部件产品质量。由于未能完全掌握整机和关键零部件制造技术，只能依靠进口，迄今做不了功率曲线，没有统一标准等，使相当一批企业陷入技术引进与依赖外商漩涡，不能形成具有国际先进水平的自主研发能力和自主知识产权技术，导致风电发展前期盲目依赖国外成熟技术，直接买产品、甚至买图纸；随后既没有真正消化外国技术，更没有在此基础上进行再创新，更谈不上进一步结合我国国情的原始创新。今后如果仍然沿袭这一发展模式，整个产业将面临重大风险。

在未来的发展进程中，我们要立足自主创新，全面掌握风电产业的核心技术。包括风资源精细化评估与风电场优化布局技术，涉及风电场尺度的风资源、风能特性评估，适用于复杂地形的风电场微观选址自主软件开发，风电场尾流模型和流动干扰影响预测，风电场布局的优化设计等；大型风电机组先进设计制造技术，涉及新概念结构与部件的设计，考虑气动弹性的非线性结构动力学响应分析，风电装备的气动-结构-机电-控制一体化优化，齿轮箱传动的可靠性设计，新材料应用和先进制造加工工艺等；海上风电机组技术，涉及固定式风力机高耸塔架、支撑结构、基础载荷计算，漂浮式结构的系泊和动力响应分析，海上风电机组的防潮防腐蚀新材料，海上风电机组的运输、安装与维护装备研制，海上远距离高电压输电技术和海上变电站技术；还有分布式风电和智能微网系统和技术等。我们应通过制造、运维、管理与信息化、智能化软硬件结合，实现我国风电从中国制造向中国创造的跨越，这不仅可以极大地提高我国风电产业的运行效率和经济效益，而且是我国从风电大国晋升到风电强国的必由之路。

（三）完善风电标准认证体系

1987 年，国际电工技术委员会（IEC）发布了风电机组系统安全标准。此后，IEC 陆续成立了多个工作小组，制订出国际风电机组标准并定期更新版本，形成了风电机组认证的标准体系。如今，风电机组认证已成为国际性的商业行为，以共同的国际标准为基础。IEC 61400 系列风电机组认证标准就是这个共同的基础，其中包括了风电机组安全要求、叶片测试、功率特性测试、噪声测试、载荷测量等。

虽然基于相同的国际标准，各国的风电机组认证标准也存在一些差异，主要是考虑到本国的具体情况、环境参数、安全体系和测试方法的不同。我国参照国际标准，已经制订了大量的风力机相关国家标准。尽管如此，风电技术标准的研究与制订工作仍需进一步加强。一方面，国内对技术标准的研究和制订能力依然薄弱，不能完全适应风电产业飞速发展的形势。另一方面，随着风力机组大型化和各种新技术的应用，需要及时对标准进行更新和完善。特别是，国内尚未形成完整的海上风电技术标准体系，主要还是参考借鉴国外的相关标准，急需制订适合我国国情的包括规划、设计、制造、施工、安装、检测、运行、维护在内的海上风电技术标准体系。

总之，只有加强对风电技术标准体系的建设，才能保证我国未来在风电行业内制定和更新风电机组国际标准时有话语权，助推我国风电产业取得竞争优势，有利于我国风电产业尽快走向国际战略的实施。

（四）逐步形成健全的风电市场机制

在可再生能源发展的初始阶段，由于各种原因，开发成本高，运行效率低、风电价格无法与火电竞争，因此，政府出台若干基本制度和政策，扶持可再生能源的发展是十分必要的。实际上，这些制度和政策确定对我国风电的发展起了积极的促进作用。但是也应看到在执行过程中，有些措施没有落实，比如 2011 年以来，风电等可再生能源发电项目补贴资金发放延迟，影响开发企业资金流转，部分风电项目经营亏损严重。一方面，可再生能源基金仅来自 1.5 分钱的电价附加费，规模较小、来源单一，不足以补偿规模日益增长的风电发电量的需求。同时，节能优先调度、调峰能源补偿等机制也远未落实。

随着风电产业的发展成熟和技术进步，风电成本逐步降低到与火电成本接近时，便可部分放开风电市场。2015 年 3 月发布的《关于进一步深化电力体制改革的若干意见》明确提出了放开新增配售电市场，放开输配以外的经营性电价，放开公益性调节性以外的发电计划，交易机构相对独立，加强化电力统筹规划，加强提升电力安全高效运行和可靠性供应水平和加强政府监管的“三放开、一独立、三加强”的指导性意见，这将使具有竞争力的发电企业、分布式能源的投资者和致力于电网设备自动化、信息化的电力企业受益，进一步促进风电的消纳。待风电产业发展到了完全成熟的阶段，再考虑到缴纳资源税、碳税的成本，依靠深化电力体制改革，便可实现能源市场的完全市场化。

三、我国风能发展规划和路线图

（一）我国风能发展规划现状

自 2006 年以来，国家相关部门和中介咨询机构对中国风能发展规划和发展路线进行了诸多战略研究：

2006 年，国家能源领导小组办公室委托国家发展和改革委员会能源研究所开展了“我国可再生能源发展战略若干问题研究”，国家发展和改革委员会组织水电水利规划设计总院开展了“全国风电‘十一五’发展规划研究”。研究报告提出的风能发展目标是：2010 年、2020 年我国风电装机容量分别达到 500 万千瓦和 3000 万千瓦。当时风电发展规划制定偏保守，低估了政策支持力度和技术发展速度。

在同一时期，中国工程院启动了“中国可再生能源发展战略”重大咨询项目，在 2008 年发布的研究报告中，提出了 2020 年、2030 年和 2050 年我国风能发展的战略目标，其中的方案是：2020 年、2030 年和 2050 年，我国风电装机容量将分别达到 0.8 亿千瓦、1.8 亿千瓦和 5 亿千瓦。风电年发电量分别为 1680 亿千瓦时，3960 亿千瓦时和 11 500 亿千瓦时；在可再生能源

（含水能）发电量中，风电占比分别为 11.9%，17.0%和 27.9%。

2009 年，根据可再生能源发展出现的新变化，中国工程院又对我国可再生能源的中、长期（2020、2030、2050）的发展战略目标作了调整。中国工程院在研究风能发展规划目标时，采取了三种情景分析，根据中间发展情景的稳妥规划方案，2020 年、2030 年和 2050 年，我国风电装机容量分别为 1.8 亿千瓦、3.6 亿千瓦和 5.8 亿千瓦，年发电量分别为 3600 亿千瓦时，7200 亿千瓦时和 11600 亿千瓦时。

2012 年，在美国能源基金会的支持下，国家发展和改革委员会能源研究所、国家可再生能源中心，组织开展了“中国 2050 年高比例可再生能源发展情景暨途径研究”，确定了风电发展的阶段性目标和时空布局。2020 年前，以陆上风电为主、近海（含潮间带）风电示范为辅，考虑到电网基础条件和可能存在的约束，以发展规模化风电市场、建立具有领先技术标准的风电产业体系为主要目标。在积极情景下，风电累计装机容量达到 3 亿千瓦，占电力装机容量的比重达 15%，满足 7%以上的电量需求；2020～2030 年，陆上、近海风电并重发展，考虑环境成本的条件下，风电的成本低于煤电，风电在电力市场中的经济性优势开始显现。在积极情景下，风电的累计装机容量达到 12 亿千瓦，在全国发电量中的比例达到 20%以上，在满足电力需求、改善能源结构、支持国民经济和社会发展中发挥重要作用；2030～2050 年，实现东中西部陆上风电和海上风电的全面发展。风电和电力系统以及储能技术不断进步，风电与电力系统实现融合。风电规模进一步扩大。在积极情景下，风电的累计装机容量达到 20 亿千瓦，在全国发电量中的比例达到 30%以上，风电成为中国主力电源之一，并在工业等其他领域有广泛应用。

2014 年，在中国-丹麦可再生能源发展项目的支持下，国家发展和改革委员会能源研究所、国家可再生能源中心联合中国可再生能源学会等国内外相关研究机构开展了中国风能、太阳能和生物质能的中长期发展路线图研究。在 2014 年发布的《中国风电发展路线图（2014 版）》中，提出的战略目标在积极情景下，到 2020 年、2030 年和 2050 年，风电装机容量将分别达到 3 亿千瓦，12 亿千瓦和 20 亿千瓦，风电发电量将分别达到 0.6 万亿千瓦时，2.4 万亿千瓦时和 4 万亿千瓦时。

上述已经开展的若干规划研究，结合当时我国经济发展和具体国情，提出了发展目标和实施途径，引导了近十年我国的可再生能源的规模发展。总体说来，由于我国可再生能源基础薄弱，早期的研究偏于保守，所设定的目标往往被提前实现；后期的研究又因经济高速发展、能源需求增长，装机容量突飞猛进而过于超前。因此，本咨询项目有必要，基于我国经济、社会进入新常态发展阶段的现实，通过分析风电发展现状、有利条件和制约因素，对风电 2020 年，2030 年和 2050 年发展目标、布局和进程进行认真研究，并作为咨询报告对策措施建议的依据。

（二）我国未来能源总量需求预测

党的十八大提出：2020 年实现国内生产总值和城乡居民人均收入比 2010 年翻一番。十二届全国人大一次会议明确：我国经济社会发展分两步走的战略：第一步，到中国共产党建党 100 年时，建成惠及十几亿人口的更高水平的小康社会；第二步，到中华人民共和国建国 100 年时，人均国内生产总值达到中等发达国家水平，基本实现现代化。

基于上述目标，考虑到我国经济发展已经进入稳中求进的中高速发展阶段，必然更加重视生产方式转变、经济结构调整，更加注意保护生态、节能减排。2020～2030 年，我国仍处于工业化和城镇化加速推进的阶段，高端制造业和第三产业比重不断上升，GDP 增速维持在 7%～5%的合理区间；2030～2050 年，我国经济发展将进入后工业化阶段，第三产业成为主导产业，国民消费成为拉动经济的主要动力，经济结构逐步趋于成熟，GDP 增长率维持在 3%～4%。

关于人口数量的判断，第六次中国人口调查的统计数据表明，2012 年中国总人口达到 13.54 亿，人口增长率为 0.57%。根据人口年龄结构分布和过去 30 年的人口出生率、死亡率和预期寿命变化，对未来我国人口走势进行预测，认为到 2020 年以前，我国人口自然增长率维持在 4‰以上的增长速度；到 2030 年，中国人口达到顶峰，总量达到 14.37 亿；2030 年以后，人口会有下降趋势，到 2050 年下降到 14.10 亿。此项预测成果与国内有关单位预测成果对比，基本一致，也与联合国人口署预测的数据相近。随着工业化、城镇化的加速，人们对于家庭和生育观念的改变，可以预期计划生育政策不会对人口规模发生重大影响。总体说来，可以预计未来三四十年内我国人口总数将维持在 14 亿左右。

基于上述经济社会发展的基本判断，对我国经济总量进行预测，按照 GDP 年均增长速度为 7%推算，2020 年我国 GDP 总量达 89 万亿元，是 2010 年 GDP 总量的 2.2 倍，人均 GDP 达到 62 760 元，处于中等收入偏上水平。2030 年我国 GDP 总量达到 152 万亿元，人均 GDP 达到 105 770 元，GDP 年均增长速度为 5.5%。2050 年我国 GDP 总量达到 300 万亿元，人均 GDP 约 21.5 万元。该人均 GDP 水平与国外中等收入发达国家相比基本相当，GDP 年均增长速度为 3.5%。

2030 年以前，能源增长主要满足快速工业化的动力需求和保障农业人口转向城市对能源需求，2030 年增速达到峰值。在 2030～2050 年后工业化时代，能源的工业需求减少，主要满足人们小康而不奢华的生活需求。从人均能源消费水平来看，2010 年，我国人均能源消费为 2.4 吨标准煤，与世界平均水平持平。但与欧美发达国家仍有较大差距，仅相当于加拿大的 1/5，美国的 1/4，日本和德国的 1/2。

能源消费总量是能源规划最重要的指标。从万元 GDP 能耗强度来看，我国 2014 年的水平为 0.6 吨标准煤，至 2050 年，由于技术的进步，我国的能耗水平如果能够达到目前发达国家平均水平（低于 0.20 吨标准煤），那么届时 GDP 总量 300 万亿元，能耗总量低于 60 亿吨标准煤，说明较之前多数机构预测的 2050 年我国能源消费总量 61～65 亿吨标准煤稍低是可能的。按照 2050 年我国人均能源消费量达到 4.0 吨标准煤测算，接近于现在英国 4.8 吨和意大利的 4.1 吨水平，较为适宜，所以消费总量是 56 亿吨标准煤。在电力消费方面，2012 年，我国人均用电量为 3500 千瓦时，美国为 12 940 千瓦时，为我国的 3.5 倍。同样地，2050 年我国人均电力消费的指标为 8000 千瓦时，与目前亚洲日本、新加坡、韩国及多数欧洲发达国家的能源消费水平持平。总体来说，项目组设定的未来我国能源消费总量的指标既满足了经济、民生的需要，也符合能源消费革命，坚决控制能源消费总量的精神和要求。

（三）我国未来非化石能源利用趋势

我国巨大的能源需求决定了在未来几十年内还需要保持多元供应的能源结构体系。未来的趋势是大力发展可再生能源，并逐步减少化石能源（尤其是煤炭）消耗的比重，实现能源生产和消费革命。因此，在研究风能规划时，也必须对未来其他可再生能源以及核电发展趋势做预先评估，在此基础上，我们才能从能源结构的角度思考问题，统筹规划，制定的风能发展规划才能符合我国国情、切实可行。

水力发电是我国重要的可再生能源，是清洁能源，开发利用中需要特别妥善安置移民、加强保护生态和防范地质灾害。我国水力资源丰富，潜在开发量为 6.75 亿千瓦，技术可开发量约 6.0 亿千瓦，2014 年常规水电装机容量为 2.8 亿千瓦，预计 2020、2030 和 2050 年的装机容量分别为 3.5 亿、4.0 亿、5.4 亿千瓦。尚待开发的水力资源集中分布在西南地区的金沙江、澜沧江、怒江、雅鲁藏布江等流域。

太阳能是重要的可再生能源之一，需要大力发展。近 10 年来，由于增速过快，曾一度产能过剩。波动性、间歇性是太阳能发电的制约因素，但可以通过统筹规划和建设输配电网、抽水蓄能电站，物理化学储能装置和分布式风电系统解决。预计 2020 年、2030 年和 2050 年的太阳能发电机的装机容量将分别达到 1.0 亿千瓦、2.0 亿千瓦和 5.0 亿千瓦。

此外，还要积极发展地热能、生物质能和海洋能，坚持统筹兼顾、因地制宜、多元发展的方针，推广高效洁净利用的示范工程，到 2020 年，地热能利用规模达到 5000 万吨标准煤。

自 20 世纪 80 年代以来，我国核电利用已有 30 余年经验。2011 年日本福岛核泄漏事故以后，核安全问题引起社会广泛质疑，全球核电发展放缓。一方面，我们要特别加强核电开发利用的安全性措施，包括采用先进压水堆，加紧研发高温气冷堆、钍基熔盐堆、快堆等装置，严格核电站选址、运行、管理；另一方面也要积极稳妥地开发核电来降低过高的燃煤比重。在未来适度的核电利用的情境下，我国在 2020、2030 和 2050 年的核电发电机装机容量将分别达到 0.58 亿千瓦、1.0 亿千瓦和 3.0 亿千瓦。

（四）我国风能发展规划和路线图

1. 我国风能发展的规划目标

2014 年国务院发布了《能源发展战略行动计划（2014—2020 年）》，对 2020 年前的能源发展做出了部署，要求坚持“节约、清洁、安全”的指导方针：实施“节约优先、立足国内、绿色低碳、创新驱动”四大战略，以加快构建清洁、高效、安全、可持续的现代能源体系。该计划还就目标任务做出了具体规定。

咨询项目组在上述行动计划确定的 2020 年各种能源发展指标基础上，根据预测的我国未来能源的需求，并确保实现在 2020 年和 2030 年非化石能源占总能源消费的 15%和 20%的国际承诺，确定了 2020 年，2030 年和 2050 年风能发展规模，装机容量分别为 2 亿千瓦、4 亿千瓦和 10 亿千瓦，发电量分别为 0.4 万亿千瓦时、0.8 万亿千瓦时和 2 万亿千瓦时；到 2050 年，风电年发电量将占一次能源消费比重 10.7%，在电力消费中占比 17.8%，在非化石能源中的比重达到 27.8%，由此可见，风能在能源和电力大家庭中，起着举足轻重的作用。表 1 和表 2 分别给出了未来我国一次能源消费结构和电力系统消费和装机容量结构。

表 1　我国未来一次能源消费结构　（单位：亿吨标准煤/亿米^3）

年份		2020 年		2030 年		2050 年	
一次能源总量		48.0	100%	52.5	100%	56.0	100%
非化石能源		＞7.2	15%	＞10.5	20%	21.6	38.5%
化石能源		40.8	85%	42.0	80%	34.4	61.5%
其中	天然气	2400～3.2	6.7%	4000～5.2	10%	6000～7.8	14.0%
	石油	5.0～7.0	14.6%	6.0～8.4	16%	6.0～8.4	15.0%
	煤炭	30.6	63.7%	28.4	54%	18.2	32.5%

注：每千瓦时电煤耗 2010 年 335 克，推测 2020 年 320 克，2030 年 310 克，2050 年 300 克，表中以 2050 年数据进行一次能源与电力换算。表中～后的数字代表等价的标准煤（亿吨）。

表 2　我国未来电力系统消费结构和装机容量结构

能源类型			装机/亿千瓦			发电/万亿千瓦时		
			2020 年	2030 年	2050 年	2020 年	2030 年	2050 年
非化石能源	可再生能源	风电	2	4	10	0.4（7%）	0.8（9.5%）	2.0（17.8%）
		太阳能	1	2	5	0.15（2.7%）	0.3（3.5%）	0.75（6.7%）
		水电	3.5	4.0	5.4	1.575（28.3%）	1.8（21.5%）	2.35（21%）
		小计	6.5	10	20.4	2.1（38.0%）	2.9（34.5%）	5.1（45.5%）
	核电		0.58	1	3.0	0.4（7.2%）	0.7（8.3%）	2.1（18.8%）
	小计		7.08	11	23.4	2.5（45.2%）	3.6（42.8%）	7.2（64.3%）
化石燃料	火电		6.2	9.6	8.0	3.1（54.8%）	4.8（57.2%）	4.0（35.7%）
总计			13.3	20.6	31.4	5.6	8.4	11.2

从表 1、表 2 中可以看出，我国能源产业将会发生巨大的变化。

第一，能源总量持续增加，但增速趋缓。到 2050 年，我国能源消费总量达到 56 亿吨标准煤，电力消费 11.2 万亿千瓦时，与目前中等发达国家水平相当，既可满足生产和民生的需求，也能符合坚决控制能源消费总量的要求。

第二，非化石能源比重逐步加大。2020 年、2030 年和 2050 年，非化石能源在一次能源消费中的比例将分别达到 15%、20%和 38.5%。与此同时，在能源结构消费中，电力占一次能源消费的比重将逐步增加。2020 年、2030 年和 2050 年电力消耗在能源消耗中的比重将分别达到 35%、48%、60%左右，2050 年，非化石能源在电力中的贡献将达到 64.3%。

第三，风电和其他可再生能源的比重愈益显现，至 2050 年风电在一次能源中的比重达到 10.7%，在电力生产中的比重达到 17.8%，在非化石能源中的比重达到 27.8%，风电、水电、核电在非化石能源中将形成三足鼎立之势。

第四，预计到 2030 年，能源发展将出现历史性的转折点，煤炭年利用量越过峰值，全国能耗 CO_2 排放量达到峰值。2030 年以后，由于能源结构的变化，CO_2 排放量逐渐降低，空气质量改善。

第五，天然气作为较清洁的化石能源生产和消费增加，非常规天然气开发日益受到重视，未来天然气发展的潜力不可忽视。由于城市化进程的推进，交通运输和化工原料用油的需求不减，石油需求量仍将保持长期平稳增长。

2. 风能发展规划的路线图

国家可再生能源中心确定风电发展战略目标的思路是：统筹考虑风能资源、风电技术进步潜力、风电开发规模和成本下降潜力，结合国家能源和电力需求，以长期战略目标为导向，确定风电发展的阶段性目标和时空布局。

根据我国风资源分布情况，将重点建设蒙西、蒙东、甘肃、新疆、河北等九大风电基地，各基地建设进程和时间表如表 3 所示。

表 3　中国风电发展目标和布局　　（单位：万千瓦）

地区	2010 年装机容量	2020 年装机容量	2030 年装机容量	2050 年装机容量
蒙西基地（及周边）	650	4 000	10 000	30 000
蒙东基地（及周边）	362	2 000	4 000	9 000
东北基地	731	3 000	3 800	6 000
河北基地（及周边）	378	1 500	2 700	6 000
甘肃基地（及周边）	144	2 000	4 000	12 000
新疆基地（及周边）	113	2 000	4 000	10 000
东中部及其他分布式风电	743	2 500	5 000	7 000
近海风电	10	3 000	6 000	15 000
远海风电	0	0	500	5 000
合计（风电发展目标）	3 131	20 000	40 000	100 000

2020 年前，积极有序开发陆上风电，示范开发近海风电。考虑到电网基础条件和可能存在的约束，以发展规模化风电市场、建立具有领先技术标准和规范的风电产业体系为主要目标，以陆上风电为主、近海（含潮间带）风电示范为辅。在基本情景下，每年风电新增装机达到 1500 万千瓦，到 2020 年，风电累计并网装机容量将超过 2 亿千瓦；届时在不考虑跨省区输电成本的条件下，使风电的成本与常规能源（煤电）持平；风电在电源结构中具有一定的显现度，占电力总装机容量的比重达 15%，风电电量满足 7%的电力需求。

2020～2030 年，陆上、近海风电并重发展。在不考虑跨省区输电成本的条件下，风电的成本低于煤电，风电在电力市场中的经济性优势开始显现。在考虑跨省区输电成本后，风电的全成本也有可能逐步与煤电持平；若考虑煤电的资源环境成本，风电的全成本将低于煤电全成本。在基本情景下，风电市场规模进一步扩大，陆海并重发展，每年新增装机容量 2000 万千瓦左右，全国新增装机中，30%左右来自风电。到 2030 年，风电的累计装机容量超过 4 亿千瓦，在全国发电量中的比例达到 9.5%，在电源结构中的比例扩大至 20%左右，在满足电力需求、改善能源结构、支持国民经济和社会发展中发挥重要作用。

2030～2050 年，实现东中西部陆上风电和海上风电的全面发展。风电和电力系统以及储能技术不断进步，风电与电力系统实现很好的融合。风电规模进一步扩大，陆地、近海、远海风电均有不同程度的发展。到 2050 年，风电可以为全国电力消耗提供 17.8%的电量，风电装机容量达到 10 亿千瓦，在电源结构中约占 32.0%；风电成为中国主力电源之一，并在工业等其他领域有广泛应用。

为进一步提高风电的利用效率，同时规划了分布式风电系统。在北方广大农村，可满足供暖的需求，在中东部可应用于海水淡化等工业，结合智能电网，便可实现电力供应与消费的最优化。同时，计划到 2020 年、2030 年、2050 年，我国抽水蓄能电站规模分别为 0.7 亿千瓦、1.1 亿千瓦、1.6 亿千瓦，结合其他配套措施，可以基本上解决可再生能源的消纳问题。

3. 风能发展规划的可行性

（1）我国风能资源十分丰富。根据中国气象局对我国风能资源的详细调查和评价结果，我国有丰富的风能资源。陆上风能资源富集区主要分布在东北、内蒙古、华北北部、甘肃酒泉和新疆北部，年平均风功率密度大于 300 瓦/米^2；云贵高原、东南沿海为风能资源较丰富地区，年平均风功率密度约为 250 瓦/米^2。以年平均风功率密度达到 300 瓦/米^2 作为具备技术开发的风能资源条件标准，我国陆地 50 米、70 米和 100 米高度层的风能资源技术开发量分别为 20 亿千瓦、26 亿千瓦和 34 亿千瓦。

内蒙古地区风能资源技术开发量最大，70 米高度层约为 15 亿千瓦，其次是新疆和甘肃分别为 4 亿千瓦和 2.4 亿千瓦。此外，黑龙江、吉林、辽宁、河北北部，以及山东、江苏和福建等沿海区域的风能资源也适宜规划建设大型风电基地。在我国中部内陆地区的山脊、盆地和江湖河岸等地区，也有较好的风能资源分布，适宜分散式开发利用。

我国近海风能资源以台湾海峡最丰富，其次是广东东部、浙江近海和渤海湾中北部。北部湾、海南岛西北、南部以及东南的近海海域风能资源较少。数值模拟结果表明，我国近海 100 米高度层 5～25 米水深区风能资源技术开发量约为 2 亿千瓦，5～50 米水深区约为 5 亿千瓦。

（2）创新能力不断增强。经过近 30 年的发展历程，特别是《中华人民共和国可再生能源法》施行后，我国风电得到了快速发展。2005～2010 年风电高速增长，从 2010 年开始风电市场进入稳定的规模化发展时期，年新增装机容量保持在1500万千瓦左右。到2014年，我国风电新增并网装机容量2015.6万千瓦，累计并网装机容量9731.6万千瓦，位居全球首位。2014年，我国风电年发电量达到1556.41亿千瓦时，风电已成为我国第三大电源。与常规能源发电相比，风电仍只占很小的比例，2014年占比为2.78%，因此风电还有很大的发展潜力，可以在中国未来清洁和可再生能源以及电力供应中发挥更大的作用。

为了适应风电市场的发展，在市场需求和竞争的推动下，我国风电技术进步和产业发展进程也在加快。全国兆瓦级风电机组的年生产能力超过3000万千瓦，2014年，中国有4家风电设备制造企业进入世界新增装机容量前十位。目前，风电场上安装的主力机型是1.5～2.0兆瓦的风电机组，占89%。3兆瓦风电机组也已批量生产和使用，5～6兆瓦风电机组已开始示范运行，7兆瓦以上风电机组正在研发。另外，适合我国气候条件和资源特点的低风速和抗台风、防风沙风电机组也得到了开发。

在规模化发展陆上风电的同时，也发展陆上分散式风电和积极推进海上风电建设。2014年，我国在近海和潮间带地区风电的累计装机容量已达到65.79万千瓦，位居世界海上风电的第5位。另外，还有6个海上风电项目正在建设，总装机容量为22.9万千瓦。

近年来，国家加大了对风电技术能力建设方面的投入，加快建立风电标准体系、检测和认证体系，建立国家重点实验室和国家工程技术研究中心，设立专项研究计划，建设公共技术和信息服务平台，开展基础研究和应用研究。另外，在高等院校和高等职业学校设置风能专业培养各类风电技术人才。通过“走出去，请进来”等多种方式开展风能领域的国际交流与合作，为风电走出国门、进入世界打下了良好的基础。

（3）积极稳定的风电政策。自《中华人民共和国可再生能源法》颁布以来，我国已建立了较为完整的促进风电发展的政策体系，其中包括保证风电市场稳定发展的上网电价政策、特许权项目招标政策、税收激励政策、强制上网政策、核准计划管理和审批权下放政策；直接鼓励风电设备制造业发展的税收激励政策，关税优惠政策和扶持技术研发政策等。国家通过立法将清洁可再生能源列入优先发展的战略地位，在不同时期提出可再生能源的发展规划，明确风能等可再生能源的发展目标和布局，制定相配套的政策。总之，只要像过去 10 年一样，对风电采取积极稳定的发展政策，未来风电规划的实现是有保障的。

四、对策措施建议

（一）加强能源发展的统筹规划

能源规划是国家确定能源发展的指导思想、战略方针、目标任务、布局进程和政策措施的权威性文件。经验证明，好的能源规划可以在引导能源产业的健康发展中发挥重要作用，应给予足够重视。

在“十三五”期间，首先要切实执行国务院发布的《能源发展战略行动计划（2014—2020）》，努力实现计划所规定的目标任务。同时要高瞻远瞩，根据当时的情况、最新的技术、形势的要求，不断与时俱进，适时制订出我国未来 30 年的长远能源发展规划。

我国的多元能源结构体系决定了能源规划是一项复杂的系统工程，需要从全局考虑，统筹规划。根据生态保护优先原则，充分认识我国发展可再生能源的必要性和巨大潜力，应坚持不断减少化石能源，大力提高包括风能在内的可再生能源比重；鉴于可再生能源的波动性、间歇性，发展风电时应同时规划建设配套的输配电网、抽水蓄能电站、物理化学储能系统和分布式风电系统，特别是要将风电规划作为电力建设规划的一部分进行统筹考虑；同时，要突破行政区域界限，在因地制宜、多能互补的原则下，确保各省区可再生能源发展规划与全国风电发展规划相协调，加强区域合作，实现更大范围的资源优化配置，协调发展、合作共赢。

（二）完善风电发展的体制机制

继续执行《中华人民共和国可再生能源法》，并不断加以完善。适时出“台电力法”，理顺政府部门、开发企业、设备制造企业以及电网之间的关系，理顺不同形式能源的开发建设和优化调度利用的协调关系。

积极研究制定可在再生能源电力配额制，是现阶段促进风电、光伏发电等非水可再生能源开发利用的重要措施。及时发布《可再生能源电力配额管理办法》，根据各地区资源条件、电力市场和电力外送条件，制定各地区非水可再生能源电力占当地电力消费比例的配置指标，明确各级地方政府和电网企业完成可再生能源电力配额指标的责任，定期对各省人民政府和电网企业电力配额完成情况进行考核，从而真正实现电力的绿色调度。

深化能源体制改革，完善可再生能源补贴机制。加强可再生能源电价附加的征收力度，制定严格的监管措施，确保可再生能源补贴及时足额到位。通过征收资源税、环保税和碳税增加可再生能源基金的来源，特别是要尽快建立全国的碳排放交易体系；开展可再生能源投融资模式和商业化模式的研究，并积极推进示范工程（如哈郑风光煤电联合输送、张北风光电输储示范工程）的推广应用；随着技术进步、规模开发和建设成本下降，适时实现可再生能源电力发展的完全市场化。

（三）加强自主创新能力建设

目前，风电已经发展到一个高度多学科交叉的新阶段，充分体现了现代力学、机械工程学、材料科学、电力电子和电力传动、传感器技术、信息网络、模拟方法和制造工艺的高度融合。

为提高我国风电科技领域的原始创新能力，政府应当继续加大研发资金的投入，依托国家重大科技研发计划和国家自然科学基金体系，面向能源科技朝着绿色、低碳和智能化发展的战略方向，设置风电专项，重点解决满足国家重大需求的风电领域设计优化、制造工艺、海上风电、储能技术、分布式风电和智能微网技术、多种能源联合输电等关键科学问题，有目标、有步骤地探索和解决风电领域的新原理和新方法，为驱动风电技术的创新发展提供科学支撑。

加强风电等可再生能源科技创新体系建设，参考丹麦 Risoe 国家实验室和美国 NREL 等可再生能源国家实验室的发展经验，建立我国权威的风电科学和技术研发中心或国家实验室。该研发中心机构将在政府的持续资助下，致力于可再生能源技术研发和产业化应用，起到政府、大学、研究机构和企业产学研之间沟通合作的桥梁作用，特别是要依托重大工程建设推进科技成果转化，在可再生能源技术研发和市场化过程中，最大限度地发挥我国人力和物力资源潜力。

在双向开放、互惠互利的原则下，加强国际合作交流，充分利用国家可再生能源组织建立的交流平台和政府间的合作协议，广泛开展双边和多边科技合作；积极吸收国外先进经验，鼓励引进、消化吸收、再创新；利用“一带一路”倡议的良好机遇，积极推进中国企业“走出去”，逐步形成具有国际竞争力的可再生能源装备工业体系，做好国内、国际两个市场，建设能源科技强国。

（四）健全风电发展的监管、服务体系

在国家能源局、国家标准化管理委员会等政府部门的领导下，依靠风电领域有关专业机构和专业人士，针对国内环境因素，制定出适合我国国情的风力发电机组整机认证标准。首先应在“十三五”期间，形成我国风电零部件及相关方面检测认证标准，不断对风电标准体系进行完善和修订，保证风电产品质量的检测认证有规可依，有据可循，从而引导国内风电行业健康发展，为风电企业走出去提供技术支撑。

结合我国风电设备制造企业、科研院所以及现有检测试验机构的情况，进行试验检测能力的升级、改造工作，并建立国家级风力机测试中心，逐渐形成对风电机组整机、叶片、传动和控制等进行综合测试的能力；完善我国风电设备检测认证制度，逐步建立风电市场的准入门槛和风电企业出口产品证书，进一步提升我国风电产品的质量和信誉。

支持建立第三方服务机构。这些机构为风电市场、风电产业和风电技术发展提供公共服务，开展风能资源评估、风电场选址、风电设计咨询、风电设备运输、风电场建设、运行和管理、风能信息分析和传播等业务。随着风电规模化的发展，这种专业化的服务对保证质量，提高效率，缩短周期，降低成本都将起到积极的推动作用。

充分发挥风能行业协（学）会作用。协（学）会主要协助能源主管部门在风能规划、风能政策研究、监督实施、风能科技攻关、风电设备鉴定、新技术推广应用中提供技术服务和支持。

（本文选自 2015 年咨询报告）

咨询研究组成员名单

李家春	中国科学院院士	中国科学院力学研究所
严陆光	中国科学院院士	中国科学院电工研究所
胡文瑞	中国科学院院士	中国科学院力学研究所
张涵信	中国科学院院士	中国空气动力学研究与发展中心
徐建中	中国科学院院士	中国科学院工程热物理研究所
陈祖煜	中国科学院院士	中国水利科学研究院
贺德馨	研究员	中国可再生能源学会
王同光	教　授	南京航空航天大学
任东明	研究员	国家发展和改革委员会可再生能源研究中心
周建平	总项目师	中国电力建设有限公司
赵晓璐	研究员	中国科学院工程热物理研究所
叶航冶	总工程师	运达公司国家重点实验室
杨校生	总工程师	龙源电力集团
李健英	高级工程师	上海勘察设计院
林毅峰	高级工程师	上海勘察设计院
叶友达	研究员	中国空气动力学研究与发展中心
周济福	研究员	中国科学院力学研究所
李　晔	教　授	上海交通大学
孙相人	秘　书	中国科学院力学研究所

关于加快地下盐穴储油库建设的建议

丁仲礼　等

目前，我国已成为世界最大的石油进口国，对外依存度达 60%，在今后一个相当长的时期内，能源安全的核心问题是石油安全。党的十八大提出“两个一百年”奋斗目标和实现“中国梦”，对我国能源发展和能源安全提出了更高要求。

石油战略储备是国家能源基本建设，关系国家能源安全，体现国家抵御风险能力和国家战略力量。2004 年，我国启动石油战略储备库建设，现已建成一批地面储罐库，地下水封石洞库建设刚刚起步，地面储罐库存在有安全环保隐患、占地大、成本高等缺点。而石油储备方式中的盐穴储油库，位于地下几百米深处，不易遭到人为破坏和自然灾害的影响，建设成本不到储罐库和水封石洞库的一半，具有安全性高、环保、经济等明显优势。20 世纪 70 年代以来，以美国为代表的具有盐穴储油地质条件的国家，利用地下盐穴战略储备了大量石油。

我国江苏省金坛、淮安地区盐矿资源丰富，处于长江三角洲腹地，配套条件优越，是建设石油战略储备盐穴储油库的理想区域。

一、战略地位突出，配套条件优越

推动长江经济带发展是国家战略，长江三角洲及沿江中游地区经济发达，是最具活力和潜力的地区，能源需求大，炼油和石油化工比较集中，且以加工进口原油为主。该地区的镇海、上海、金陵、长岭、武汉等分布着十多家炼厂，原油加工能力约达 11 000 万吨/年，加工进口原油约 8000 万吨/年，这些炼厂受国际油价和海上运输的影响较大。按照 90 天进口石油的储备目标，需储备 2000 万吨石油，建设 3000 万米^{3}规模的储备库容。

金坛盐矿和淮安赵集盐矿分别位于长江南北两岸地带，地区基础设施完善，交通便利，水运发达。这两个矿区附近分别有甬沪宁、日仪、鲁宁输油管道通过，可通过这些管道与仪征输油站连接。仪征输油站是华东、华北地区原油输送的重要枢纽站，主要转输海上进口石油，承担着接收甬沪宁、日仪、鲁宁管道来油以及输往仪长、仪金管道的任务，具有“三进两出”的枢纽功能。在金坛、淮安赵集盐矿区建设石油战略储备库可辐射长江三角洲及沿江中游地区，具有应急面广、应急快速的优势条件，对我国能源安全和应急能力建设具有重要的战略意义。

二、地质条件较好，老腔多投资省

金坛盐矿面积 60 千米^2，盐层厚度 200 米左右，埋深 800～1200 米。淮安赵集盐矿是洪泽盐盆块段，盐盆面积 80 千米^2，盐层厚度 120 米左右，埋深 1300～2200 米。这两矿区经过多年的盐穴储气库建设，地质勘查比较翔实，品质高致密，渗透性低，盐层夹层少，分布稳定，盐岩及其上下泥岩层具有良好的封闭性。在国内，金坛、赵集盐矿的地质条件相对较好，矿区面积大，埋深条件适中，适合建设大型石油战略储备库，具有安全可靠、环境影响小、节约土地等突出优点。

金坛、赵集盐矿经过几十多年的水溶采盐，形成了大量地下溶腔空间，预计合计可利用老腔容积约 700 万米^3。对这些老腔进行严格测试筛选，进行工程修复，可变废为宝，改建成盐穴储油库。与 300 万米^{3}地下水封石洞库建设比较，两年时间可建成同规模的盐穴储油库，可缩短一半工期，节约一半投资，具有工期短、见效快、投资省的优点，有利于把握低油价机遇，快速增加我国石油战略储备。

三、技术基本成熟，促进产业发展

地下盐穴的利用技术，国外已有几十年的发展历史，储存原油、成品油、天然气及液态化工原料。我国地下盐穴开发利用始于2000年，为保障西气东输安全平稳供气，中国石油天然气集团有限公司开始在金坛盐矿建设盐穴储气库，已开发43个盐穴，形成了1500万米^{3}溶腔，其中6口储气盐穴用老腔改建成，目前运行平稳。中国科学院武汉岩土力学研究所对老腔改建的储气盐穴进行了可用性评价，认为各项指标达到安全运行标准。经过十多年的摸索和实践，国内积累了成熟的盐穴造腔、安全运行的建设技术和管理经验，盐穴储油库的建设技术基本成熟。2005年开始，中国石油天然气集团有限公司充分借鉴盐穴储油气库建设的技术和经验，开展了金坛盐穴储油库可行性研究，对建设方案和技术工艺进行深入评估论证，前期研究工作比较深入，建设条件成熟。

我国的金坛、淮安、潜江、平顶山等地区盐矿资源丰富，盐矿开采和盐化工产业发达。盐业资源开发利用是我国的一项传统产业，面临着企业转型升级和可持续发展的问题，利用盐矿采盐形成的地下溶腔建设盐穴储油气库，推广盐穴利用技术，将传统的盐岩采掘业与新兴的储备行业相结合，为传统的盐矿开采找到了一条健康可持续发展之路，有利于带动盐矿开采企业升级转型。

综上所述，我们认为应尽快启动和加快地下盐穴储油库的建设，这是能源战略安全的需要，有利于提高我国能源应急能力，对国民经济发展和国家安全，具有重要的战略意义。鉴于我国没有盐穴储油的先例，建议在金坛盐矿区启动300万米^{3}左右的盐穴储油库试点工程，先期利用老腔改建，积累技术经验，逐步扩大金坛盐穴储油库建设，并及时启动淮安盐穴储油库工程，推动建成我国重要的能源储备基地。同时建议，相关主管部门组织制定盐穴利用技术规范，有利于推广地下盐穴的开发利用。

（本文选自2015年院士建议）

建议院士名单

丁仲礼	中国科学院院士	中国科学院
李　阳	中国工程院院士	中国石油化工股份有限公司

康玉柱	中国工程院院士	中石化石油勘探开发研究院
苏义脑	中国工程院院士	中国石油集团钻井工程技术研究院
赵文智	中国工程院院士	中国石油勘探开发研究院
王梦旭	中国工程院院士	北京交通大学
罗平亚	中国工程院院士	西南石油大学

关于支持国产质子/碳离子治疗装置产业化的建议

方守贤　等

一、开展质子/碳离子治疗的必要性

癌症（恶性肿瘤）是目前威胁人类健康最凶险的疾病之一，在发达国家已成为人类死亡第一杀手。放射治疗是其重要治疗方法，由于质子及重离子束在物质内传输时的布拉格峰的物理特性，可使剂量分布相对地集中在癌细胞内，大大减少了对周围正常组织和器官的损伤，因此，质子/碳离子的一些治疗特性更优于常规 X（γ）射线的治疗，成为一种较为先进的放射治疗方法。然而，质子/碳离子治疗系统（即质子治疗装备或碳离子治疗装备，或质子/碳离子混合治疗设备）是一项复杂而庞大的系统工程，它的治疗涉及肿瘤学、放射物理学、放射生物学和辐射安全学等诸多学科。系统中的加速器及相关治疗系统又包括了很多高精尖技术，它的研制不仅难度大、周期长（3～5 年），且价格昂贵（几千万到上亿美元），建成后的运行和维护费也极高，一年的费用往往为总设备价的 8%～12%。自 20 世纪 50 年代始至今，全世界用质子/重离子治疗装备治疗肿瘤患者共计 10 万多名，积累了丰富的临床经验，对某些癌症的治愈率有较大提高，患者的生存质量也得到了改善，尤其对儿童肿瘤，质子治疗显示出更大的优势。碳离子对不宜手术的Ⅰ、Ⅱ期非小细胞肺癌等，也显示出其独特的优势。由此，近 20 年来，质子/碳离子治疗引起了国际癌症治疗界的极大兴趣。美国、日本、德国等发达国家都投入了相当人力和物力进行质子/碳离子治疗装备的开发及临床应用研究，使得这种装备得以快速发展。目前已经形成产业规模的共有六家质子/碳离子治疗装备供应商（日本3家、美国2家、比利时1家）。世界上已经正式运行的质子/碳离子治疗系统共有100台套：56台在运行（其中8台为碳离子），28台在建（其中3台为碳离子），16台在计划中。

二、我国质子/碳离子治疗的现状

我国每年新发癌症病例337万例，每年因癌症死亡病例达211万例，中国癌症新增和死亡病例均列居世界第一位，面临的形势非常严峻。在肿瘤治疗中，大约有60%～70%的患者需要进行放射治疗，但现有近2000台/套的X射线医用直线加速器，只能应对需放射治疗总患者人数的1/4，癌症患者5年总生存率仅为国际统计数字的50%。因此，我国除积极发展和扩大常规放射治疗设备外，发展先进的质子/碳离子治疗装备，让每位癌症患者都能够得到及时治疗和提高癌症治愈率是实现我国“人口与健康”战略目标的主要举措。

随着国民经济的高速增长和逐渐步入小康社会，我国有必要发展和建立更多的质子/碳离子治疗中心。2004年，山东淄博万杰肿瘤医院花5000万美元从比利时IBA公司引进了我国第一台质子治疗系统，开启了我国的质子治疗。可惜，因种种原因，该套系统未能得到正常运行，迄今仅治疗了1000多人。2009年，复旦大学附属肿瘤医院花费2.2亿美元从德国西门子公司进口一台质子/碳离子实验型治疗系统，但因缺乏自己的技术力量，每年需向该公司额外提供1亿多人民币的运行及维护费，代价过于昂贵，原计划三年半建成，但实际上直到2015年才开始进行正式治疗，真是不尽如人意。可见，对于这样一个需要各种高端人才（医疗、物理、工程）密集操控的复杂而先进的超大型医疗设备，单纯的引进是无法掌握设备的核心技术，难以培养自己的技术人才的，难以做到高效的应用，更谈不上“引进，消化，改进，创新”了。因此，我们必须在进口同时积极进行自主研制，在建造的过程中，积累技术、培养人才，才能打破垄断，才能发挥出离子治疗系统的最佳效果。

为此，上海市政府决定在引进的同时，由中国科学院上海应用物理研究所研制我国首台质子治疗示范装置，拟建在上海瑞金分院，目前该装置的加工制造及医院的基建已全面开工，计划在 2018 年建成；中国科学院近代物理研究所从 2006 年开始，利用该所的现有重离子装置与医院合作开展了 213 例患者的重离子治疗临床试验前期研究，取得了显著疗效，并研发了两台/套具有自主知识产权的医用碳离子治疗示范装备。其中，首台已在甘肃省武威市完成安装，正在进行调试和注册验收；另一台/套也已开始在兰州进行现场安装，进展十分可喜。我国自己研制的国产医用质子/碳离子加速器将有望在技术、性能等方面达到同类进口装备水平，且价格便宜、维护方便。因此，有理由相信我国医用质子/碳离子加速器国产化的时机已经趋于成熟。

三、政策支持

医用质子/碳离子治疗系统可以在医疗装备制造、运行维护和医疗服务产业中打造千亿元的价值，创造巨大的经济和社会效益。综观发展趋势，近期国外供应商正在虎视眈眈争抢这块肥肉，正在运用各种营销手段进入中国市场。这使得我国面临相当激烈而严峻的市场竞争形势。

目前我国已有的大型医疗器械（如常规 X 射线电子医用直线加速器、CT、NMR、PET-CT 等）市场几乎被国外产品垄断，国外产品占有率达 98%左右。国产质子/碳离子治疗系统的制造虽有长足的进步，但要想占领国内市场，进而进军国际市场仍有漫长而艰巨的路要走，极需国家扶植，这里要特别强调的是，国家在政策层面上的强有力支持和管控极为重要。获悉，最近国家卫生和计划生育委员会[①]对大型医疗设备的进口由行政审批改为备案管理，有所放宽，国内一些地方政府、医院和投资商在质子/碳离子治疗系统中因经济利益的驱动对进口设备显示了极大的兴趣，截至 2015 年 6 月全国约有十几家单位已经或正在与外商洽谈，价格高达 40 亿～70 亿人民币，大有形成盲目进口“一窝蜂”之势。这不仅将大大冲击我国高端医疗事业的国产化，还将会对我国医疗资源的调控产生巨大影响，将会再次将我国质子/碳离子

① 现已更名为国家卫生健康委员会。——编者注。

治疗装置国内市场拱手送给国外供应商，这完全不符合我国实施创新驱动、发展战略性新兴产业的国家战略，也不符合我国实际肿瘤放射治疗专科建设。

四、建议

综上所述，我国在质子/碳离子治疗系统的设计、制造和临床应用方面几乎处于与国外同一起跑线上，为推进和加快具有我国自主知识产权的国产质子/碳离子治疗系统的产业化，特提出以下建议。

（1）制定国家癌症防治战略规划，参照发达国家配置比例，根据市场需求和区域特点布局我国质子/碳离子治疗等大型医疗设备；

（2）国家有关部门应制定政策鼓励医院优先采购国产质子/碳离子治疗设备，给予配套政策支持国产产品的后续推广，打造中国质子/碳离子治疗装备产业，使之成为“中国制造 2025”的新内涵；装备的进口必须以有利于我国质子/重离子治疗装备的发展为前提。

为此，恳请国家卫生和计划生育委员会牵头组织相关部委召开一个部分对口专家座谈会，为国家质子重离子肿瘤治疗及装备发展献计献策，正确引导在肿瘤治疗轨道上正确行驶，为实现“制造强国”战略贡献一份力量！

（本文选自 2015 年院士建议）

关于统筹各方资源支持我国高世代基板玻璃产业发展的建议

甘子钊　等

我国液晶平板显示产业近年呈现快速发展局面。截至 2014 年年底，我国拥有第 6 代以上的高世代液晶面板生产线 12 条，其中 8.5 代生产线 5 条，全年产值超过 1000 亿元，比 2009 年增加了近 10 倍。在全球面板产业中，我国的份额已提高到 18%，超过日本进入全球前三名。预计 2015～2017 年我国还将新投产 8.5 代线 4 条，届时我国 8.5 代液晶面板生产线将有 10 条，年产值将达到 1600 亿元。在全球平板显示行业中，我国不仅是市场最大的国家，生产能力也将位居世界前列。这些数字是令人鼓舞的。然而，在鼓舞人的数字背后，也有让人感到隐忧的地方。

最令人忧虑的是国内液晶显示的基础原材料产业严重滞后，尤其是显示基板玻璃产业更加严重。基板玻璃在面板的所有原材料中成本占比最高（约达 20%），运输成本最大（占产品售价的 7%～10%）；目前我国基板玻璃产业还处在发展的幼稚阶段，只有彩虹集团等少数几家在生产，且只能提供第 5 代和第 6 代的基板玻璃，生产能力仅能满足国内需求的 20%左右； 8.5 代的基板玻璃、高铝盖板玻璃等，我们还只能依靠国外基板玻璃企业，即国内 10 条 8.5 代面板线实现 1600 亿元产值的主要原材料仍然依赖进口或外资企业。

基于玻璃生产的技术难度很高，始终被美国康宁、日本旭硝子等 4 家企业垄断。他们通过刻意营造长期偏紧的供需关系，维持高达 40%～50%的利润率。近年来他们还通过恶意降价，事实是用倾销手段，打击我国第5代和第6代基板玻璃产业；特别是利用先入优势，滥用市场支配地位，挟制国内面板商与之签订长期排他性捆绑式供货协议，严重打击国内基板产业的发展。可以说如果不尽快打破这种局面，我国液晶平板显示产业将呈现看似喜实际忧的局面。

我国应当打破康宁等公司的垄断局面。以我国目前的国力和科技水平，加上彩虹集团等近年来在研发第5代和第6代基板玻璃上积累的经验，只要国家重视，发挥我国统筹安排干大事的优势，完全可以争取尽快达成8.5代基板玻璃和高铝盖板玻璃基本自给的目标。

建议国家进一步加大对平板显示基板玻璃产业的持续支持。希望国家发展和改革委员会、工信部、财政部等主管部门设立国家液晶基板玻璃专项基金，发挥政府现有的扶持渠道，统筹全国相关企业发展；同时在政策上，对国外基板玻璃垄断企业开展反倾销、反垄断调查；并采取适当措施予以制裁，以保障我国平板显示基板玻璃产业健康发展。

（本文选自2015年院士建议）

建议院士名单

甘子钊	中国科学院院士	北京大学
金国藩	中国工程院院士	清华大学
许祖彦	中国工程院院士	中国科学院理化技术研究所
欧阳钟灿	中国科学院院士	中国科学院理论物理研究所
郑厚植	中国科学院院士	中国科学院半导体研究所

关于大力加强我国玄武岩纤维材料发展的建议

刘嘉麒　等

一、新时代的新材料

材料是科技进步和社会文明的物质基础和重要标志，发展高性能纤维复合材料，对促进国民经济的发展，提升国家的综合实力起着重要的作用。按照国家对新材料和高性能纤维复合材料的要求，刚刚兴起的新型玄武岩纤维材料具有显著的时代气息和发展前景。

玄武岩纤维材料是以火山喷发形成的玄武岩为原料，将其挑选、破碎后在约1500℃高温下煅烧熔融，经过一定的工艺流程制成的直径一般在7～13微米乃至更细或更粗、几万米不断头的粗、细、超细连续纤维（CBF），再加工成无捻粗纱、有捻纺织纱、短切纤维等初级产品或各种类型的定型产品。玄武岩纤维材料被广泛应用于航天、航空、军工、消防、环保、交通、汽车船舶制造、工程塑料、建筑等领域，具有综合性能好、性价比高、产业链长、用途广等优势。玄武岩纤维材料在正常生产加工过程中不产生有毒物质，无废气、废水、废渣排放，是20世纪末刚刚兴起的绿色无机非金属工业材料。它与碳纤维、玻璃纤维、芳纶纤维一起，被认为是当今四大高性能纤维材料，展现出独特的潜能和深远的发展空间。

二、玄武岩纤维材料具有特殊的性能和广泛用途

1. 热传导系数低，阻燃性能好，是既耐高温又耐低温的上好绝热材料

玄武岩纤维为非晶态无机硅酸盐物质，热传导系数低，阻燃性能好，无

热收缩现象。其使用温度范围一般为−269～700℃，软化点为 960℃，高于玻璃纤维和碳纤维的最高使用温度。它在 500℃下的抗热振稳定性仍不变，原始质量分数损失不到 0.02，在 600℃工作时，其断后强度仍能保持原始强度的 80%。可用于制造防火毯、防火帘等阻燃材料和高温过滤领域的过滤基布、过滤材料、耐高温毡等。

一方面，玄武岩纤维的热传导系数为 0.031～0.038 瓦/米·开，低于芳纶纤维、硅酸铝纤维、无碱玻纤、岩棉、硅纤维、碳纤维和不锈钢，可用于热处理设备的保温，汽车、船舶的隔热以及管道的保温。

另一方面，玄武岩纤维也耐低温，长期处于低温（−196℃）液氮介质环境中，强度也不改变，是有效的低温绝热材料，用它制作的各种器材在太空、高寒和南北极地区具有广泛用途。

2. 与水泥相容性好，握裹力强，对增强水泥混凝土结构具有无可替代的优势

由于玄武岩纤维的物质组成属于硅酸盐类，与硅酸盐水泥是同类化学物质，纤维与基体材料的匹配性能优良，有天然相容性，能大大改善抗裂性能和动载疲劳性能。在超载运行条件下，有助于加强公路的抗龟裂老化能力，延长沥青路面的使用寿命。同时，玄武岩纤维的吸湿性低于 0.1%，具有较强的防渗抗裂功效，可广泛用于高速公路、飞机跑道、海港码头、水电工程建筑等基础设施领域。

相比之下，碳纤维和高分子有机纤维，其表面物理化学性能属于亲油性，与水泥混凝土的握裹力不足，增强效果有限，把它们加入水泥混凝土中容易发生碱集料反应，促使混凝土结构及构件膨胀破坏，不能满足混凝土结构至少要保持 50 年以上的化学耐久性要求。

玄武岩纤维在水泥混凝土结构抗裂及补强中具有独一无二、无可替代的优势，是目前用于水泥混凝土中性能最匹配、性价比最佳的纤维材料。

除此之外，用玄武岩制作的鳞片，可作为一种涂料，成为建筑物和水下物体，包括军舰、船只、堤坝等的保护层，增强这些物体的防腐蚀能力，延长使用寿命。如果用这种鳞片制作刹车片，其刹车性能和使用寿命也会优于普通刹车片。

3. 抗拉强度高，力学性能好，是桥梁等建筑方面的优选材料

连续玄武岩纤维的密度2.65～3.00克/厘米^3，莫氏硬度5～6，抗拉强度为3800～4800兆帕，具有优异的耐磨抗拉增强性能，在70℃水作用下，其强度可保持1200小时，而一般玻璃纤维不到200小时便失去强度；在100～250℃温度下的拉伸强度可提高30%，而一般玻璃纤维却下降23%，在水泥等碱性介质中能保持高度稳定性，可用作混凝土建筑结构的增强材料，不仅抗拉强度高，弹模高，开裂变形小，并能提高弯拉强度，在桥梁建筑等方面显示出很大的优势，在抗震救灾和体育用材等方面也有潜在的广泛用场。

玄武岩纤维有很高的弹性模量：9100～11 000千克/毫米^2，可制造绝热制品和复合材料。

4. 介电系数高，绝缘性能好，可制作多种电器配件

玄武岩纤维的比体积电阻为1亿欧·米，具有很好的绝缘性能，可用来制造仪器仪表、电动机及各种电器中的配件。应用专门浸润剂处理过的玄武岩纤维，其介电损耗角正切比一般玻璃纤维还低50%，可用于制造新型耐热介电材料。

5. 吸音系数高，抗电磁辐射功能强，是理想的隐身材料

玄武岩纤维的吸音系数为0.9～0.99，具有优良的吸波性和透波性，吸音、隔音性能非常好，是理想的隐身材料。把它与混凝土混合用于建筑上，可以发挥很好的吸波作用，从而减轻乃至屏蔽电磁辐射造成的危害和对机场、码头、航标、电视塔等通信设施的干扰，改善通信环境和通信质量，对于军事安全、国家安全至关重要。

三、我国发展玄武岩纤维材料前景广阔

1. 无污染，低能耗，符合社会经济发展走势

当今社会经济转型的主流和导向就是发展绿色经济。而玄武岩是无机硅酸盐，它经过两次（火山喷发时一次，熔炉熔化时一次）高温（约1500℃）煅烧，在生产过程中，无废气、废物及有毒物质释放，是地道的无污染、无公害绿色产业。这与在熔制过程中产生大量温室气体和废气的其他纤维产业

相比有着本质区别。

在所有高性能纤维的生产过程中，连续玄武岩纤维的能耗（电或气）相对较低，生产连续玄武岩纤维的耗电量为3～4千瓦时/千克。

因此，玄武岩纤维产业符合社会经济发展的大趋势，随着时间地推移，会越来越显现出这个产业的生命力。

2. 资源充足，成本低，是高附加值的产业

在中国，几乎每个省区都能找到玄武岩类岩石，尤其是东北、内蒙古和东部沿海各省的玄武岩不仅分布广，储量大，类型也多；中、西部地区虽然缺少新生代玄武岩，但时代老的玄武岩也不少，规模宏大的峨眉山玄武岩在川、黔、滇、藏交汇处广泛分布。除了玄武岩，辉绿岩的成分与玄武岩相当，只是地质产状不同，常以岩墙、岩脉产状在许多地质体中产出，同样可以作为玄武岩纤维材料的原料。

在没有开发玄武岩纤维材料生产之时，玄武岩这种石料几乎白白地堆在荒野中，用得最多的是作铺路石子，通常1米^{3}石块（重约3吨）可碎3吨碎石，每吨约200元，价值很低廉；而要制成纤维材料，1米^{3}石料大体可生产2.5吨纤维，每吨价值20 000～30 000元（视纤维类型和质量而定价）。可见，玄武岩拉丝后的性价比是高的。推广和开发玄武岩纤维的生产与应用领域则可以大大地节省一批其他的矿产资源和能源。

3. 能形成广阔的产业链和大的产业联盟

材料企业，从原料寻找、开采、加工、运输，到实用产品的开发研制，市场运作，可以形成广阔的产业链。

玄武岩纤维材料除了连续纤维，还有岩棉、鳞片等相关产品，可以扩大产业范围，增加产品种类，拓展应用领域。同时，玄武岩纤维、岩棉和鳞片都是初级产品，要制成防火、防电、绝缘、耐高温、耐低温、耐磨损、抗腐蚀、抗干扰、抗老化等的实用定型产品，还有相当长的路要走，需要许多行业的通力合作，结成大的产业联盟。

4. 有广阔的市场需求

由于玄武岩纤维材料有许多特殊的性能，因而有广泛的应用领域，从航天、航空、军事、国防，到体育、环保、交通、建筑，只要玄武岩纤维产品

的性能、质量和数量达到要求，其市场的潜力非常大，据估计，目前全世界生产的玄武岩纤维还满足不了需求的百分之一。

5. 发展机遇看好

1985 年，苏联在乌克兰纤维实验室建成第一台工业化生产玄武岩连续纤维的窑炉，采用 200 孔漏板、组合炉拉丝工艺，年产 260 吨连续玄武岩纤维。到现在仅有 30 年时间，从世界范围来看，玄武岩纤维的发展尚处于初级阶段。我国虽然起步较晚，但发展态势很好。四川航天拓鑫玄武岩实业有限公司、浙江石金玄武岩纤维有限公司、江苏天龙玄武岩纤维高新技术有限公司、山西巴赛奥特玄武岩纤维有限公司等国营和民营企业，与科研单位和高等院校相结合，既吸收了国外的先进技术，也有自主创新的成果，在某些方面已居于世界领先水平，例如，浙江和江苏的企业能生产出单丝直径最细、力学性能非常好的玄武岩纤维，得到国外同行的赞许，有的产品已走出国门。按照现在的态势，若能在国家的领导支持下，通过业内人士的共同努力，我国的玄武岩纤维材料产业定能在不久的将来居于本行业的国际主导地位，为玄武岩纤维材料的发展做出重大贡献。

四、关于在我国大力发展玄武岩纤维材料的建议

1. 国家要高度重视和大力支持玄武岩纤维材料事业的发展

尽管玄武岩纤维材料有广阔的发展空间和应用前景，对社会经济发展会产生重大影响，但目前在我国还处于初级发展阶段，全国能够生产玄武岩纤维的厂家少，规模小，产量低，总体年产约 4000 吨，这与我们这样一个材料需求大国很不相称；且由于规模小、产量低、成本高，也制约了玄武岩纤维材料市场的拓展及企业的发展。因此，国家和有关部门必须引起高度重视，把大力加强玄武岩纤维材料发展纳入国家“十三五”发展规划和中长期发展规划，从国家层面制定政策和指南，采取切实有效的措施，支持和鼓励发展玄武岩纤维材料，使之上规模，上档次，健康有序快速发展。

2. 建立国家级研究中心，走产学研用相结合的发展道路

国家、企业和相关部门都要加大对这种材料的研究力度，建立国家级研究中心或实验室，设立研究专项，从生产原理，生产工艺，产品开发与应用等方

面开展全面研究。查明我国玄武岩的类型、分布和储量，开发既能保持玄武岩纤维材料性能，又能实现标准化规模化生产的原料；研制高效节能生产设备，实现大规模，标准化、智能化生产；开发特需产品，增进国防安全和国家安全，及早占领这个新型材料研发的制高点。制定国家级产品标准，创造自主的知识产权，培养自己的专业技术人才，走产学研用相结合的发展道路。

3. 发挥行业社团组织职能，实现产业联盟

面对当前国内玄武岩纤维材料企业分散、孤立、规模小、结构单一的局面，应在国家的领导和指导下，发挥行业社团组织职能，促进企业、院校、科研单位和应用单位的联合，合理布局产业基地和研发平台，建立原料、设备、生产流程、产品检验认证、市场销售应用……一条龙的产业体系；统一产品标准，规范市场秩序，保护企业利益，提升产业地位和影响力，实现产业联盟。

（本文选自 2015 年院士建议）

建议成员名单

刘嘉麒	中国科学院院士	中国科学院地质与地球物理研究所
邱迎东	董事长	江苏天龙玄武岩纤维高新技术有限公司
薛晓薇	总经理	江苏天龙玄武岩纤维高新技术有限公司
贾韵梅	技术顾问	江苏天龙玄武岩纤维高新技术有限公司
胡显奇	总经理	浙江石金玄武岩纤维有限公司
曹柏青	总经理	四川航天拓鑫玄武岩实业有限公司
郁晓岚	总经理	山西巴赛奥特玄武岩纤维有限公司
傅　智	研究员	交通运输部公路科学研究院
杨新勇	主任研究员	中冶集团建筑研究总院检测中心
张佐光	教　授	北京航空航天大学
王宏志	教　授	东华大学
肖　鹏	教　授	扬州大学